中等职业学校以工作过程为导向课程改革实验项目
计算机网络技术专业核心课程系列教材

计算机故障检测与排除

吴 民 刘 征 主 编

机 械 工 业 出 版 社

本书是北京市教育委员会实施的“北京市中等职业学校以工作过程为导向课程改革实验项目”的计算机网络技术专业系列教材之一，依据北京市教育委员会与北京教育科学研究院组织编写的“北京市中等职业学校以工作过程为导向课程改革实验项目”计算机网络技术专业教学指导方案、计算机网络技术专业核心课程标准，并参照相关国家职业标准和行业职业技能鉴定规范编写而成。

本书主要内容包括计算机的硬件组成及其性能和简单工作原理；认识服务器、交换机、路由器等网络设备日常维护；配置、组装、测试计算机的思路、方法与技术；计算机日常维护的常识与技能；计算机维修的原则、方法、技能与经验。

本书以计算机技术企业工作流程来安排内容，基于企业实际工作项目、工作任务组织教学活动。内容以通俗易懂、深入浅出、简便直观的方式展现，图文并茂。本书还配有电子课件、组装计算机和清洁计算机的规范操作视频，教师可登录机械工业出版社教育服务网（www.cmpedu.com）注册后免费下载，或联系编辑（010-88379807）咨询。

本书可作为各类职业院校计算机、信息技术及相关专业的教材，也可作为计算机硬件组装、维护与维修的培训教材，还可作为所有学习、使用、维修计算机的读者的自学用书。

图书在版编目（CIP）数据

计算机故障检测与排除/吴民，刘征主编．—北京：机械工业出版社，2014.4（2024.8 重印）
中等职业学校以工作过程为导向课程改革实验项目
计算机网络技术专业核心课程系列教材
ISBN 978-7-111-45749-7

Ⅰ.①计… Ⅱ.①吴… ②刘… Ⅲ.①电子计算机—故障检测—中等专业学校—教材 ②电子计算机—故障修复—中等专业学校—教材 Ⅳ.①TP306

中国版本图书馆 CIP 数据核字（2014）第 023897 号

机械工业出版社（北京市百万庄大街 22 号 邮政编码 100037）
策划编辑：梁 伟 责任编辑：李绍坤
责任校对：张玉琴 封面设计：鞠 杨
责任印制：刘 媛

涿州市般润文化传播有限公司印刷

2024 年 8 月第 1 版第 10 次印刷
184mm×260mm · 13.25 印张 · 212 千字
标准书号：ISBN 978-7-111-45749-7
定价：39.00元

电话服务	网络服务
客服电话：010-88361066	机 工 官 网：www.cmpbook.com
010-88379833	机 工 官 博：weibo.com/cmp1952
010-68326294	金 书 网：www.golden-book.com
封底无防伪标均为盗版	机工教育服务网：www.cmpedu.com

北京市中等职业学校工作过程导向课程教材编写委员会

主　任：吴晓川

副主任：柳燕君

委　员：（按姓氏拼音字母顺序排序）

程野冬　陈　昊　鄂　甜　韩立凡　贺士榕

侯　光　胡定军　晋秉筠　姜春梅　赖娜娜

李怡民　李玉崑　刘　杰　吕良燕　马开颜

牛德孝　潘会云　庆　敏　苏永昌　孙雅筠

田雅莉　王春乐　王　越　谢国斌　徐　刚

严宝山　杨　帆　杨文尧　杨宗义　禹治斌

计算机网络技术专业教材编写委员会

主　任：韩立凡

副主任：李敏捷　花　峰　韩　琼　杨　毅　张玉荣

陈建南

委　员：郝俊华　朱　佳　何　琳　贺凤云　武　宏

刘　征　冯　江

编写说明

为更好地满足首都经济社会发展对中等职业人才需求，增强职业教育对经济和社会发展的服务能力，北京市教育委员会在广泛调研的基础上，深入贯彻落实《国务院关于大力发展职业教育的决定》及《北京市人民政府关于大力发展职业教育的决定》文件精神，于2008年启动了“北京市中等职业学校以工作过程为导向课程改革实验项目”，旨在探索以工作过程为导向的课程开发模式，构建理论实践一体化、与职业资格标准相融合，具有首都特色、职教特点的中等职业教育课程体系和课程实施、评价及管理的有效途径和方法，不断提高技能型人才培养质量，为北京率先基本实现教育现代化提供优质服务。

历时五年，在北京市教育委员会的领导下，各专业课程改革团队学习、借鉴先进课程理念，校企合作共同建构了对接岗位需求和职业标准，以学生为主体、以综合职业能力培养为核心、理论实践一体化的课程体系，开发了汽车运用与维修等17个专业教学指导方案及其232门专业核心课程标准，并在32所中职学校、41个试点专业进行了改革实践，在课程设计、资源建设、课程实施、学业评价、教学管理等多方面取得了丰富成果。

为了进一步深化和推动课程改革，推广改革成果，北京市教育委员会委托北京教育科学研究院全面负责17个专业核心课程教材的编写及出版工作。北京教育科学研究院组建了教材编写委员会和专家指导组，在专家和出版社编辑的指导下有计划、按步骤、保质量完成教材编写工作。

本套教材在编写过程中，得到了北京市教育委员会领导的大力支持，得到了所有参与课程改革实验项目学校领导和教师的积极参与，得到了企业专家和课程专家的全力帮助，得到了出版社领导和编辑的大力配合，在此一并表示感谢。

希望本套教材能为各中等职业学校推进课程改革提供有益的服务与支撑，也恳请广大教师、专家批评指正，以利进一步完善。

北京教育科学研究院

2013年7月

前言

本书是北京市教育委员会实施的“北京市中等职业学校以工作过程为导向课程改革实验项目”的计算机网络技术专业系列教材之一，依据北京市教育委员会与北京教育科学研究院组织编写的“北京市中等职业学校以工作过程为导向课程改革实验项目”计算机网络技术专业教学指导方案、计算机网络技术专业核心课程标准，并参照相关国家职业标准和行业职业技能鉴定规范编写而成。

本书是以计算机技术企业的销售、组装和维修的实际工作过程为主线，采用真实项目全新地呈现出各个工作过程中应用到的知识、技能、经验、技巧，以知识适度、够用为原则，着力培养读者的学习能力和动手能力。

为了更好地体验工作过程，本书在虚拟的“迪艾威（DIY）计算机技术公司”的工作过程中展开学习过程。该公司业务范围是销售计算机配件、外设、网络设备及组装的计算机整机、维修计算机。

本书按照计算机及网络设备的销售、组装、维护和维修的工作过程，安排了4个学习单元。在学习单元1中，通过销售计算机配件及网络设备的工作，学习计算机的组成配件及其性能和简单工作原理，认识服务器、交换机、路由器等网络设备；在学习单元2中，通过配置、组装计算机的工作，学习配置、组装、测试计算机的思路、方法与技术；在学习单元3中，通过对计算机软、硬件的维护工作，学习计算机日常维护的常识与技能；在学习单元4中，通过计算机故障检测与排除工作，学习计算机维修的原则、方法与技能，积累经验。

本课程安排72学时，具体学时参考建议如下表。

单元序号	学习单元名称	参考学时
学习单元1	销售计算机配件	14
学习单元2	组装计算机	24
学习单元3	维护计算机及网络设备	12
学习单元4	维修计算机故障	22

每个学习单元都有一个单元学习目标，按“工作过程”又分为多个工作项目，在每个工作项目下按具体的“工作过程”安排了若干“工作任务”，并按以下体例精心设计。

- 任务描述：从实际出发设置学习情境。
- 任务实施：具体的学习、探究指导。
- 任务拓展：深入学习工作任务所涉及的知识性、技术性和过程性知识。
- 相关知识：具体应用到的任务中的知识性内容。

此外，在任务中的相关位置还设置了“知识链接”“经验分享”和“温馨提示”3个活动版块，“知识链接”讲述概念性、原理性等显性知识，“经验分享”呈现技能性、经验性、过程性等隐性知识，“温馨提示”体现企业工作规范、安全注意

前言

事项和沟通技巧等。在每个工作项目最后都安排了“实习总结”，用于全面总结项目的知识点和技能点。

本书由吴民、刘征任主编，郑海珍、王浩、王彩霞、吴岩任副主编，参加编写的还有郭艳梅、孟安琪、孙奉国、弟毅、张韩雨晨、李烨和齐升煦。本书主编、副主编均具有丰富经验，多次获得全国、北京市、区各类主题说课、讲课比赛一等奖，在全国的中职技能大赛中指导学生多次获得第一名的好成绩。

此外，中盈创信公司的创作团队承担了本书的照片、图片、漫画等的制作工作，照片清晰、图片处理美观大方，漫画呈现幽默、一目了然，在此表示感谢！

由于编者水平有限，书中难免存在错误和不妥之处，恳请读者批评指正。

编　者

CONTENTS 目录

编写说明
前言

学习单元1　销售计算机配件 …… 1

单元情境 …… 2
单元概要 …… 2
单元学习目标 …… 3
项目1　销售计算机配件 …… 4
任务1　销售鼠标键盘 …… 4
任务2　销售显示器 …… 6
任务3　销售主机箱及电源 …… 8
任务4　销售硬盘、光驱 …… 11
任务5　销售CPU、主板和内存 …… 15
任务6　销售显卡、声卡和网卡 …… 20
实习总结 …… 24
项目2　销售网络设备及服务器配件 …… 25
任务1　销售交换机 …… 26
任务2　销售路由器 …… 28
任务3　销售服务器 …… 30
实习总结 …… 32
考核评价表 …… 33
单元知识总结与提炼 …… 33

学习单元2　组装计算机 …… 37

单元情境 …… 38
单元概要 …… 38
单元学习目标 …… 38
项目1　按用户需求配置计算机 …… 39
任务1　配置办公经济型计算机 …… 39
任务2　配置游戏型计算机 …… 44
任务3　配置三维动画制作专业计算机 …… 50
实习总结 …… 55
项目2　组装计算机 …… 56
任务1　按《装机配置单》组装硬件 …… 56

目录 CONTENTS

任务2　设置CMOS中的启动顺序 …… 71
任务3　安装操作系统 …… 75
任务4　安装应用程序 …… 81
实习总结 …… 83
项目3　测试计算机 …… 83
任务1　测试CPU和显示器 …… 83
任务2　测试整机性能 …… 88
实习总结 …… 91
考核评价表 …… 91
单元知识总结与提炼 …… 91

学习单元3　维护计算机及网络设备 …… 97

单元情境 …… 98
单元概要 …… 98
单元学习目标 …… 98
项目1　维护计算机 …… 99
任务1　清洁计算机 …… 99
任务2　克隆数据 …… 105
任务3　优化系统 …… 111
任务4　查杀计算机病毒 …… 118
实习总结 …… 120
项目2　维护服务器 …… 122
任务1　清洁服务器 …… 122
任务2　扩充存储设备 …… 123
任务3　更换与添加服务器电源 …… 124
实习总结 …… 125
项目3　维护常用网络设备 …… 126
任务1　清洁网络设备 …… 126
任务2　记录网络设备异常问题 …… 128
实习总结 …… 130
考核评价表 …… 130
单元知识总结与提炼 …… 131

CONTENTS 目录

学习单元4　维修计算机故障 135

单元情境 136
单元概要 136
单元学习目标 138
项目1　排除启动自检不通过故障 138
任务1　排除开机有报警提示音的故障 139
任务2　排除启动过程中显示错误短语的故障 144
任务3　排除开机显示器无显示、无报警声音的故障 149
实习总结 152
项目2　排除不能引导进入操作系统故障 154
任务1　排除找不到硬盘的故障 154
任务2　排除硬盘不能正常引导操作系统的故障 159
实习总结 165
项目3　排除花屏故障 166
任务1　排除计算机启动过程中显示器花屏的故障 166
任务2　排除计算机使用过程中显示器花屏的故障 171
实习总结 174
项目4　排除蓝屏故障 175
任务1　排除计算机启动过程中蓝屏的故障 175
任务2　排除计算机使用过程中蓝屏的故障 180
实习总结 182
项目5　排除死机故障 183
任务1　排除计算机启动过程中死机的故障 184
任务2　排除计算机开机过程中假死机的故障 187
实习总结 190
项目6　排除自动重启故障 191
任务1　排除开机后反复重启动无法进入系统的故障 191
任务2　排除读完滚动条后自动重启的故障 195
实习总结 198
考核评价表 200
单元知识总结与提炼 200

学习单元 1

UNIT 1

销售计算机配件

迪艾威计算机公司是一家大型IT企业，公司总部设在中关村，在全市各大卖场都设有公司的门店。作为刚入职的实习员工当前的主要工作是接受公司的入职培训，并在公司下属的某个门店中进行各种计算机配件的销售。

XIAOSHOU JISUANJI PEIJIAN

单元情境

迪艾威计算机公司是一家大型IT企业，公司总部设在中关村，在全市各大卖场都设有公司的门店。作为刚入职的实习员工当前的主要工作是接受公司的入职培训，并在公司下属的某个门店中进行各种计算机配件的销售。

首先，要牢记以下《员工守则》。

1）对待客户热情，服务周到。

2）认真钻研业务，拓宽视野，积极上进。

3）在客户面前不说以下不该说的话。

① 有损厂家及企业形象、信誉、产品品质的话。

② 假话、刺话、粗话、脏话。

4）对顾客、同事、领导一视同仁，做到6“不”。

① 不冷嘲热讽。

② 不恶语伤人。

③ 不出言不逊。

④ 不耍态度。

⑤ 不看人行事。

⑥ 不说无原则的话。

5）做到4个“绝不能说”。

① 非职权范围能解决的问题，绝不能说“我们不管”。

② 非本系统出现的问题，绝不能说“跟我们没关系”。

③ 自己不能解决的问题，绝不能说“没办法解决”。

④ 客户发表自己的意见和看法时绝不能说“随便”。

其次，还需要熟悉公司的情况，学习公司的制度，了解各岗位的工作流程。

单元概要

1）目前计算机的使用都是在网络中进行的，网络结构如图1-1所示。其中包括服务器、计算机、交换机和路由器等网络设备。

2）计算机由硬件系统和软件系统组成，如图1-2所示。一般，硬件系统由运算器、控制器、存储器和I/O设备组成。在计算机组装过程中，要分得更细致、具体。

3）计算机公司销售的对象包括计算机整机、服务器整机、网络设备、计算机的配件。这就要求销售人员熟悉这些设备，熟悉配件的功能、技术参数和选购注意事项。

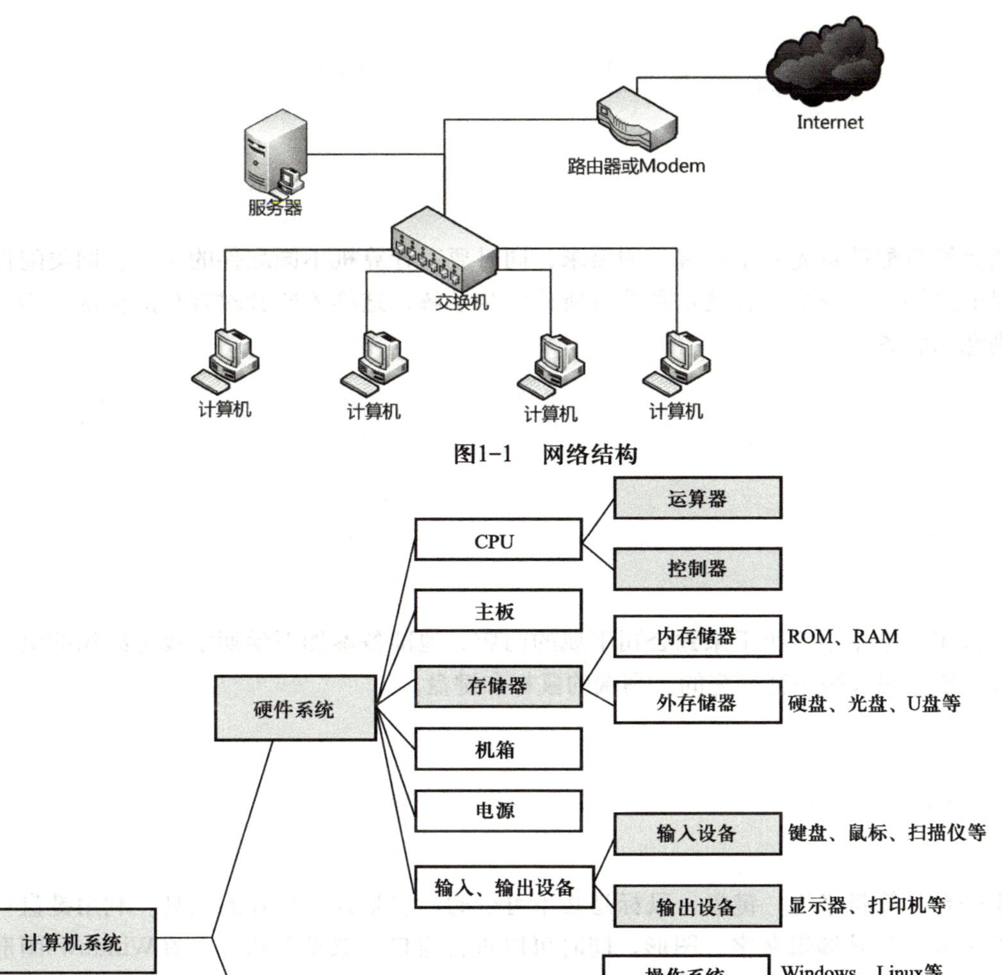

图1-1　网络结构

- 计算机系统
  - 硬件系统
    - CPU
      - 运算器
      - 控制器
    - 主板
    - 存储器
      - 内存储器　ROM、RAM
      - 外存储器　硬盘、光盘、U盘等
    - 机箱
    - 电源
    - 输入、输出设备
      - 输入设备　键盘、鼠标、扫描仪等
      - 输出设备　显示器、打印机等
  - 软件系统
    - 系统软件
      - 操作系统　Windows、Linux等
      - 语言处理程序　机器语言、汇编语言、高级语言等
      - 诊断程序
      - 数据库系统　Oracle、SQL Server等
    - 应用软件　办公软件、通信软件、游戏软件等

图1-2　计算机系统的组成

单元学习目标

1）认识常见的计算机硬件，熟悉其功能、参数、品牌、兼容性等。

2）能够按照客户需求及条件，根据计算机硬件市场的行情，为客户选购适当的计算机配件、网络设备和服务器，具有较强的成本意识。

3）能够使用设备说明书向客户介绍所选购设备的性能、参数及使用注意事项。

4）初步建立服务与沟通意识。

项目1　销售计算机配件

销售计算机配件首先要了解客户的需求，同时要对计算机不同配件的功能、同类配件不同型号的区别、适用范围和技术参数有所认识与了解，这样才能针对客户的情况，为客户提供满意的服务。

任务1　销售鼠标键盘

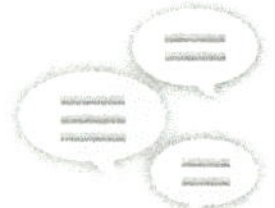

任务描述

放暑假了，学生用户小王来到公司下属的门店。他准备参加下学期学校里组织的电子竞技比赛，所以想选购一套漂亮的、高端的鼠标和键盘。

任务实施

对于一台计算机来说，键盘、鼠标是必不可少的，它是人机交互的工具。利用键盘可以完成的主要工作是编辑文字、图形，同时可以进行窗口、菜单等操作。在Windows图形界面中，鼠标的作用越来越显著，能够简单、迅速地进行各种操作。

1）向小王介绍鼠标、键盘的接口类型，见表1-1。

表1-1　鼠标、键盘的接口类型与注意事项

接口名称	接口形态	适用场合	安装注意事项
PS/2		1）拥有PS/2接口 2）不想占用计算机的USB接口资源	1）不能带电插拔PS/2接口设备，否则可能烧毁主板 2）注意颜色对应，绿色为鼠标，紫色为键盘，不能插错 3）安装时注意方向，将PS/2接口的插头里的方形塑料定位柱对应主板PS/2接口的方口，轻轻插入
USB		1）没有PS/2接口 2）拥有USB接口	将USB接口插入计算机的USB插座即可，可以进行热插拔
无线		1）拥有USB接口 2）可用于较远距离控制计算机 3）使用环境没有强电磁信号干扰	1）需要安装电池 2）使用时打开鼠标、键盘上的电源开关。长时间不使用时，要关闭电源开关 3）要将无线接收器插入计算机的USB接口
无线蓝牙		1）计算机具有蓝牙功能 2）可用于较远距离控制计算机 3）使用环境没有强电磁信号干扰	1）需要安装电池或定期充电 2）打开计算机的蓝牙功能（若计算机没有蓝牙功能，则将配套的蓝牙接收器插入计算机的USB接口） 3）初次使用时要进行蓝牙设备配对、连接 4）长时间不使用时，要关闭电源开关

2）向小王介绍鼠标的主要参数指标。

① 鼠标的分辨率见表1-2。

表1-2 鼠标的分辨率

参数	含义	常见指标
DPI	是Dots Per Inch的缩写。指鼠标每移动1in，光标在屏幕上移动的像素距离，其单位就是DPI，如图1-3所示	市场上很多鼠标都是400 DPI或800 DPI，这意味着鼠标每移动1in，指针在显示器屏幕上就移动400或800个像素
CPI	是Count Per Inch的缩写，即"每英寸的测量次数"。表示鼠标在物理表面上每移动1in时，其传感器所能接收到的坐标数量	400CPI或800CPI的鼠标，表示当鼠标移动1in时，其传感器就会接收并反馈400个或800个不同的坐标点，经过分析这些不同的坐标点，鼠标箭头会在屏幕上移动400或800个像素点

以1024×768px的屏幕为例，要想将鼠标光标横向移过整个屏幕，对于不同DPI的鼠标要移动的距离如图1-3所示。

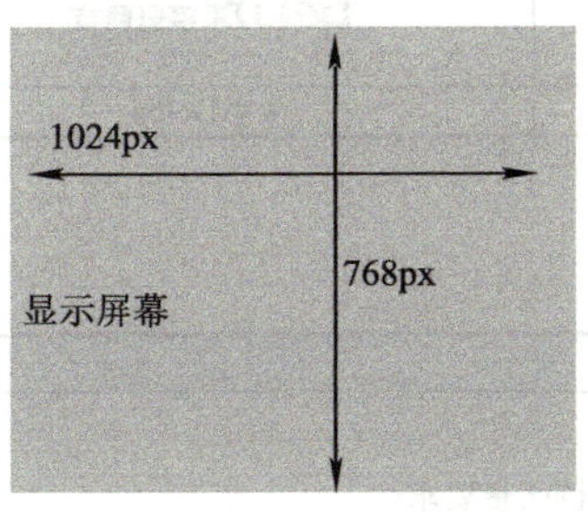

鼠标DPI	鼠标移动距离
400	1024/400=2.56in≈6.5cm
800	1024/800=1.28in≈3.25cm
1000	1024/1000=1.02in≈2.6cm
2000	1024/2000=0.51in≈1.3cm
2500	1024/2500=0.41in≈1.04cm

图1-3 鼠标DPI的含义

从图1-3中色块的长度示意可以看出，鼠标的分辨率越高，要控制鼠标指针覆盖全部屏幕位置移动的距离就越短。

但选用鼠标的分辨率不是越高越好，因为分辨越高，移动速度越快，精确定位就越不容易。

温馨提示

选购鼠标：在选用鼠标时，应结合日常用途和显示器配置，一般选择DPI值接近显示器分辨率横向像素值的鼠标。

② 刷新率。

FPS是图像处理速度单位，全称为Frame Per Second，即每秒多少帧，指鼠标传感器每秒能采集并处理的图像数量。

刷新率是判断鼠标的重要参数，它是单位时间的扫描次数，单位是"次/秒"。鼠标的光学传感器每秒扫描的次数越多，可以比较的图像就越多，定位精度就越高，跳帧的几率就越小。因此，刷新率与分辨率不同，参数值越高越好。

3）向小王介绍键盘的主要外观类型，见表1-3。

表1-3 键盘的主要外观类型

键盘类型	外观	适用范围	特点
标准键盘		所有普通用户	键盘分为3个区，即功能区、打字键区及负责光标控制和编辑的副键盘区，该键盘设计标准最早由IBM制定并一直沿用至今
人体工程学键盘		适用于经常打字的工作人员。按人体自然姿态位置设计	左、右手键区分开，并形成一定的角度；加大常用键如空格键和回车键的面积，在键盘的下部增加护手托板等
笔记本键盘		笔记本计算机配套使用	嵌在笔记本计算机中，不能单独使用。不同的笔记本计算机配套的键盘尺寸、键位、键定义不同
工控机键盘		工控机配套使用	为不同的工控机配套

4）向小王介绍市场上鼠标、键盘产品的主流品牌，见表1-4。

表1-4　主流鼠标、键盘品牌的Logo

罗技Logitech	微软Microsoft	双飞燕	雷蛇Razer
精灵Genius	新贵NEWMEN	雷柏RAPOO	惠普HP
苹果Apple	富勒fühlen	多彩Delux	

5）为小王推荐键盘、鼠标，见表1-5。

表1-5　推荐键盘、鼠标

客户需求	推荐产品	推荐理由
1）参加比赛，比赛内容：魔兽世界 2）学习、娱乐 3）小王是学生，经济情况一般	罗技G300游戏鼠标	USB接口接插方便 功能定位于游戏 非魔兽专用，符合学校比赛要求 新潮产品，适合年轻人 价格适中，性价比高
	罗技G103游戏键盘	USB接口接插方便 功能定位于游戏 非魔兽专用，符合学校比赛要求 新潮产品，适合年轻人 价格适中，性价比高

任务拓展

张先生是一家大型广告公司的职员，经常为客户设计各种类型的平面广告。由于在工作中他的鼠标和键盘已损坏，不能继续使用，因此领导让他尽快购买一套新的鼠标和键盘，以免耽误更多的工作。请接待张先生，与他沟通，了解他的各方面情况和要求，为他推荐相应的产品。

客户情况	推荐产品	推荐理由

任务2　销售显示器

任务描述

小明刚结束高考，在家很清闲，非常想痛快地玩计算机游戏，与同学一起在坦克大战里战斗一番，可是他很快发现自己那台用了好几年的液晶显示器，屏幕不停地抖动，于是他来到公司门店，准备换一台新的液晶显示器。

任务实施

显示器是计算机不可缺少的输出设备。没有显示器，计算机仍然可以工作，但缺失了操作的主体——人的参与，计算机将无所事事。另外，也有人把显示器比喻为计算机的"脸"，如果每天面对的是一个色彩丰富、柔和稳定的"笑脸"，那么心情一定舒畅。因此，为自己的计算机选配一款合适的显示器是非常重要的。

1）向小明介绍显示器的主要类型，见表1-6。

表1-6 显示器的主要类型

主要类型	外观	特点	应用范围
CRT显示器		可视角度大 无坏点 色彩还原度高 色度均匀 多分辨率模式可调 响应时间极短 OSD数控调节	应用于对于色彩要求高的工作
LCD显示器		机身薄，体积小 辐射小 色彩相比CRT不够丰富 可视角度不高 可能有坏点	适用于大多数个人计算机应用场合
LED显示器		色彩鲜艳 动态范围广 亮度高 寿命长	广泛应用于大型广场、商业广告、体育场馆、信息传播、新闻发布、证券交易等

2）向小明介绍CRT与LCD显示器的常用参数指标，见表1-7。

表1-7 CRT与LCD显示器的常用参数指标

名称	含义	CRT	LCD
可视面积	显示器可以显示图形的最大范围	14in显示器，只有12in 15in显示器，13.8in左右 17in显示器，15～16in之间 19in显示器，18in左右	15in液晶显示器，约为17inCRT屏幕的可视范围
点距	点距=可视宽度/水平像素（或可视高度/垂直像素）	15in显示器多采用0.28mm、0.25mm的点距	15in显示器点距0.28mm
分辨率	显示器所能显示的像素的多少	15in显示器： 一般在1024×768px 极限达1280×1024px	14in的最大分辨率为1024×768px
刷新速率	显示器中的图像每秒出现的次数	最好调到75Hz以上	一般默认为60Hz
响应时间	各像素点对输入信号反应的速度	极短，小于3ms	一般在5～10ms之间 一线品牌产品在5ms以下
色彩度	显示器最大能显示出多少种颜色	支持32位真彩色	最高可达32位真彩色，一般低于32位真彩
对比度	最大亮度值（全白）与最小亮度值（全黑）的比值	500:1	一般在400:1～600:1 一线品牌可达1000:1
亮度值	画面的明亮程度	最高可达300cd/m²以上	一般在200～250 cd/m²之间
可视角度	用户可以从不同的方向清晰地观察显示器中所有内容的角度	接近180°	一般在160°左右 一线品牌在170°～180°之间
视频接口	连接显示器的接口	VGA	VGA、DVI、HDMI

3）向小明介绍市场上显示器的主流品牌，见表1-8。

表1-8 主流显示器厂商的Logo

SAMSUNG	LG		AOC
三星	LG	苹果	AOC
PHILIPS	BenQ	DELL	ASUS
飞利浦	明基	戴尔	华硕
lenovo	ViewSonic	HKC	
联想	优派	HKC	

4）为小明推荐显示器，见表1-9。

表1-9 推荐显示器

客户情况	推荐产品	推荐理由
1）玩计算机游戏，需要大屏幕显示 2）学生身份，价位不能太高 3）即将上大学，考虑扩展需求	优派 C2203-LED	大尺寸，21.5in屏幕 支持高清，有VGA、DVI-D、HDMI接口 价位中档，性价比高 主流品牌，大厂做工，3年质保，售后完善

任务拓展

小张是广告公司采购部的职员，这天他接到领导通知，要为公司出图部购买几台显示器，只要求尺寸大，最好21in以上的，于是他来到了公司门店。与小张沟通后，了解其各方面的情况和要求，为他推荐相应的产品。

客户情况	推荐产品	推荐理由

任务3 销售主机箱及电源

任务描述

大学生小赵为自己的老计算机进行升级，来公司门店购买了标准ATX主板、CPU、内存三大件回家组装，结果却发现机箱显得有些老旧，主板固定位置缺少固定孔，更重要的是电源接口和新买的主板不配套，于是他再次来到公司门店选配机箱和电源。

任务实施

1）向小赵介绍机箱的主要分类，见表1-10。

表1-10　机箱结构分类

类　型	机箱形态	功能特点
ATX机箱（AT、ATX、Micro ATX）		各种类型的机箱只能安装相应类型的主板，不能混用
BTX机箱（标准BTX、Micro BTX、Pico BTX、Extended BTX）		支持Low-profile（窄板设计），系统结构更紧凑。主板安装更简便。优化了机箱的力学性能
SFF小机箱		设计样式可立可卧。体积更小，钢板更厚、更坚固。采用直排式散热系统。配件尺寸标准化，可实现免工具安装和拆卸
服务器机箱		注重实用性、散热性和冗余性。支持SCSI磁盘阵列。良好的散热设计，冗余的风扇、电源和存储介质。设计精良、用料足，优质铝合金或者钢材料制作的机箱外壳

2）向小赵介绍机箱的选购参考标准，如图1-4所示。

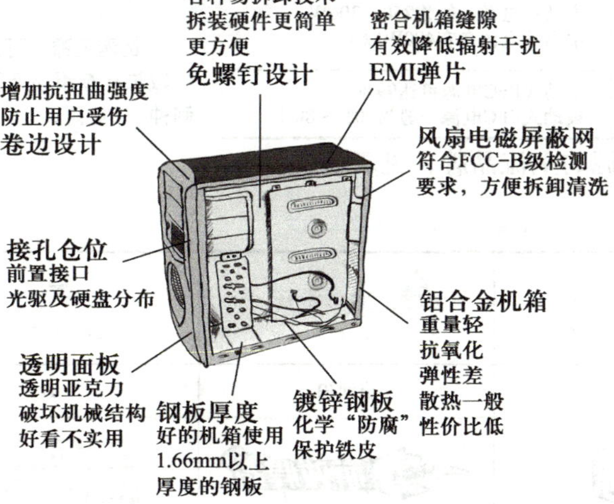

图1-4　个人计算机机箱的主要选购参考

经验分享

购买机箱：购买机箱可以标准立式ATX和BTX机箱为准，因为它空间大，安装槽多，扩展性好，通风条件也很好，完全能适应大多数用户的需要。

3）向小赵介绍电源的分类。

计算机电源按结构标准分类，见表1-11。

表1-11　电源结构标准分类

类　型	电源形态	特　点
ATX电源		采用"+5VSB、PS ON"的组合来实现电源的开启和关闭 可实现软关机和网络化的电源管理
BTX电源		兼容ATX技术，比ATX电源增加了4根针脚（+3.3V、+5V、+12V和地线） 能够实现软开机、睡眠与唤醒、遥控开关机等功能

计算机电源按功能技术分类，见表1-12。

表1-12　电源功能技术分类

类　型	电源形态	特　点
主动式PFC电源		电路结构复杂，低损耗、高可靠性 拥有更高的功率因数（高达99%） 常用于400W及以上的中高端电源
被动式PFC电源		电路结构简单，稳定性好，发热量较大 功率因数略低，只能达到70%～80% 常用于250～300W的中低端电源

一般质量较好、用料足的电源均比较重，因此，通常电源越重越好。

4）向小赵介绍电源的主要参数指标，见表1-13。

表1-13　电源的主要参数指标

主要指标	含　义	常见指标
额定功率	环境温度在–5～50℃之间，输入电压在180～264V之间，电源能长时间稳定输出的功率	中低端电源一般为250～300W 中高端电源多在400W以上
功率因数	是一个衡量电源效率高低的系数，介于0与1之间	主动式PFC电源可达99% 被动式PFC电源一般为70%～80%

经验分享

选购电源：可以通过电源散热孔查看该产品采用了何种PFC电路。

5）向小赵介绍市场上机箱、电源的主流品牌，见表1-14。

表1-14　主流机箱、电源厂商的Logo

Huntkey	Great Wall 长城 品质铸就长城	金河田 GOLDEN FIELD 科技生活 以人为本	Tt Thermaltake COOL all YOUR LIFE
航嘉	长城	金河田	Tt
Segotep 鑫谷	COOLER MASTER	游戏悍将	超频3 PCCOOLER
鑫谷	酷冷至尊	游戏悍将	超频3

6）为小赵推荐机箱及电源，见表1-15。

表1-15　推荐机箱及电源

客户情况	推荐产品	推荐理由
1）标准ATX主板限定了机箱大小规格及电源接口 2）大学生身份，价位不能太高	酷冷至尊毁灭者（RC-K100-KKN1-GP）机箱	标准ATX机箱，能够安装相应类型的主板 大学生使用，价格适中 静音效果好，符合宿舍安静环境 前置接口，使用方便
	长城 静音大师 ATX-300SD	功率足够使用，符合大学生使用实际情况 电源版本ATX配合主板机箱 偏重静音，符合宿舍安静环境 性价比非常高，方便今后扩容 大品牌，性能稳定

任务拓展

小韩是个计算机DIY高手，喜欢将计算机主板的性能开发到极致，在他的计算机里，选用的显卡都是高功率的，CPU都是多核的，还使用过多种图像采集卡和高保真声卡，因此，他非常重视解决机器的散热问题。小韩个人喜欢安静，由于计算机的“发烧”配置，各种风扇声音较大，让他有些心烦。最近，他感觉自己原有的机箱已经严重遏制了主板的性能，于是决定要换一个新的机箱。这天，他来到公司门店，想给自己的计算机配上一个合适的机箱和电源。与小韩进行沟通后，了解其各方面的情况和要求，为他推荐相应的产品。

客户情况	推荐产品	推荐理由

任务4　销售硬盘、光驱

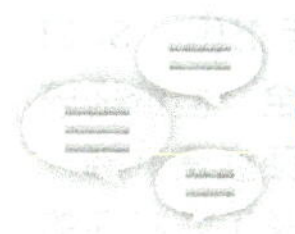

任务描述

周先生想给刚上大学的孩子配个移动硬盘，方便他在学校和家中传输携带文件，另外还想给自己购买一个刻录光驱，方便将自己平时拍的DV保存下来，不用每次去专业的商店刻录。周先生也想利用采购的机会，多了解一些计算机存储设备方面的知识，包括技术、主流品牌、容量大小、产品质保、服务网点是否离家近等。

任务实施

硬盘、光驱属于计算机的外部存储设备。早期，外部存储设备还有软驱，用于在不同的计算机之间或在移动应用中传递数据。但由于在软驱中使用的软盘容量小（双面高密度3.5in软盘的容量只有1.44MB），易损坏，而且移动存储设备越来越丰富，容量越来越大，网络存储资源也越来越多，软盘已没有了实用价值，目前已经被淘汰。

1）向周先生介绍硬盘分类。

按存储方式分类，见表1-16。

表1-16　硬盘存储方式分类

按介质类型	外　观	功能特点	应用场合
磁介质硬盘		磁粒子旋转记录存储，技术成熟 成本低、容量大 启动慢、怕碰撞和振动 噪声较大 工作温度范围小 数据存储速度慢 数据损坏可恢复	目前广泛应用于个人计算机
固态硬盘（Flash芯片）		半导体存储 低功耗、无噪声、抗振动、低热量、体积小、工作温度范围大 利于携带 寿命不高	存储卡、U盘、部分笔记本硬盘、微硬盘等
固态硬盘（DRAM）		随机存储器存储。需要独立电源保护数据安全 成本较高 普遍采用SATA 2接口及SATA 3接口 读写速度快 低功耗、无噪声、抗振动、低热量、体积小、工作温度范围大	应用于军事、车载、工控、视频监控、网络监控、网络终端、电力、医疗、航空类导航设备等领域

按接口类型分类见表1-17。

表1-17　硬盘接口类型分类

按接口技术	外　观	含　义	功能特点
IDE硬盘		IDE是所有现存PATA规格的通称	易于使用 价格低廉 速度慢 只能内置使用 对接口电缆的长度有严格限制
SATA硬盘		即Serial ATA，又叫串口硬盘，是目前个人计算机硬盘的主流	结构简单 支持热插拔 传输速率快 执行效率高
SCSI硬盘		采用SCSI接口的硬盘。使用50、68、80针接口，50针接口外观和普通硬盘接口相似	传输速率快 性能好 稳定性高 转速快 缓存容量大 CPU占用率低 扩展性很好 支持热插拔 价格昂贵
SAS硬盘		即串行连接SCSI，采用串行技术以获得更高的传输速率，并通过缩短连接线改善内部空间 此接口的设计是为了改善存储系统的效能、可用性和扩充性，并且提供与SATA硬盘的兼容性	接口速率显著提升（起步速率已达300MB/s，未来会达到600MB/s） 连接距离更长，增强抗干扰能力，显著改善机箱内部散热 硬盘控制芯片种类少，价格贵、实际传输速率变化不大、技术和产品不够成熟 更多地被应用在高端4路服务器上
光纤通道硬盘		为提高多硬盘存储系统的速度和灵活性开发 采用同轴电缆和光导纤维作为连接介质，大多采用光纤媒介	连接设备多，最多可连接126个设备 低CPU占用率 支持热插拔 可实现光纤和铜缆的连接 高带宽，是现有硬盘中速度最快的 通用性强 连接距离大 产品价格昂贵

知识链接

混插SATA和IDE设备注意事项：SATA硬盘本身并没有主从之分，想要并行硬盘和串行硬盘共存，需要在BIOS中调整启动顺序。

知识链接

SCSI硬盘的应用范围：SCSI硬盘高速、稳定、安全，但价格较贵，比同容量的IDE硬盘贵80%，更适应大数据量、超长工作时间的工作环境，所以主要应用于中高端服务器和高档工作站。

知识链接

SAS与SATA的兼容：SAS的接口技术向下兼容SATA，但SATA系统并不兼容SAS，因此，SAS驱动器不能连接到SATA背板。

知识链接

光纤通道硬盘的应用范围：光纤通道是为服务器的多硬盘系统环境而设计的，能满足高端工作站、服务器、海量存储子网络、外设间通过集线器、交换机和点对点连接进行双向、串行数据通信等系统对高数据传输率的要求。

温馨提示

硬盘保养守则：

1）保持计算机工作环境清洁。 2）养成正确关机的习惯。
3）读写过程中切忌断电。 4）防止受振动。
5）减少频繁操作。 6）恰当地使用时间。
7）使用稳定的电源供电。 8）定期整理碎片。
9）尽量不要强制关机。

按外观尺寸大小分类，见表1-18。

表1-18 硬盘外观尺寸大小分类

尺寸大小	外观	适用特点
3.5in台式机硬盘		广泛用于各种台式计算机
2.5in笔记本硬盘		广泛用于笔记本计算机、桌面一体机、移动硬盘及便携式硬盘播放器
1.8in微型硬盘		广泛用于超薄笔记本计算机、移动硬盘及苹果播放器
1.3in微型硬盘		产品单一、三星独有技术、仅用于三星的移动硬盘
1.0in微型硬盘		最早由IBM公司开发，MicroDrive微硬盘（简称MD），因符合CF Ⅱ标准，所以广泛用于单反数码照相机
0.85in微型硬盘		产品单一，日立独有技术，已知用于日立的一款硬盘手机，前Rio公司的几款MP3播放器也采用了这种硬盘

2）向周先生介绍硬盘的主要指标参数，见表1-19。

表1-19 硬盘的主要指标参数

基础参数	含义	常见指标
容量	硬盘中存储碟所能存储的最大数据量，以MB（兆）、GB（千兆）、TB（太）为单位	常见容量有500GB、1TB、2TB等
转速	硬盘盘片在1min内所能完成的最大转数，是标示硬盘档次的重要参数之一，直接影响到硬盘的速度，单位为r/min（转/每分钟）	家用硬盘和笔记本计算机大多采用5400r/min、7200r/min 服务器SCSI硬盘基本采用10 000r/min，甚至15 000r/min
平均访问时间	磁头找到指定数据的平均时间，通常是平均寻道时间和平均潜伏时间之和 反映了硬盘的内部传输速率，是评价硬盘读写数据所用时间的最佳标准	ATA硬盘平均寻道时间通常在8～12ms，SCSI硬盘则小于或等于8ms 平均等待时间，一般小于4ms
传输速率	硬盘读写数据的速度，单位为兆字节每秒（MB/s），包括内部数据传输速率和外部数据传输速率	主流家用硬盘的内部数据传输速率为60 MB/s左右 SATA接口的硬盘外部理论数据最大传输速率可达150MB/s 固态硬盘的传输速率则达到1.5GB/s
缓存	是硬盘控制器上的一块内存芯片，具有极快的存取速度，是硬盘内部存储和外界接口之间的缓冲器 缓存的大小与速度是直接关系到硬盘的传输速率的重要因素，能够大幅度地提高硬盘的整体性能	个人计算机主流硬盘一般为2MB和8MB 服务器等所用硬盘容量产品可达到16MB、64MB

3）向周先生介绍市场上硬盘的主流品牌，见表1-20。

表1-20 主流硬盘厂商的Logo

Seagate	WD Wester Digital	TOSHIBA
希捷	西部数据	东芝
HITACHI	SAMSUNG	HGST
日立	三星	HGST

4）向周先生介绍光驱的主要分类，见表1-21。

表1-21 光驱的主要分类

主要类型	外观	功能特点
CD-ROM		目前最大的CD读取速度可达到56倍速 但高速光驱有CPU占用率高、噪声大、振动大、耗电量大、发热量大等副作用
DVD-ROM		大容量、高性能、播放质量出众 每张光盘可储存容量达到4.7GB，是CD-ROM光盘的7倍左右 可储存133min的视频高压缩比的节目，还包括6个数字化杜比数字声音轨道
COMBO		俗称康宝，既具有DVD光驱读取DVD的功能，又具有CD刻录机刻录CD的功能
刻录机		可以刻录音像光盘、数据光盘、启动盘等 可分为几种：CD刻录机、DVD刻录机、HDDVD刻录机、Blue-ray Disk（BD）刻录机、移动刻录机等

5）向周先生介绍光驱的主要参数指标，见表1-22。

表1-22 光驱的主要参数指标

主要参数	含义	常见指标
传输速率	是CD-ROM光驱最基本的性能指标，直接决定光驱的数据传输速率，通常以kB/s为单位	单倍速传输速率：CD为150kB/s，DVD为1350kB/s，蓝光光盘为36Mbit/s
缓存	是提高光驱综合性能的一个重要因素 工作原理与主板缓存相似，理论上缓存越大则光驱速度越快	CD和DVD光驱的缓存一般有128kB、256kB、512kB 刻录机和COMBO产品一般有2MB、4MB、8MB等较大的缓存容量
平均访问时间	是衡量光存储产品的一项重要指标，购买光存储产品的关键参数之一 光存储产品查找一条位于光盘可读取区域中的数据道所花费的平均时间，单位是ms（毫秒）	数值越小，表示数据传输速率越快 40～56倍速光存储产品的平均访问时间为80～100ms，刻录机比CD-ROM略长
容错性	即常说的读坏盘的能力，光驱可根据上下文进行智能判别，从而解决光盘不能读取的问题	成熟的“人工智能纠错（AIEC）”技术可以提高光驱的读盘能力
接口类型	主要有ATA/ATAPI接口、USB接口、IEEE 1394接口、SCSI接口、SATA接口等	ATA/ATAPI接口是市场中应用最为广泛的光储接口 USB2.0接口应用广泛而方便，其传输速率为60MB/s SCSI接口具有应用范围广、多任务、带宽大、CPU占用率低以及热插拔等优点

6）向周先生介绍市场上光驱的主流品牌，见表1-23。

表1-23　主流光驱厂商的Logo

MSI	SONY	SAMSUNG	PHILIPS
微星	索尼	三星	飞利浦
LITEON	ASUS	BenQ	hp invent
建兴	华硕	明基	惠普
Pioneer		lenovo	
先锋		联想	

7）为周先生推荐硬盘和光驱，见表1-24。

表1-24　推荐硬盘和光驱

客户情况	推荐产品	推荐理由
1）客户自用或给孩子用，功能够用即可 2）客户综合考虑产品，不只是注重质量和价格	三星 M3 Portable 1TB移动硬盘	普通用户不需要太高端的产品 大品牌，主流产品，质保售后完善
	三星 TS-H353C	40倍速刻录，速度快 普通用户不需要太高端的产品 大品牌，主流产品，质保售后完善

任务拓展

刘先生是一家影楼的网络主管。他工作的影楼这几年的业务量增长很快，业务积累越来越多，平时会给很多客户刻录光盘，发送照片和外拍，不过每个客户的业务量并不大，而且内容又多又杂。刘先生要再添置几个硬盘和光驱，由于之前的主板的RAID功能一直闲置，希望这次购买硬盘时考虑把这一点利用起来，有效地保护数据，同时扩容服务器，完善资源库。于是，刘先生来到了公司门店。请与刘先生进行沟通后，了解其各方面的情况和要求，为他推荐相应的产品。

客户情况	推荐产品	推荐理由

任务5　销售CPU、主板和内存

任务描述

李女士是某游戏公司采购部的采购员，由于公司新来一位游戏场景设计工程师，需要选购一套性价比高、性能强的主板、CPU、内存，于是李女士来到了公司门店。

任务实施

一般，计算机硬件系统由主机和外设组成，主机是由CPU和内存组成。也就是说CPU和内存是计算机最主要的部件。而主板是计算机各个部件连接在一起的公共平台，因此，李女士要采购的是计算机最关键的3种部件。

1）向李女士介绍CPU。

CPU按品牌分类，见表1-25。

表1-25　CPU品牌分类

按品牌分	CPU形态	优势领域
Intel	intel	商业应用 多媒体应用 平面设计方面
AMD	AMD	三维制作 游戏应用 视频处理等

经验分享

1）按实际需求和应用环境确定CPU档次。
2）考虑品牌、性价比。
3）考虑主板配套芯片组。
4）酌情考虑日后升级潜力。

CPU按封装形式分类，见表1-26。

表1-26　CPU封装形式分类

封装形式	CPU外观	含义
LGA775		是Intel 64位平台的封装方式，触点阵列封装，也称Socket T LGA775表示采用775个触点的CPU
LGA1156		是Intel 64位平台的封装方式，触点阵列封装，用来取代老的LGA775接口，也叫Socket H LGA1156表示采用1156针的CPU
LGA1366		根据LGA 1366接口规格白皮书中的注明，该接口被命名为Socket B，VRM版本升级至11.1，加入"Iout"定义来支持LGA 1366处理器 基本是LGA775的放大版，无任何插针和孔洞，主板插槽与CPU之间以触点的形式连接
Socket AM2		AMD64位桌面CPU的接口标准，具有940个CPU触点，支持双通道DDR2内存
Socket AM2+		是Socket AM2的后继者，有2个主要特色是Socket AM2没有的 ①Hyper Transport 3.0，可运行于2.6GHz分隔电源层（Split power planes） ②CPU核心和内存控制器（Integrated Memory Controller，IMC）能以不同的电压和工作频率独立运作，这能够改善节能，尤其在CPU核心进入睡眠模式但IMC仍然在使用时
Socket AM3		一种新的接口标准，有938个触点，所有AMD桌面级45nm处理器均采用了新的Socket AM3插座

知识链接

LGA的封装特征：LGA没有了以往的针脚，只有一个个整齐排列的金属圆点，因此CPU并不能利用针脚固定接触，而是需要安装扣架进行固定。

知识链接

Socket AM2+的兼容性：与Socket AM2完全兼容，用于Socket AM2的处理器也能用于Socket AM2+的主板，反之亦然。

知识链接

Socket AM3的兼容性：Socket AM3的处理器完全能够直接工作在Socket AM2+的主板上（BIOS支持），但是940针的Socket AM2+处理器不能在Socket AM3主板上使用。

2）向李女士介绍CPU的主要性能参数指标，见表1-27。

表1-27　CPU的主要性能指标

参　数	含　义	常见指标值
主频	也叫时钟频率，单位是兆赫(MHz)或千兆赫(GHz)，用来表示CPU的运算、处理数据的速度 CPU的主频=外频×倍频系数	常见的主频有： 1.6GHz、1.8GHz、2.2GHz、2.4GHz、2.66GHz、2.8GHz、3.0GHz、3.4GHz、3.6GHz等
外频	是CPU乃至整个计算机系统的基准频率，指CPU与周边设备传输数据的频率，具体是指CPU到主板芯片组之间的总线速度 外频提高后，相应提高与内存之间的交换速度，对提高计算机整体运行速度影响较大	通常有66MHz、100MHz、133MHz、200MHz等
前端总线(FSB)频率	前端总线(FSB)是将CPU连接到北桥芯片的总线 FSB频率指的是数据传输的速度，直接影响CPU与内存交换数据的速度	常见的FSB频率有： 266MHz、333MHz、400MHz、533MHz、800MHz、1066MHz、1333MHz等 i7平台已不存在FSB，取代为QPI，即快速通道相联，最高的QPI速率为6.4GT/s
缓存	是位于CPU与内存之间的临时存储器，一般与CPU同频运作 是CPU的重要指标之一，其结构和大小对CPU速度的影响非常大 运行频率极高，远大于系统内存和硬盘	主要分为L1 Cache（一级缓存）、L2 Cache（二级缓存）和L3 Cache（三级缓存）
CPU扩展指令集	CPU依靠指令来计算和控制系统，每款CPU在设计时就规定了一系列与其硬件电路相配合的指令系统 指令集是提高微处理器效率的最有效工具之一	MMX包含57条命令，SSE包含50条命令，SSE2包含144条命令，SSE3包含13条命令

知识链接

二、三级缓存的作用：L2 Cache内部的芯片二级缓存运行速度与主频相同，外部的二级缓存只有主频的一半。

L3 Cache可以进一步降低内存延迟，提升大数据量计算时处理器的性能。

知识链接

CPU扩展指令集的作用：Intel的MMX、SSE、SSE2、SSE3、SSE4系列和AMD的3DNow！等都是CPU的扩展指令集，分别增强了CPU的多媒体、图形图像和Internet等的处理能力。

3）向李女士介绍主板。

主板按CPU插槽类型分类，见表1-28。

表1-28　主板按CPU插槽类型分类

产品类型	相关图片	适用CPU类型
Intel系列插槽		LGA1155、LGA1156、LGA1366、LGA2011等
AMD系列插槽		Socket FM1、FM2、AM2、AM2+、AM3、AM3+等

主板按芯片组分类，见表1-29。

表1-29　主板芯片组分类

产品类型	相关图片	型　号
Inter 芯片组		X79、Z68、H61、Z77、H77、Q77、B75、Z75、H67、P67、H55、P43、G41
AMD 芯片组		A85、A75、A55、990FX、970、870、880G、890GX、770、760G、E-APU

主板按结构分类，见表1-30。

表1-30　主板结构分类

产品类型	相关图片	产品特点
E-ATX		尺寸：34.5cm×26.4cm 各种扩展口：很多 服务器上用得多 针对需要双路要求的用户
ATX		尺寸：30.5cm×24.5cm 各种扩展口：较多 针对有扩展应用的用户
M-ATX		尺寸：24.4cm×22.5cm 各种扩展口：少 扩展性对于一般个人用户足够使用
ITX		尺寸：17.0cm×17.0cm 各种扩展口：很少 特殊用户，以及对性能要求不高的用户 小巧玲珑，且不占地方

经验分享

主板的选购原则：

主板类似于建筑物的地基，其质量决定了建筑物坚固耐用与否。主板又好像是一座高架桥，其好坏关系着交通的畅通与速度。因此，按以下原则进行选购：

1）工作稳定，兼容性好。

2）功能完善，扩充力强。

3）使用方便，可以在BIOS中对尽量多的参数进行调整。

4）厂商具有更新及时、内容丰富的网站，维修方便快捷。

5）价格相对便宜，即性价比高。

4）向李女士介绍主板的主要性能参数指标，见表1-31。

表1-31　不同芯片组的主板参数

芯片组类型	主流芯片组型号	芯片组性能
Intel 芯片组	Intel X79、Intel Z68、Intel H61	支持Intel 32nm处理器 支持双通道DDR3 1333/1066MHz内存 支持Turbo Boost 2.0技术
AMD 芯片组	AMD890fx、AMD890g、AMD880g、AMD790fx、AMD790gx、AMD785g、AMD770、AMD780g	支持AMD Socket AM3接口处理器 支持AMD 140W CPU AMD Cool ‘n’ Quiet技术 支持45nm CPU 支持双通道DDR3 2000（超频）/1800（超频）/1600（超频）/1333/1066MHz内存 支持RAID 0，RAID 1，RAID 5，RAID 10。
NVIDIA 芯片组	nForce 730i、nForce 750i、nForce 780i、nForce 790i	支持Intel Core2 Quad/Core2 Extreme/Core2 Duo/Pentium Extreme/Pentium D/Pentium 4处理器 支持Intel 45nm Penryn处理器 支持双通道DDR3 2000/1800/1600/1333/1066/800内存，最大支持8GB

5）向李女士介绍市场上主板产品的主流品牌，见表1-32。

表1-32　主流主板厂商的Logo

ASUS	MSI	BIOSTAR	GIGABYTE
华硕	微星	映泰	技嘉
七彩虹	ONDA 昂达	ASRock 华擎科技	
七彩虹	昂达	华擎	
翔升	unika	铭瑄	
ASL翔升	双敏	铭瑄	

6）向李女士介绍内存的主要分类，见表1-33。

表1-33　内存按接口类型分类

内存类型	外观	特征
DDR内存		单面金手指针脚数量为92个（双面184个），缺口左边为52个针脚，缺口右边为40个针脚 DDR内存的颗粒为长方形 DDR内存全是采用引角焊接技术
DDR2内存		单面金手指120个（双面240个），缺口左边为64个针脚，缺口右边为56个针脚 DDR2内存的颗粒为正方形，面积大约只有DDR内存颗粒的1/3 DDR2的电压为1.8V DDR2内存都是采用BGA焊接技术 由内存上的型号和编号可以了解到，PC4200以上包括PC4200都是DDR2
DDR3内存		单面金手指120个（双面240个），缺口左边为72个针脚，缺口右边为48个针脚 DDR3内存的颗粒与DDR2大小相当，同为正方形 DDR3的电压为1.5V

7）向李女士介绍内存的主要参数指标，见表1-34。

表1-34　内存的主要指标参数

主要指标	含　义	相关参数
内存主频	内存的工作速度，代表该内存所能达到的最高工作频率，以MHz（兆赫）为单位来计量	目前市场上较为主流的是1600MHz的DDR3内存
延迟	CAS Latency，即CL值，是指纵向地址脉冲的反应时间，是在同一频率下衡量不同规范内存好坏的重要标志之一	CL设置较低的内存具备更高的优势，通常设置为2、2.5、3等
容量	指该内存条的存储容量，是内存条的关键性参数，以MB为单位	目前常见的单条内存容量为2GB、4GB、8GB等

8）向李女士介绍市场上内存的主流品牌，见表1-35。

表1-35　主流内存厂商的Logo

Kingston TECHNOLOGY	ADATA	Apacer 宇瞻科技	CORSAIR
金士顿	威刚	宇瞻	海盗船

hynix	SAMSUNG	G.SKILL
现代	三星	芝奇
elixir	KINGTIGER 金泰克	GeIL 金邦科技
南亚易胜	金泰克	金邦

9）为李女士推荐主板、CPU和内存，见表1-36。

表1-36　推荐主板、CPU和内存

客户情况	推荐产品	推荐理由
1）游戏场景设计工作 2）要求性价比高，性能强	Intel 酷睿i7 3770K	符合场景设计工作要求，CPU主频高，处理速度快，性能高，稳定
	华硕 P8H61主板	支持最新CPU 外接接口全 使用全固态电容 8路CPU供电，可以满足CPU的性能
	威刚 万紫千红DDR3 2GB2条	配合CPU、主板的高性能 处理速度快而稳定 大品牌，经受专业测评

任务拓展

张先生的孩子是个高中生，认为使用了3年的计算机已经落伍，这几天他总是央求张先生给他升级换代。张先生在孩子的央求下答应了，由于机箱和电源还都能用，只把CPU、主板和内存更新了应该就能让孩子满意了。买几个性价比高的配件，总花费不要超过2500元。与张先生进行沟通后，了解其各方面的情况和要求，为他推荐相应的产品。

客户情况	推荐产品	推荐理由

任务6　销售显卡、声卡和网卡

任务描述

放暑假了，学生用户小李准备参加下学期学校里组织的电子竞技比赛，因此，想选购一套专业的大型3D游戏级显卡、声卡和网卡，于是他来到电脑市场。

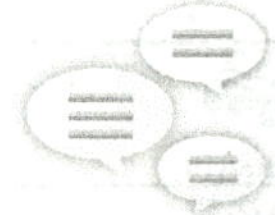

任务实施

目前许多主板已集成了显卡、声卡和网卡，但相对于独立的显卡、声卡和网卡，特别是显卡和声卡的许多技术指标差距还是很大。因此，对显示质量和声音质量有特别需求的用户建议安装独立的显卡和声卡。

1）向小李介绍显卡的主要分类，见表1-37。

表1-37　显卡的主要分类

分类方式	类　别	相关图片	应用对象
按用途	低端显示类		针对普通用户
	高端大型3D显示类		针对职业游戏玩家
按板载方式	集成显卡		主板上集成显示芯片，显存占用物理内存
	独立显卡		独立于主板的显卡，有自己的独立显存
按主板接口类型	AGP		目前主板配有AGP接口的越来越少了
	PCI-E（X1、X4、X8）		现在的主板

（续）

分类方式	类别	相关图片	应用对象
按制造商	“N”卡		指使用NVIDIA（英伟达）公司生产显示芯片的显卡
	“A”卡		指使用AMD公司生产的显示芯片的显卡

2）向小李介绍显卡的主要指标参数，见表1-38。

表1-38　显卡的主要指标参数

主要指标	含　义	参数值
显示芯片	是显卡的核心芯片，它的性能好坏直接决定了显卡性能的好坏，相当于计算机中CPU的地位	目前设计、制造显示芯片的厂家只有NVIDIA、ATI、SIS、VIA等公司 家用娱乐性显卡都采用单芯片设计，而在部分专业工作站显卡上有采用多个显示芯片组合的方式
输出接口	是计算机与显示器之间的桥梁，负责将视频信号传输给显示器，主要包括VGA（D-SUB）、DVI、HDMI、DisplayPort等	VGA接口已逐渐被淘汰 DVI接口广泛应用于LCD、数字投影仪等显示设备 HDMI接口可同时传送音频和影音信号，最高数据传输速率为5Gbit/s DisplayPort接口可以连接计算机和家庭影院，是免费使用的
显存频率	显存在显卡上工作时的频率，以MHz（兆赫兹）为单位，反映显存的速度	DDR SDRAM显存主要在中低端显卡上使用，成本高且性能一般，使用量不大。GDDR5显存是目前中高端显卡采用最为广泛的显存类型，主要有1600MHz、1800MHz、3800MHz、4000MHz、5000MHz等
显存位宽	是显存在一个时钟周期内所能传送数据的位数，位数越大一个时钟周期所能传输的数据量越大。这是显存的重要参数之一	目前256位宽的显存更多应用于高端显卡，而主流显卡基本都采用128位显存
显存容量	显卡上本地显存的容量数，是选择显卡的关键参数之一 显存容量的大小决定着显存临时存储数据的能力，在一定程度上也会影响显卡的性能	目前主流的有128MB、256MB，高档显卡为512MB，某些专业显卡甚至已经具有1GB的显存

知识链接

决定显卡性能的三要素：
1）显示芯片。
2）显存带宽。
3）显存容量。

经验分享

显卡超频的秘密：在制造显卡时，生产厂商设定了显存的实际工作频率，但这不一定等于显存的最大频率，因此，显卡就存在一定的超频空间。

经验分享

查找显存位宽的准确办法：显存颗粒上都有相关厂家的内存编号，可以在网上查找其编号，就能了解其位宽，再乘以显存颗粒数，就能得到显卡的位宽

3）向小李介绍市场上显卡的主流品牌，见表1-39。

学习单元1

表1-39　显卡的主流品牌

七彩虹	影驰	映众	索泰
MSI微星	华硕	蓝宝石	铭瑄
双敏	ASL翔升	迪兰	

4）向小李介绍声卡的主要分类，见表1-40。

表1-40　声卡按接口类型的分类

类　型	相关图片	产品特征	使用特点
板卡式		是现今市场上的中坚力量，涵盖低、中、高各档次，售价从几十元至上千元不等 目前的主流是PCI接口	性能更好 兼容性更高 支持即插即用 安装使用都方便
集成式		集成在主板上 比板卡式产品更廉价、更简便 占据市场大半江山	不占用PCI接口 成本更低廉 兼容性更好 满足普通用户绝大多数音频需求
外置式		是创新公司独家推出的新兴事物 通过USB接口与个人计算机连接 市场上不多见，如创新的Extigy、Digital Music两款产品，以及MAYA EX、MAYA 5.1 USB等	使用方便 便于移动 多用于特殊环境，如为笔记本计算机实现更好的音质

5）向小李介绍声卡的主要指标参数，见表1-41。

表1-41　声卡的主要指标参数

指标参数	含　义	特　点
采样位数	采样位数有8位、16位、32位	位数越大，精度越高，所录制的音质越好
最高采样频率	即每秒采集样本的数量，一般声卡提供11.025kHz、22.025kHz、44.1kHz的采样频率	目前较高档的声卡采样频率可达48kHz
数字信号处理器(DSP)	是一块单独的专用于处理声音的处理器	不带DSP的声卡要依赖CPU完成所有的工作 带DSP的声卡速度更快，音质更好
还原MIDI声音技术	现在的声卡都支持MIDI标准，MIDI是电子乐器接口的统一标准	常采用FM技术与波表技术还原MIDI声音
对Internet的支持	全双工的双向传输通信功能，可通过Internet实现即时对话	可以捆绑IE浏览器，使用户能收听Internet实时广播的RealAudio和网络电话软件Webphone，实现对Internet的全面支持
内置混音芯片	内置混音芯片或功放卡中的内置混音芯片，可完成对各种声音进行混合与调节的工作	具有功率放大器，可以在无源音箱中放音

6）向小李介绍市场上声卡的主流品牌，见表1-42。

表1-42　声卡的主流品牌

CREATIVE	ASUS	MUSILAND
创新	华硕	乐之邦
TERRATEC 德国坦克		
德国坦克	节奏坦克	

7）向小李介绍网卡的主要分类，见表1-43。

表1-43　网卡的主要分类

划分标准	产品类型	相关图片
按使用功能	有线网卡	
	无线网卡	

知识链接

有线网卡的RJ-45网络接口：是最常见、应用最广的一种网卡，接口类似于电话线接口RJ-11，但电话线的接口是4芯线，而RJ-45是8芯线。

此网卡自带2个状态指示灯，可通过颜色初步判断网卡的工作状态。

8）向小李介绍市场上网卡的主流品牌，见表1-44。

表1-44　主流网卡厂商的Logo

intel	D-Link Building Networks for People	TP-LINK
Intel	D-Link	TP-LINK
FAST	Tenda	net-core 磊科
迅捷网络	腾达	磊科

9）为小李推荐显卡、声卡和网卡，见表1-45。

表1-45　推荐显卡、声卡和网卡

客户情况	推荐产品	推荐理由
1）大学生用户 2）参加游戏比赛 3）大型3D游戏	影驰GTX650Ti 黑将	显存高，交换读取数据快，满足大型游戏运行的要求 主频高，配合主板和CPU的性能 输出接口多，配有高清接口
	声卡、网卡主板已集成	完全能够满足使用，不用再配独立板卡

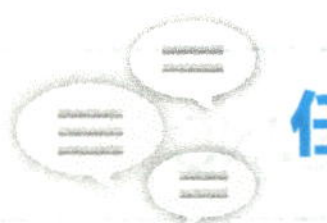

任务拓展

图书编辑小林的家里有两台老式计算机：一台笔记本计算机和一个台式计算机。这一天他为这两台计算机而来到电脑市场，笔记本计算机的声卡坏了，老旧又没地方修，因此，他想给笔记本计算机配个外置声卡；而台式计算机是因为以前他攒机的时候贪图便宜，用的是集成显卡，最近开始玩CS游戏，显示器卡得实在厉害，很妨碍游戏效果，所以他想换个能够使用的独立显卡。请与小林沟通后，了解他的各方面情况和要求，为他推荐相应的产品。

客户情况	推荐产品	推荐理由

实习总结

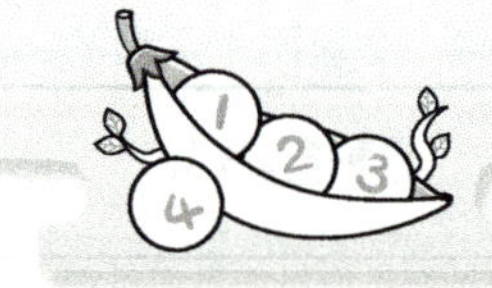

1）作为一名计算机配件的销售人员，首先应该熟悉和掌握自己所售配件的相关信息，才能做到面对客户有问必答。其中主要包括配件的基本信息、市场信息、选购参考信息3个部分。

基本信息	市场信息	选购参考信息
主要分类	主流品牌	扩展知识
功能特点	市场定位	选购要点
参数指标	产品特色	使用技巧
兼容性能	价格行情	实用经验

2）销售人员必须具备良好的客户沟通能力，才能深入了解客户采购相关的信息，做到推荐产品有的放矢。其中主要包括身份特点、潜在要求、功能需求、价格期望4个方面，如图1-5所示。

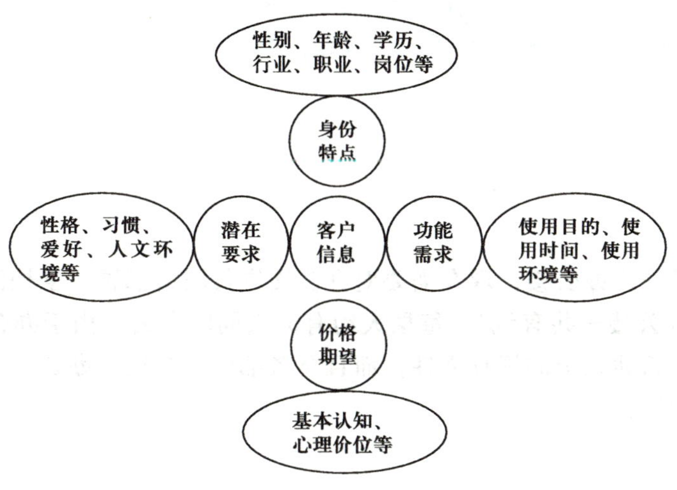

图1-5　客户信息

3）在掌握了基础的配件知识和必要的客户信息之后，才可以有针对性地制订销售方案，为客户推荐适合的配件，满足他们的需求，做到物尽其用、利益最大。这其中需要注意以下5个方面。

① 整理分析客户的信息。

② 精准定位客户的需求。

③ 充分考虑客户的现状。

④ 合理推荐适当的配件。

⑤ 最大程度实现公司的利益。

项目2　销售网络设备及服务器配件

目前计算机网络主要由服务器、计算机、交换机、路由器等组成。

服务器（Server）是网络中一类计算机，其功能是运行管理软件以控制、管理对网络或网络资源（磁盘驱动器、打印机等）进行访问的计算机。服务器还能够为网络中的计算机提供资源与服务，使其他计算机在网络环境中顺畅地工作。

交换机（Switch）是一种用于电信号转发的网络设备，它为接入交换机的任意两个网络节点提供独享的电信号通路。按照工作位置的不同，可以分为广域网交换机和局域网交换机。

路由器（Router）是连接互联网中各局域网、广域网的设备，它会根据信道的情况自动选择和设定路由，以最佳路径，按前后顺序发送信号。可以把路由器理解为互联网上的“交通警察”。

任务1　销售交换机

任务描述

某学校新建了一座办公楼，现在需要对办公楼进行网络部署，学校派网络管理员王先生选购新设备。办公楼一共有5层，每层大约有60人同时办公，由于办公需要，经常会通过局域网传送大量百兆以上的视频文件，而且财务部门也在这里办公，希望保证财务数据可以稳定安全地传送。

任务实施

1）向王先生介绍交换机的分类。

交换机的分类方式有很多种。

根据交换机的结构可划分为固定端口交换机、模块化交换机。

根据交换机工作的协议层可划分为第2层交换机、第3层交换机、第4层交换机。

按照交换机的应用层次进行划分，效果更直观，用户的理解难度更低，可以帮助客户更加便捷地认识和了解产品，见表1-46。

表1-46　交换机按应用层次分类

应用层次	相关产品图片	主要产品特性
企业级交换机		1）支持500个以上的信息点 2）拥有千兆以上的网络接口 3）能够快速适应网络增长和改变需求 4）支持高级安全服务 5）支持负载冗余功能 6）适用于企业网络的最顶层
校园网交换机		1）支持300～500个信息点 2）提供SC光纤接口和BNC或者AUI同轴电缆接口 3）适用于设备分散的网络 4）支持主流安全服务 5）支持负载冗余功能 6）适用于校园网络的核心
部门级交换机		1）支持100～300个信息点 2）提供RJ-45双绞线接口，部分配备光纤接口 3）具备流量控制及全/半双工传输能力 4）支持基于端口的VLAN（虚拟局域网）管理 5）具备主流的安全防护功能 6）一般应用于各部门网络，也可以应用于骨干网络

（续）

应用层次	相关产品图片	主要产品特性
工作组交换机		1）支持15～100个信息点 2）配有一定数目的10Base-T或100Base-TX以太网接口 3）数据转发延迟小 4）一般不需要进行配置管理 5）使用寿命一般在1～3年 6）适用于工作室办公环境
桌面型交换机		1）支持1～15个信息点 2）提供多个10/100Mbit/s自适应端口 3）价格便宜 4）无需进行配置管理 5）使用寿命一般在3～5年 6）适用于家庭生活环境

知识链接

工作组交换机：属于最低档的产品，具备交换机的通用优越性和基本性能，是传统集线器的理想替代产品，一般没有网络管理的功能。

如果是作为骨干交换机，则一般认为支持100个信息点以内的交换机为工作组级交换机。

2）向王先生介绍交换机的主要技术指标，见表1-47。

表1-47　交换机的主要技术指标

	桌面型交换机	工作组交换机	部门级交换机	校园网交换机	企业级交换机
信息点（个）	1～15个	15～100个	100～300个	300～500个	500个或更多
传输速率	10/100Mbit/s	10/100Base -T	100Base-FX	10Gbit/s	千兆以上
功能性	具备最基本的特性	接近单个局域网性能	支持基于端口的VLAN；对端口进行管理	对流量进行控制；网络管理	提供用户化定制、优先级队列服务
安全性	无安全功能	无安全功能	简单安全功能	主流安全功能	高级安全功能
操作要求	无需配置	无需配置	掌握简单技术	掌握主流技术	掌握深层技术
适用范围	家庭用户	工作室	各分支部门	教育行业	大中型企业

3）向王先生介绍市场上交换机的主流品牌，见表1-48。

表1-48　主流交换机厂商的Logo

H3C	CISCO	HUAWEI	锐捷网络	Feixun
H3C	思科	华为	锐捷	斐讯
Juniper NETWORKS	D-Link Building Networks for People	TP-LINK	UTT艾泰	神州数码 Digital China
Juniper	D-Link	TP-Link	艾泰	神州数码

4）为王先生推荐交换机，见表1-49。

表1-49 推荐交换机

客户情况	推荐产品	推荐理由
1）300人同时办公 2）大数据量传输 3）考虑数据安全方面	神州数码Dcrs-5950-28t交换机1台 神州数码Dcs-4500-28交换机共11台	两种交换机都是千兆接入交换机，满足带宽要求 每台Dcs-4500都有28个端口，11台共308个端口，满足5层×60人=300人的计算机接入需求 国产品牌，价格便宜

任务拓展

某公司由于业务需要，扩建了一层新的办公区，现在需要对该办公区进行网络部署。那里有4个部门同时进行办公，每个部门有25～30人在同时办公，其中设计部经常需要传输百兆以上的视频、图片等文件，财务部为了保障安全，需要能够有一个完全独立的网络来传送财务数据。公司派网管小张选购设备，请与小张沟通后，了解他的各方面情况和要求，为他推荐相应的产品。

客户情况	推荐产品	推荐理由

任务2 销售路由器

任务描述

初中生小陈新买了两台计算机，并且开通了宽带ADSL，希望能够让两台计算机同时上网。由于小陈正在上学，家长希望能够对上网进行一些简单的控制，能够让小陈更加合理地安排上网时间。通过这些信息该如何为小陈推荐设备呢？

任务实施

1）向小陈介绍路由器的主要分类。

按性能档次，可划分为高档路由器、中档路由器、低档路由器。

从结构上可划分为模块化路由器、非模块化路由器。

按功能划分，更直观、更容易理解，见表1-50。

表1-50　路由器按功能的不同分类

功能划分	相关图片	主要产品特性
接入级路由器		1）能够满足家庭和小型企业的常见需求 2）提供SLIP或PPP连接 3）支持简单的IPSec虚拟网络传输协议 4）操作十分简单，对技术没有要求
企业级路由器		1）能够满足中型企业的常见网络需求 2）支持QoS（服务质量保证）技术 3）支持部分组播和广播技术 4）支持多种协议，包括IP、IPx和Vine 5）支持简单的安全部署功能 6）对操作有一定的技术要求
骨干级路由器		1）能够满足大型企业的常见网络需求 2）具有高速网络传输 3）具有较高的可靠性 4）具备高级安全部署功能 5）对操作的技术要求较高

知识链接

接入级路由器将来会支持许多异构和高速端口，并在各个端口能够运行多种协议，同时还要避开电话交换网。

知识链接

企业级路由器的成败：是否提供大量端口，且每个端口的造价很低；是否容易配置；是否支持QoS。

知识链接

骨干级路由器实现企业级网络的互联：首要考虑速度和可靠性，代价则次要考虑。

2）向小陈介绍路由器的主要技术指标，见表1-51。

表1-51　路由器的主要技术指标

技术指标	接入级路由器	企业级路由器	骨干级路由器
功能性	支持ADSL拨号，基本的PPP连接功能	提供多端点互联，并且支持不同的服务质量技术	具备较高的传输速率和可靠性
安全性	能够部署简单的安全功能	能够部署常用的安全功能	能够部署高级的安全功能
操作要求	操作简单，对技术没有要求	对操作有一定的技术要求	对操作的技术要求较高
适用范围	家庭用户、工作室	中小型企业	大型企业

3）向小陈介绍市场上路由器的主流品牌，见表1-52。

表1-52　路由器的主流品牌

H3C	CISCO	HUAWEI	锐捷网络
H3C	思科	华为	锐捷
Juniper NETWORKS	D-Link Building Networks for People	TP-LINK	艾泰
Juniper	D-Link	TP-Link	艾泰

4）为小陈推荐路由器，见表1-53。

表1-53　推荐路由器

客户情况	推荐产品	推荐理由
1）普通家庭用户 2）宽带上网	高端TP-Link家用路由器	满足2台计算机同时上网和进行上网控制 价格便宜

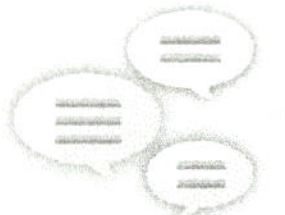

任务拓展

某银行由于业务发展，开设了新的分行，现在需要对分行的网络进行部署。因为银行的数据要求高度保密，所以需要提供多种安全防护机制。因为银行经常需要传输千兆以上的数据，且不能中断，所以需要提供稳定的网络以及应急恢复能力。银行的技术部工程师小张来到公司门店选购新的路由器，请与小张沟通后，了解他的各方面情况和要求，为他推荐相应的产品。

客户情况	推荐产品	推荐理由

任务3　销售服务器

任务描述

随着时间的推移，某商业贸易公司的规模在逐渐壮大，从40人发展到了80多人，公司原有的文件服务器已经不能满足公司员工的需求，出现了反应慢、运行不稳定的情况。现在公司决定让网管小徐选购一些新的服务器替换旧有的，以满足新的需求。

任务实施

1）向小徐介绍服务器分类。

根据所使用的处理器和体系架构不同，可分为x86服务器、AIX服务器、RISC小型机、VLIW架构服务器。

根据机箱外观的不同，可以分为塔式服务器、机架式服务器、刀片式服务器和机柜式服务器，见表1-54。

表1-54 服务器按机箱外观分类

产品类型	产品图片	外观特点
塔式服务器		结构和个人计算机类似 机箱比较大 扩展性差 独立性强
机架式服务器		安装在标准的19in机柜中 节约空间 散热稍差
刀片式服务器		高密度 低功耗 空间小 单机售价低 便于统一管理 扩充性较受限制
机柜式服务器		性能极高 扩展性强

通常，根据性能档次的不同，可以分为入门级服务器、工作组级服务器、部门级服务器和企业级服务器。

2）向小徐介绍服务器的主要技术参数，见表1-55。

表1-55 服务器的主要技术指标

技术指标	入门级	工作组级	部门级	企业级
CPU数量	2颗	2～4颗	4～6颗	4～8颗
内存技术	大内存	ECC	ECC	PCI双通道
是否支持RAID	不支持	支持	支持	支持
是否支持热插拔	不支持	不支持	支持	支持
是否支持热备电源	不支持	支持	支持	支持
扩展性	差	中	高	中

3）向小徐介绍市场上服务器的主流品牌，见表1-56。

表1-56　服务器的主流品牌

IBM	lenovo	hp invent	inspur 浪潮
IBM	联想	惠普	浪潮
DELL	NEC	HUAWEI	曙光 DAWNING
戴尔	NEC	华为	曙光

4）为小徐推荐服务器，见表1-57。

表1-57　推荐服务器

客户情况	推荐产品	推荐理由
1）人员成倍增长 2）数据传输负荷重	联想T350 G7	专为中小型企业用户设计的高可靠、易管理的双路塔式部门级服务器 电源类型为1+1冗余电源，配合750W的大功率输出，足以支持服务器对于电源的需求 搭配符合文件服务器需求的高性能的英特尔至强处理器 支持较高的ECC，可热插拔内存 拥有2块千兆网卡，足以满足文件服务器的大数据量需求 支持所有主流操作系统 国内知名品牌，硬件经过多系统测试完美兼容，提供7×24小时快速响应支持

任务拓展

刘经理是一家大型IT公司的运维经理，随着业务的发展，现在的Web服务器访问量激增到每天约4万的点击量，现在需要更换一台新的Web服务器。请与刘经理沟通，了解他的各方面情况和要求，为他推荐相应的产品。

客户情况	推荐产品	推荐理由

实习总结

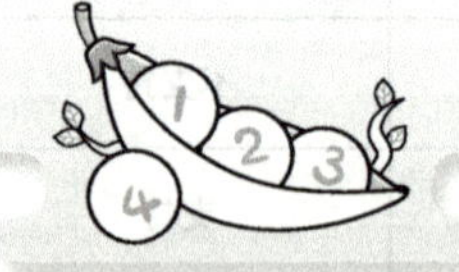

1）交换机、路由器、服务器在网络中的功能是连接网络、提供服务。

2）交换机、路由器、服务器的选用均取决于用户对自己网络的规划，除家用路由器以外，很少有用户单独购买，一般均随网络工程一起招标。

3）交换机、路由器、服务器在网络中的地位十分重要，一般情况下应放置于专门的机房，并配有专人管理。

考核评价表

考核内容	评价标准
必备基础知识	1）掌握计算机配件的主要分类、功能特点、参数指标、兼容性能等 2）了解计算机配件的相关扩展知识、选购要点标准、使用注意事项等
与客户沟通	1）与客户沟通融洽良好 2）了解客户的身份特点，包括性别、年龄、学历、行业、职业、岗位等 3）了解客户的功能需求，包括使用目的、使用时间、使用环境等 4）了解客户的潜在要求，包括性格、习惯、爱好、人文环境等 5）了解客户的价格期望，包括基本认知、心理价位等 6）详细记录客户的具体要求
制订销售方案	1）综合分析客户的信息 2）整合总结客户的要求 3）实际考虑客户的需求 4）精心筛选合适的配件
为客户提出合理化建议	1）与客户良好沟通 2）充分考虑客户各方面的情况，提出合理有效的建议，推荐产品
成本意识考量	1）尽可能满足客户的资金需求 2）实现公司利益最大化
配送单填写	1）字迹工整，无错别字 2）内容填写准确，无遗漏

单元知识总结与提炼

1）作为一名销售人员应具备的计算机配件、网络设备等的知识基础。

在实际销售过程中，客户需求总体特征常表现为非专业性、功能性、实用性，因此，在产品知识基础的准备方面，不必掌握计算机配件、网络设备及服务器设备等全部的分类方法和所有的性能指标，只需要掌握其中最为常用的分类方式、最为核心的选购指标和品牌Logo等内容即可，即一切从客户实用角度出发。表1-58中简单总结了这些方面的相关内容。

表1-58 销售人员需准备的产品知识基础内容

名 称	最常用的分类方式	最核心的选购指标
鼠标	按接口类型	DPI CPI
键盘	按接口类型	无
显示器	按显像技术类型	可视面积、点距、分辨率、刷新速率、响应时间、色彩度、对比度、亮度值、可视角度、视频接口
主机箱	按机箱结构	材质、做工
电源	按电源结构标准 按电源功能技术	额定功率、功率因数
硬盘	按硬盘存储方式 按硬盘接口技术 按硬盘外观尺寸大小	容量 转速 平均访问时间 传输速率 缓存
光驱	按技术类型	传输速率 缓存 平均访问时间 容错性 接口类型
CPU	按CPU品牌 按CPU封装形式	主频 外频 前端总线（FSB）频率 缓存 CPU扩展 指令集
主板	按主板CPU插槽类型 按主板芯片组 按主板结构	支持何种型号的CPU 支持何种通道技术 支持何种内存
内存	按接口类型	内存主频 延迟 容量
卡显	按用途 按板载方式 按主板接口类型 按制造商	显存频率 显存位宽 显示芯片 显存容量 输出接口
声卡	按接口类型	采样位数 最高采样频率 数字信号处理器（DSP） 还原 MIDI 声音技术 对Internet的支持 内置混音芯片
网卡	按使用功能	无

（续）

名　称	最常用的分类方式	最核心的选购指标
交换机	按应用层次	信息点个数 传输速率 功能性 安全性 操作要求 适用范围
路由器	按功能	功能性 安全性 操作要求 适用范围
服务器	按机箱外观	CPU数量 内存技术 是否支持RAID 是否支持热插拔 是否支持热备电源 扩展性

2）在与客户沟通的过程中，要了解的信息。

销售人员必须学会在与客户融洽交流的过程中，了解客户信息，并进行分析、总结提炼客户需求及条件。这样才能有针对性地挑选出适合的产品推荐给客户，既满足客户的要求、符合客户的实际情况和资金预算，又为公司较大限度地创造利润。表1-59中是需要了解的客户信息。

表1-59　需要了解的客户信息

身份特点	性别、年龄、学历、行业、职业、岗位等
功能需求	使用目的、使用时间、使用环境等
潜在要求	性格、习惯、爱好、人文环境等
价格期望	基本认知、心理价位等

学习单元 2

UNIT 2 组装计算机

经过这段时间的培训和参加销售工作，对公司的业务和工作流程已有所了解，计算机组成的各种配件的功能已基本了解，并能准确地识别。公司决定，从现在开始，可以接待前来组装计算机的客户，希望能出色完成任务，创造良好业绩。

ZUZHUANG JISUANJI

单元情境

经过这段时间的培训和参加销售工作，对公司的业务和工作流程已有所了解，计算机组成的各种配件的功能已基本了解，并能准确地识别。公司决定，从现在开始，可以接待前来组装计算机的客户，希望能出色完成任务，创造良好业绩。

单元概要

组装计算机的过程可分为确定硬件配置与选购、硬件组装、软件安装及整机测试4部分，如图2-1所示。

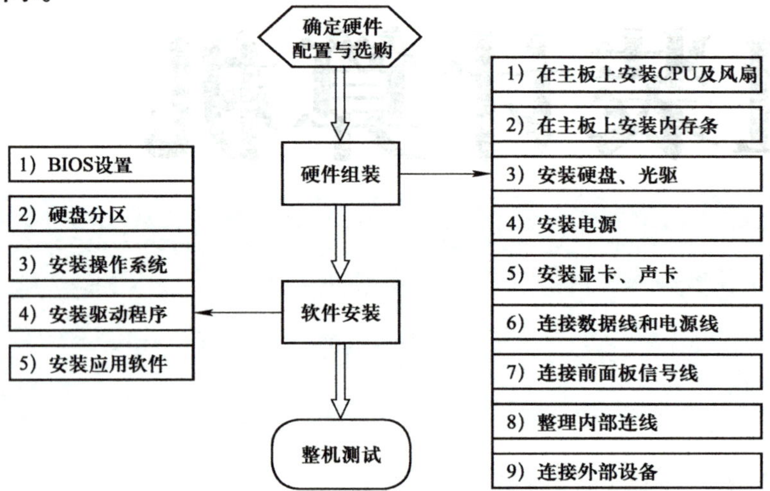

图2-1　组装计算机的过程

单元学习目标

1）了解常见计算机配件的功能及兼容性。
2）能够独立对个人计算机进行拆解和组装。
3）能够与客户交流，在考虑客户需求及条件的情况下，为客户配置计算机，具有较强的成本意识。
4）能够按照设备使用说明书向客户介绍产品。
5）能够安装单机和服务器操作系统。
6）能够熟练安装常用的应用软件。

项目1　按用户需求配置计算机

配置组装计算机包括需求分析、确定配置、购买配件和组装配件4个步骤。

任务1　配置办公经济型计算机

任务描述

接待的第一位客户是来自门店所在社区居委会的赵先生。本社区为了规范日常办公及提高工作效率，准备购置5台台式计算机。

任务实施

1）接待客户，与用户沟通，了解并记录客户的需求，见表2-1。

表2-1　客户需求

客　户	居委会 赵先生	联系电话	135××××7788
询问客户主要用途	日常办公，主要是处理日常文档、编辑图片及浏览网页		
单机价格	2000～2500元	购置台数	5台
客户提出的特殊需求	1）CPU要选用Intel的 2）显示器需为LCD（液晶），尺寸不限 3）硬盘最好为500GB 4）为了配合整体办公环境的美观，需要整机外观为黑色		
业务员	王小磊	日　期	10月6日

2）了解计算机配件市场。

要配置好一台微型计算机，必须熟悉目前微型计算机的市场信息。首先，应了解目前市场中主流的微型计算机硬件有哪些品牌、型号及其价格信息；其次，要熟悉本公司代理、主营的计算机硬件品牌、型号及其价格。

3）了解用户心理。

用户配置计算机一般遵循以下原则。

①需求原则。根据自身的用途，确定配置。

②预算原则。一般单位用户会对要购买的计算机有预算价格，个人用户会有心理价位。

③有效分配原则。在资金有限的情况下，用户会根据需求重点确定不同硬件的资金分配。

④趋势原则。对于较内行的用户，会考虑下一步升级或扩充的可能性。

4）根据客户需求选配硬件，制订配置方案。

依照客户需求调查表分析，确定机型为办公经济型计算机。办公用计算机的应用通常局限于简单的文本、图片的编辑及网页的浏览，因此，对CPU、内存等配置要求不是很高，显卡方面的要求则更低。

根据用户的需求，选购以下硬件。

①CPU，见表2-2。

表2-2 CPU

型号	Intel G840 CPU (盒)
外观	
主要参数	插槽类型：LGA 1155 CPU主频：2.8GHz 核心数量：双核心 双线程 总线类型：DMI总线 5.0GT/s
选择理由	1）价格实惠，性能稳定，性价比较高 2）Intel符合用户要求，且完全能够满足办公使用
价格	400元

②主板，见表2-3。

表2-3 主板

型号	捷波HI09
外观	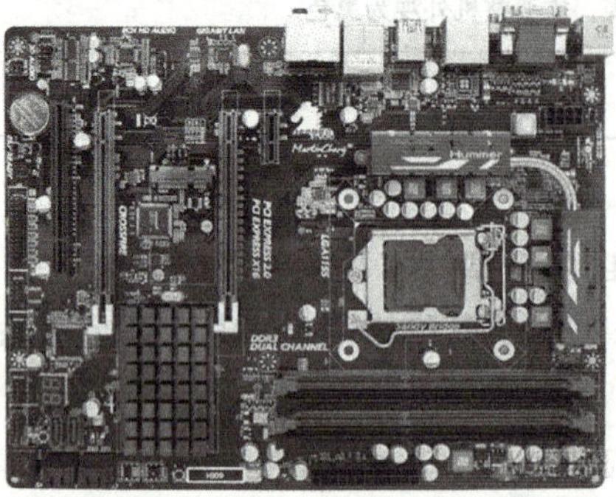

经验分享

透明的市场：

互联网上各类配件的市场行情和配件参数是完全透明的。以下是一些常用的计算机市场信息网址：

http://www.zol.com.cn 中关村在线

http://www.zgc.com.cn 中关村信息港

http://www.djydj.org 装机打假资讯

http://www.pchome.net PC之家

http://www.pconline.com.cn 太平洋电脑网

经验分享

5大硬件：目前决定计算机整体性能的主要有5大硬件，即CPU、主板、内存、显卡和硬盘。有限的资金优先分配在这5项。

经验分享

配件选择顺序：选择配件一般先确定CPU，然后选择与之匹配的主板，再根据主板情况依次选择与主板匹配的内存、硬盘、显卡、机箱、电源和显示器等。

知识链接

CPU品牌：目前CPU主流品牌有Intel和AMD。从价格上，Intel比AMD贵一些，但其稳定的工作性能使其在市场中占有绝对优势。

经验分享

主板选择：主板考虑价格、性能、稳定性、功能及对未来处理器的支持，主板一般首选大板，大板相对小板而言最大的优势就是有充足的布线空间。

（续）

型号	捷波HI09
主要参数	主芯片组：Intel H67 CPU插槽：LGA 1155 CPU类型：Core i7/Core i5/Core i3/Pentium 内存类型：DDR3 内存描述：支持双通道DDR3 1333/1066MHz内存 集成芯片：显卡/声卡/网卡 主板板型：ATX板型 USB接口：10×USB2.0接口（4内置+6背板） SATA接口：4×SATA II接口；2×SATA III接口 PCI插槽：1×PCI插槽 供电模式：4+1+1相
选择理由	1）CPU插槽、芯片组与之前所选CPU匹配 2）性价比高，做工扎实 3）留有一定的升级、扩充空间，如升级CPU、增加硬盘（4个SATA接口） 4）集成了显卡、声卡和网卡，方便维护
价格	519元

③内存，见表2-4。

表2-4　内存

型号	金士顿 2GB 内存 DDR3 1333
外观	
主要参数	适用类型：台式机 内存容量：2GB 内存类型：DDR3 内存主频：1333MHz 插槽类型：DIMM
选择理由	1）主板支持此主频内存 2）主板上集成了显卡，在使用时要占用内存 3）性价比高，主板支持双通道，所以选择2条2GB内存
价格	80元/条×2条=160元

④硬盘，见表2-5。

表2-5　硬盘

型号	希捷Barracuda 500GB 7200r/min 16MB SATA3
外观	
主要参数	硬盘容量：500GB 接口类型：SATA 3.0 转速：7200r/min 盘片数量：1片
选择理由	1）500GB容量符合用户要求 2）与主板SATA接口匹配
价格	330元

经验分享

主板与CPU、内存的匹配：

1）主板所支持的CPU类型一定要与所选CPU匹配，一方面插槽要对应，另一方面芯片组要支持。

2）主板的内存类型、集成板卡和硬盘接口，决定着所选配件。

知识链接

双通道：就是CPU可以通过两个独立的内存通道控制外部数据，理论上数据存取速度可比单通道增加一倍。

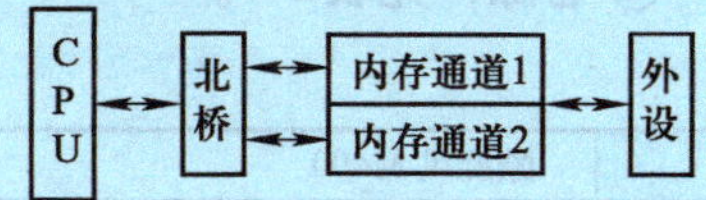

经验分享

实现双通道：选择内存条时，要根据主板内存插槽类型挑选内存条。如果主板支持双通道，则建议购买两条同规格同品牌的内存条，用以实现内存的双通道工作，提高运行速度。

经验分享

硬盘接口选择：硬盘接口类型要根据主板上配有的接口选择。目前主板基本都有SATA接口，容量大小要根据实际需要、主流配置及价格来决定，转速考虑7200r/min或以上。

⑤机箱，见表2-6。

表2-6　机箱

型号	酷泽 5008B/R 机箱
外观	
主要参数	机箱类型：台式机箱　黑色 机箱结构：ATX 7个3.5in仓位，4个5.25in仓位
选择理由	1）能够安装所选主板 2）机身颜色与用户要求相符
价格	90元

机箱选择：选择机箱时需要看其是否牢固，注意机箱板的厚度和材料，标准厚度为1.2mm。同时也要考虑拆装方便、结构合理、固定架数量充足以及是否达到了防护标准。同时还要考虑颜色外观的搭配。

⑥电源，见表2-7。

表2-7　电源

型号	酷旋风 M400
主要参数	最大功率：400W 电源版本：ATX 12V 2.31 适用范围：支持Intel及AMD最新多核处理器 风扇类型：8cm风扇 电源类型：台式机电源 主板接口：20+8pin 硬盘接口（SATA）：2个
选择理由	1）根据需要及有效原则，功率足够大 2）与主板电源接口匹配
价格	110元

电源功率确定：可以选用功率计算软件来选择电源。这类软件收录有各硬件具体品牌型号的功耗，输入所选配件型号后，即可自动计算出整机的功耗，然后将其作为电源功率的60%计算出应选配电源的功率。

⑦显示器，见表2-8。

表2-8　显示器

型号	Acer G206HQLb
外观	
主要参数	屏幕尺寸：19.5 in 面板类型：TN 最佳分辨率：1600×900 背光类型：LED背光 屏幕比例：16:9（宽屏）
选择理由	1）依据需求原则，有效分配资金，满足客户的需求 2）性价比高，LED背光，符合整机外观为黑色的要求
价格	640元

显示器选择：显示器主要按照使用需要，考虑屏幕大小、聚焦情况和纯度等因素。显示器性能的高低直接影响用户的使用舒适度，目前市场中主要有CRT、LCD和LED等类型的显示器。

⑧鼠标和键盘，见表2-9。

表2-9　鼠标和键盘

型号	微星 MK-160 键鼠套装
外观	
选择理由	1）符合需要原则，符合整机外观为黑色的要求 2）经济实惠，性价比高
价格	50元

⑨光驱，见表2-10。

表2-10　光驱

型号	华硕 DVD-E818A9T
外观	
主要参数	光驱类型：DVD光驱 安装方式：内置（台式机光驱） 接口类型：SATA
选择理由	1）符合客户的使用要求，颜色与机箱一致 2）与主板接口匹配，性价比高
价格	89元

经验分享

光驱选择：光驱作为计算机的光电储存设备必不可少，在购买时需要注意购买类型。如果经常作光盘备份则一定要买可读写的光驱，一般此类光驱带有DVD-RW标志，如果没有刻录光盘的需求，则选择DVD-ROM比较实惠。

⑩音箱，见表2-11。

表2-11　音箱

型号	漫步者 R18T
外观	
主要参数	音箱类型：计算机音箱 音箱系统：2.0声道 额定功率：2.8W 扬声器单元：50mm×90mm 调节方式：旋钮 有源/无源：有源 频率响应：100Hz～20kHz 供电方式：220V/50Hz电源 阻抗：4Ω 防磁功能：支持 音频接口：3.5mm音频接口 音箱尺寸：85mm×166mm×110mm
选择理由	1）符合客户的使用要求 2）颜色与机箱一致
价格	89元

5）根据分析及选购为客户制订《装机配置单》，给出报价，见表2-12，交由客户签字后下单。

表2-12　装机配置单

<table>
<tr><td>客户机型</td><td colspan="5">经济办公型计算机</td></tr>
<tr><td>配置</td><td colspan="3">品牌型号</td><td>数量</td><td>单价/元</td></tr>
<tr><td>CPU</td><td colspan="3">Intel G840 CPU (盒) 奔腾双核主频2800MHz</td><td>1</td><td>400</td></tr>
<tr><td>主板</td><td colspan="3">捷波HI09(集成芯片：显卡/声卡/网卡)</td><td>1</td><td>519</td></tr>
<tr><td>内存</td><td colspan="3">金士顿 2GB 内存 DDR3 1333</td><td>2</td><td>80</td></tr>
<tr><td>硬盘</td><td colspan="3">希捷Barracuda 500GB 7200r/min 16MB SATA3</td><td>1</td><td>330</td></tr>
<tr><td>机箱</td><td colspan="3">酷泽5008B/R机箱</td><td>1</td><td>90</td></tr>
<tr><td>电源</td><td colspan="3">酷旋风 M400</td><td>1</td><td>110</td></tr>
<tr><td>显示器</td><td colspan="3">Acer G206HQLb</td><td>1</td><td>640</td></tr>
<tr><td>键盘鼠标</td><td colspan="3">微星 MK-160键鼠套装</td><td>1</td><td>50</td></tr>
<tr><td>光驱</td><td colspan="3">华硕 DVD-E818A9T</td><td>1</td><td>89</td></tr>
<tr><td>音箱</td><td colspan="3">漫步者 R18T</td><td>1</td><td>89</td></tr>
<tr><td>业务员</td><td>王小磊</td><td>客户签字</td><td>赵永</td><td>合计金额</td><td>2477</td></tr>
</table>

任务拓展

业务员小王以诚信赢得客户，以优质的服务赢得称赞。下午又接到赵先生的电话，说马上要父亲节了，想为退休的父亲攒一台计算机，作为父亲节的礼物。价格在3 000元左右，主要用于学习、在网上炒股票、看电影、玩游戏等，其中显示器最好是22in、LCD的，其他可根据实际需要进行调配。

根据客户提出的要求以及使用者的特点，请制订一个《装机配置单》。

装机配置单

客户机型				
序　号	配　置	品牌型号	数　量	单价/元
1	CPU			
2	主板			
3	内存			
4	硬盘			
5	显卡			
6	光驱			
7	LCD显示器			
8	机箱			
9	电源			
10	键盘			
11	鼠标			
12	声卡			
13	网卡			
14	音箱			
15	摄像头			
16	其他			
业务员		客户签字	合计金额	

任务2　配置游戏型计算机

任务描述

接待的这位客户是准备开网吧的郭先生，需购置50台游戏型计算机。根据客户的需求，合理制订出配置方案。

任务实施

1）需求分析。

① 接待客户，与用户沟通，了解并记录客户的需求，见表2-13。

表2-13　客户需求

客　户	网吧 郭先生	联系电话	182×××××678
询问客户主要用途	网吧用机，主要是各种游戏、上网、视频和聊天等		
单机价格	4000～4500元	购置台数	50台
客户提出的特殊需求	1）显示器需为LED，23in 2）硬盘转速要求为7200r/min，容量500GB 3）为了配合整个网吧环境的美观，需要整机外观为黑色 4）鉴于网吧的特点，不配光驱、音箱，配备耳麦		
业务员	王小磊	日　期	11月2日

② 对客户需求进行分析。网吧用机有以下几个特点。第一，网吧用机以产生效益为目的，在进行硬件选配时要尽可能降低投入，从而最大限度地产生效益；第二，要具有一定的运行性能，以适应上网用户的多种需要；第三，机器能保证长时间连续、稳定地运行；第四，工作环境恶劣，烟、尘较大；第五，网吧用机的外型和颜色应尽可能大众化。

2）根据客户需求选配硬件，制订配置方案。

根据网吧用机特点，结合客户提出的具体要求，按照攒机的原则进行选配。

① CPU，见表2-14。

表2-14　CPU

型号	AMD A10-5800K（盒）
外观	
主要参数	插槽类型：Socket FM2 CPU主频：3.8GHz 二级缓存：4MB 核心数量：4核心 4线程 适用类型：台式机 包装形式：盒装
选择理由	1）价格实惠 2）主频高，速度快，适合网吧游戏用机
价格	860元

温馨提示

考虑用户情况选件：依据网吧用机的特点，在满足要求的前提下，尽可能节省资金。相对于Intel，AMD的价格便宜，建议选择AMD公司的CPU。

② 主板，见表2-15。

表2-15 主板

型号	映泰Hi-Fi A85W
外观	
主要参数	主芯片组：AMD A85X CPU插槽：Socket FM2 CPU类型：AMD A10/A8/A6/A4/E2/Phenom II 内存类型：DDR3 内存描述：支持双通道DDR3 2400（超频）/2133（超频）/1866/1600/1333/1066/800MHz内存 集成芯片：声卡/网卡 主板板型：ATX板型 SATA接口：8×SATA III接口 PCI插槽：2×PCI插槽 供电模式：六相 显卡插槽：PCI-E 2.0标准
选择理由	1）与选用的CPU匹配，支持AMD芯片组 2）内在支持类型丰富，便于维护 3）性价比高，功能齐全，安装简单
价格	699元

温馨提示

考虑用户特殊需求：不同的游戏对显卡的要求不同，对于网吧用户会运行不同的网络游戏，建议选用独立显卡。

③ 内存，见表2-16。

表2-16 内存

型号	金士顿4GB DDR3 1600
外观	
主要参数	适用类型：台式机 内存容量：4GB 内存类型：DDR3 内存主频：1600MHz 插槽类型：DIMM
选择理由	1）网吧要求长时间工作稳定，故选用主流频率1600MHz的内存 2）主板支持双通道，选择2个内存条
价格	160元

知识链接

内存的主频：内存的主频和CPU的主频一样，习惯上被用来表示内存的工作速度，它代表该内存所能达到的最高工作频率。内存主频是以MHz（兆赫）为单位来计量的。内存主频越高在一定程度上代表内存所能达到的速度越快。内存主频决定该内存最高能在什么样的频率正常工作。

④ 硬盘，见表2-17。

表2-17 硬盘

型号	希捷Barracuda 500GB 7200r/min 16MB SATA3
外观	
主要参数	硬盘容量：500GB 接口类型：SATA 3.0 转速：7200r/min 盘片数量：1片
选择理由	1）按用户要求容量为500GB 2）与主板接口匹配
价格	330元

知识链接

SATA硬盘：目前SATA硬盘已逐步取代PATA硬盘（IDE接口），在英特尔规范的下一代965芯片组中已经取消了对PATA硬盘接口的支持。

SATA的优势：支持热插拔，传输速度快，执行效率高。

⑤显卡，见表2-18。

表2-18　显卡

型号	精影HD6670 1GB-D5
外观	
主要参数	芯片厂商：AMD 显卡芯片：Radeon HD 6670 显存容量：1024MB GDDR5 显存位宽：128bit 核心频率：800MHz 显存频率：3600MHz 散热方式：散热风扇+散热片 I/O接口：HDMI接口/DVI接口/VGA接口 总线接口：PCI Express 2.0 16× 3D API：DirectX 11 最高分辨率：2560×1600px
选择理由	1）配合8GB的内存，能够流畅地运行大部分单机和网络游戏 2）与主板显卡接口匹配
价格	545元

知识链接

显示芯片厂家：显卡作为计算机主机里的一个重要组成部分，承担输出显示图形的任务。一般显卡图形芯片的供应商主要有AMD（ATI）和NVIDIA(英伟达)两家。

⑥机箱，见表2-19。

表2-19　机箱

型号	游戏悍将刀锋1标准版
外观	
主要参数	机箱类型：游戏机箱 3.5in仓位：3个 5.25in仓位：3个 机箱材质：钢板全黑化 扩展插槽：7个 机箱样式：立式
选择理由	1）能够安装所选主板，仓位满足实际需要，做工精良优秀 2）外观独特的模块化黑色铁网面板，方便日常维护
价格	199元

⑦电源，见表2-20。

表2-20　电源

型号	游戏悍将红星R500M
主要参数	额定功率：500W 最大功率：600W 电源版本：ATX 12V 2.31 适用范围：支持Intel与AMD全系列台式多核CPU 电源类型：台式机电源 主板接口：20+4pin
选择理由	1）功率足够大，适合网吧长时间用机 2）输出线组与主板类型匹配
价格	288元

⑧显示器，见表2-21。

表2-21　显示器

型号	AOC e2343F（LED屏）
外观	
主要参数	屏幕尺寸：23in 面板类型：TN 动态对比度：5000万:1 最佳分辨率：1920×1080px 背光类型：LED背光
选择理由	1）满足用户要求的屏幕尺寸23in 2）宽屏、低功耗、性价比较高、LED背光、整体外观黑色，便于清洁维护
价格	1070元

⑨鼠标键盘，见表2-22。

表2-22　鼠标键盘

型号	罗技G100游戏键鼠套装
外观	
主要参数	适用类型：竞技游戏 人体工学：支持 工作方式：光电 防水功能：支持
选择理由	1）适合在网吧环境使用 2）手感好，能够满足不同玩家 3）符合整机外观为黑色的要求
价格	179元

温馨提示

考虑使用场合的主要需求：由于大部分去网吧的客户都是为了游戏娱乐，因此选购键盘、鼠标时最好选用竞技游戏类型，以适合玩家们的使用。

⑩耳麦，见表2-23。

表2-23　耳麦

型号	声丽ST-2688
外观	
主要参数	产品类型：耳麦 佩戴方式：头戴式 频响范围：20～20 000Hz 产品阻抗：32Ω 灵敏度：（106±3）dB 耳机插头：3.5mm插头 单元直径：40.00mm 麦克风规格：9.7mm×6.7mm 方向性：全指向 麦克风灵敏度：（−40±3）dB 麦克风阻抗：≤2200Ω 耳机线：≥2.5m
选择理由	1）适合在网吧环境使用 2）音质还原好，音量可调 3）符合整机外观为黑色的要求
价格	39元

3）根据分析及选购为客户制订《装机配置单》，给出报价，见表2-24，交由客户签字后下单。

表2-24 装机配置单

客户机型	网吧游戏型计算机				
配置	品牌型号			数量	单价/元
CPU	AMD A10-5800K（盒）			1	860
主板	映泰Hi-Fi A85W （集成声卡/网卡）			1	699
内存	金士顿4GB DDR3 1600			2	160
硬盘	希捷Barracuda 500GB 7200r/min 16MB SATA3			1	330
显卡	精影HD6670 1GB-D5			1	545
机箱	游戏悍将刀锋1标准版			1	199
电源	游戏悍将红星R500M			1	288
显示器	AOC e2343F（LED屏）			1	1070
键鼠套装	罗技G100游戏键鼠套装			1	179
耳麦	声丽ST-2688			1	39
业务员	王小磊	客户签字	郭小达	单机合计金额	4 529

任务拓展

业务员小王以诚信赢得客户，以优质的服务赢得称赞。郭先生请小王为他上初二的儿子攒一台计算机，因为孩子的作业经常放在网上，现在儿子经常去同学家里打印出来，再回家做，另外儿子现在的课程中也有信息技术课，所以需要一台计算机。价格在4000元以内，主要用于家庭学习、上网、看电影和玩游戏等。根据客户提出的要求以及使用者的特点，小王开始制订装机配置单。

装机配置单

客户机型						
序号	配置	品牌型号			数量	单价/元
1	CPU					
2	主板					
3	内存					
4	硬盘					
5	显卡					
6	光驱					
7	LCD显示器					
8	机箱					
9	电源					
10	键盘					
11	鼠标					
12	声卡					
13	网卡					
14	音箱					
15	摄像头					
16	其他					
业务员			客户签字		合计金额	

任务3　配置三维动画制作专业计算机

任务描述

某广告公司一台用于3D动画广告设计的计算机出现故障，无法在短时间内修复。正在此时有一个广告设计工作急需使用这台计算机，因此，急需一台能设计3D动画广告的计算机。考虑到出故障的计算机已经使用了近5年，也需要一台新的用于3D动画广告设计的计算机，因此，准备投资1万元，配置一台适用于3D广告开发的计算机。

任务实施

1）需求分析。

① 接待客户，与用户沟通，了解并记录客户的需求，见表2-25。

表2-25　客户需求

客　户	广告公司	联系电话	181×××××016
询问客户主要用途	三维动画制作，主要是3ds Max的图形制作		
单机价格	不超过1万元	购置台数	1台
客户提出的特殊需求	1）显示器需为优派、LED、23in 2）硬盘转速要求为7200r/min，容量1TB以上		
业务员	王小磊	日　期	12月12日

② 对客户需求进行分析。

客户是3D动画广告设计公司，在动画设计制作过程中，最终渲染是最耗时的。根据公司积累的3D客户用计算机资料分析，3D动画制作、预览的时候主要依靠显卡和内存的速度，此时对CPU的速度也有相当的要求，而在最终渲染的时候则主要依靠CPU和内存速度来减少制作时间，因此，对3D动画制作影响最大的是CPU，应尽量把资金投入在CPU上。选择多核心的CPU能够极大地提高渲染速度，同时更能保证制作、预览时的速度。

除选用多核心的CPU外，对内存和显卡的要求也同样较高，在资金分配上也应优先考虑，内存容量要大，显卡速率要高、显存容量要大。显示器的品牌和大小、硬盘的转速和容量已经由客户按自己的需求确定了。此外应配备音箱和能刻录的光驱。

2）根据客户的需求选配硬件，制订配置方案。

根据三维动画制作用计算机的特点，结合客户提出的具体要求，按照攒机的原则进行选配。

①CPU，见表2-26。

表2-26　CPU

型号	Intel 酷睿i7 3770K（盒）
外观	
主要参数	插槽类型：LGA 1155 CPU主频：3.5GHz 最大睿频：3.9GHz 核心数量：4核心 8线程 总线类型：DMI总线 5.0GT/s 适用类型：台式机 超线程技术：支持 内存控制器：双通道DDR3 1600/1333
选择理由	1）作视频、三维动画渲染很好，性价比高 2）4核心8线程，高性能、低功耗，支持超线程技术
价格	2200元

②主板，见表2-27。

表2-27　主板

型号	华硕 P8Z77-V
外观	
主要参数	主芯片组：Intel Z77 CPU插槽：LGA 1155 CPU类型：Core i7/Core i5/Core i3/Pentium 内存类型：DDR3 支持双通道，最大支持32GB内存 集成芯片：声卡/网卡 主板板型：ATX板型 USB接口：10×USB 2.0接口（8内置+2背板） SATA接口：4×SATA II接口；4×SATA III接口 PCI插槽：2×PCI插槽 供电模式：8+4相 显卡插槽：PCI-E 3.0标准
选择理由	1）最新的Z77单芯片设计，支持LGA1155接口的第3代智能酷睿处理器 2）主板采用USB 3.0接口，SATA 3.0接口，PCI-E 3.0显卡插槽，性能非常出色 3）标准的ATX大板设计提供了充足的接口插槽，方便用户扩展升级
价格	1599元

③ 内存，见表2-28。

表2-28　内存

型号	金士顿 4GB DDR3 1333
外观	
主要参数	适用类型：台式机 内存容量：4GB 内存类型：DDR3 内存主频：1333MHz 插槽类型：DIMM
选择理由	1）依据攒机够用及有效原则，考虑到三维设计用计算机的特点，性能完美，稳定兼容性很好 2）与主板匹配，选择2条构成双通道，性价比高
价格	165元

④ 硬盘，见表2-29。

表2-29　硬盘

型号	WD 2TB 7200r/min 64MB SATA3 红盘
外观	
主要参数	硬盘容量：2000GB 接口类型：SATA 3.0 转速：7200r/min 缓存：64MB 接口速率：6Gbit/s
选择理由	1）根据攒机需要、有效分配及趋势原则，符合三维动画用计算机，传输速率高 2）与主板接口匹配，并符合客户的要求
价格	1199元

温馨提示

考虑用户的实际工作需求：考虑到三维动画机型的特点，首先要求传输速率快，其次素材量需要很大，因此硬盘容量要足够大。可以建议用户在选购单盘容量较大的硬盘的同时加装硬盘或使用网络文件服务器，以满足需求。

⑤ 显卡，见表2-30。

表2-30　显卡

型号	技嘉GV-N650OC-2GI
外观	
主要参数	芯片厂商：NVIDIA 显卡芯片：GeForce GTX 650 显存容量：2048MB 核心频率：1110MHz 显存频率：5000MHz I/O接口：HDMI接口/双DVI接口/VGA接口 总线接口：PCI Express 3.0 16× 3D API：DirectX 11 最高分辨率：2560×1600px
选择理由	1）性能不错，运行非常安静，散热性能良好 2）与主板匹配，性价比较好
价格	999元

经验分享

3D对显卡要求不是太高：对3D渲染速度影响最大的是CPU，至于显卡，并不需要用高档专业的。一般中低端的N卡（NVIDIA显卡）是首选，3ds Max、Maya等软件多数还是用OpenGL为图形接口，这方面N卡要比A卡（ATI显卡）有优势。

⑥ 机箱，见表2-31。

表2-31 机箱

型号	长城机械师
外观	
主要参数	机箱类型：台式机箱 机箱结构：ATX 3.5in仓位：7个 5.25in仓位：4个 前置接口：USB 3.0接口×1 USB 2.0接口×3 理线功能：背部理线 散热性能：前1×120mm透明蓝色LED灯风扇 免工具拆装：支持免工具拆装
选择理由	1）与主板匹配，机箱采用冲压材料，在冷轧板表面镀上了锌层，做工精良优秀 2）内部空间大，拓展性能很好
价格	359元

⑦ 电源，见表2-32。

表2-32 电源

型号	长城四核王BTX-400S
主要参数	额定功率：350W 最大功率：400W 电源版本：ATX 12V 2.31 适用范围：支持Intel和AMD 全系列CPU 电源类型：台式机电源
选择理由	1）根据需要及有效原则，功率足够大 2）与主板类型匹配
价格	368元

⑧ 显示器，见表2-33。

表2-33 显示器

型号	优派VP2365wb
外观	
主要参数	产品类型：广视角显示器 产品定位：设计制图 屏幕尺寸：23in 面板类型：IPS 最佳分辨率：1920×1080px
选择理由	1）依据需求原则，满足3ds Max的图形制作 2）IPS广视角面板，双接口，专业调节功能
价格	2099元

⑨ 鼠标键盘，见表2-34。

表2-34 鼠标键盘

型号	双飞燕 9500H无孔无线键鼠套装
外观	
主要参数	连接方式：无线 人体工学：支持 滚轮方向：双向滚轮
选择理由	符合需要原则，键鼠手感好，速度快
价格	205元

⑩ 音箱，见表2-35。

表2-35　音箱

型号	漫步者R201T06
外观	
主要参数	音箱类型：电脑音箱 音箱系统：2.1声道
选择理由	符合需求原则，与主板匹配
价格	175元

经验分享

音箱选择：在购买音箱之前，要了解声卡或主板集成声卡所支持的声道。集成声卡通常在主板的说明中会有标准说明。目前计算机普遍采用的是2.1和5.1声道的集成声卡。2.1音箱是价格与质量的平衡点，5.1或7.1声道音箱，是构建家庭影院的最佳选择。

⑪ 光驱，见表2-36。

表2-36　光驱

型号	华硕DRW-24D1ST
外观	
主要参数	光驱类型：DVD刻录机 安装方式：内置（台式机光驱） 接口类型：SATA
选择理由	1）读盘能力强 2）刻录速度12×，性能稳定，安装方便
价格	169元

3）根据分析及选购为客户制订《装机配置单》，给出报价，见表2-37，交由客户签字下单。

表2-37　装机配置单

客户机型	三维动画制作专业计算机				
配置	品牌型号			数量	单价/元
CPU	Intel 酷睿i7 3770K（盒）			1	2200
主板	华硕 P8Z77-V （集成声卡/网卡）			1	1599
内存	金士顿 4GB DDR3 1333			2	165
硬盘	WD 2TB 7200r/min 64MB SATA3 红盘（WD20EFRX）			1	1199
显卡	技嘉GV-N650OC-2GI			1	999
机箱	长城机械师			1	359
电源	长城四核王BTX-400S			1	368
显示器	优派VP2365wb			1	2099
键鼠套装	双飞燕 9500H无孔无线键鼠套装			1	205
音箱	漫步者R201T06			1	175
刻录机	华硕DRW-24D1ST			1	169
业务员	王小磊	客户签字	郭小达	合计金额	9702

任务拓展

小王的业务越来越娴熟，以优质的服务赢得了称赞。越来越多的客户找小王攒机。店里接到一个客户电话，想配置一台价钱在20 000元以内的图形图像处理型计算机，今天就来完成这个任务吧。根据客户提出的要求以及使用者的特点制订装机配置单。

装机配置单

客户机型				
序号	配置	品牌型号	数量	单价/元
1	CPU			
2	主板			
3	内存			
4	硬盘			
5	显卡			
6	光驱			
7	LCD显示器			
8	机箱			
9	电源			
10	键盘			
11	鼠标			
12	声卡			
13	网卡			
14	音箱			
15	摄像头			
16	其他			

业务员		客户签字		合计金额	

实 习 总 结

确定装机配置过程

1）了解用户的需求和条件，包括用途、使用场地环境、预期价格、资金情况及使用人员的计算机使用水平等。

2）依次确定CPU、主板、显卡、硬盘和内存5大部件。由于5大部件日后存在升级、调整、扩充的可能性，按照够用的原则进行灵活配置，避免浪费。其中CPU与主板应综合考虑，特别是主板，可在允许的资金范围内考虑好性能余量，留有一定的升级空间。如升级CPU、添加内存条、添加硬盘等。

在配置过程中，要劝导用户不要一味追求某个配件的高性能（如CPU、硬盘等）。让用户认识到如果为某个配件而耗掉大量资金，却忽视了与之配合工作的其他硬件，则将导致系统配置不平衡，其后果是系统性能、效率低下。

另外还要注意不要过于求新求异。因为微型计算机在配件领域竞争激烈，而且技术进步、产品更新换代的速度越来越快，所以任何一款新产品，在刚面市的时候价格很高，但不到半年，就会稳定在一个较合理的价位上了。而且，有些急于面市的最新产品在技术上还未完全成熟，为其配套的驱动程序仅有很短的市场测试期，经过一段时间试用后才会出现升级程序或补丁。因此，对于普通用户而言，要尽量避免花冤枉钱选用最新的产品，而应按市场主流进行配置。

3）确定5大部件后，根据用户的需求及条件选配其他配件，包括显示器、机箱、电源、键盘、鼠标、光驱和音箱等。

4）配置完成后，要确定安装的操作系统及应用软件。

5）计算机硬件和软件的合计价格填于《装机配置单》中，确定取机时间，最后请用户在《装机配置单》上签字确认。

项目2　组装计算机

在用户对计算机配置满意后，就要按《装机配置单》采购硬件，进行硬件的组装。

硬件组装到一起，只能称为“裸机”，什么都做不了，只有安装了操作系统和应用软件之后，计算机才能与人交互，发挥其强大的运算能力，为人们服务，执行多种多样的应用，实现其价值。

操作系统与应用软件的使用除开放源代码的自由软件外，都受到版权的保护，因此，在使用软件的过程中要不断强化版权意识，不做非法的事。

任务1　按《装机配置单》组装硬件

任务描述

装机配置单已确定，接下来的任务就是按配置选购相关配件并进行组装。

任务实施

（1）组装前的准备

1）组装工具，见表2-38。

表2-38　组装工具一览表

工具名称	用　途	图　片
螺钉旋具	要求带磁性，一把十字，一把一字，用于螺钉的拆卸与固定。目前装机一般只使用十字螺钉旋具	
尖嘴钳	用于主板接口挡板的安装、某些扩展卡挡板和光驱挡板的去除。使用过程中注意避免划伤	
镊子	用于主板、硬盘和光驱等配件上跳线的调整和一些小螺钉的夹取	
美工刀	用于拆除配件包装。使用时需注意安全，防止割伤	
扎带、捆绑带	用于捆绑各种连接线，使机箱内部整齐美观、连接稳固、通风良好	

2）必要的软件，见表2-39。

表2-39　装机软件

软件名称	说　明
操作系统	Windows XP、Windows7、Linux等，根据需要准备操作系统
驱动程序	包括主板驱动程序、显卡驱动程序。一般操作系统自带有一些驱动程序，但有些设备比较先进，就要单独准备驱动程序
应用软件	主要有Office、影音等。根据需要准备，一般系统安装完成后在互联网中下载
工具软件	WinRAR、Ghost
安全软件	一些常用的杀毒软件，如360软件、金山软件等

3）安全的安装操作环境。

①计算机组装工作台：组装计算机需选择稳定的工作台面，高度、大小合适，便于操作，如图2-2所示。工作台上应该铺设防静电胶垫，以保护计算机机箱和其他元器件。

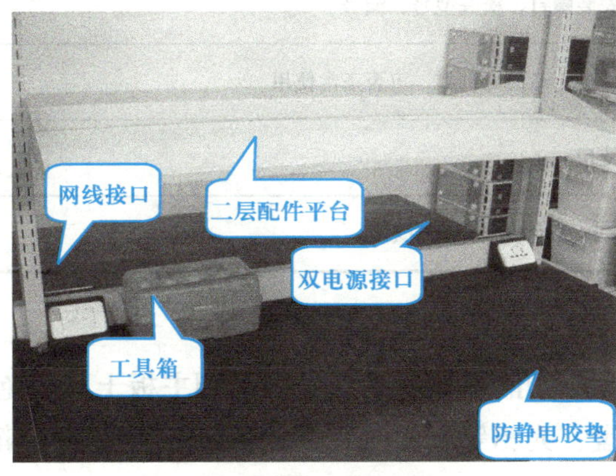

图2-2　工作台

温馨提示

防静电措施：

1）工作台一定要接地，台面铺设防静电胶垫。

2）电源必须为三相，接地良好。

3）操作人员穿着防静电服，最好佩戴防静电手环。如果没有防静电手环，可以经常触摸台面接地位置，释放人体产生的静电。

4）保持工作空间适当的湿度，减少静电的产生。

学习单元2

② 组装计算机时，应避免穿戴尼龙、皮毛制品衣裤或手套进入组装场地，有条件的最好穿上防静电服，戴好防静电手环，如图2-3所示。

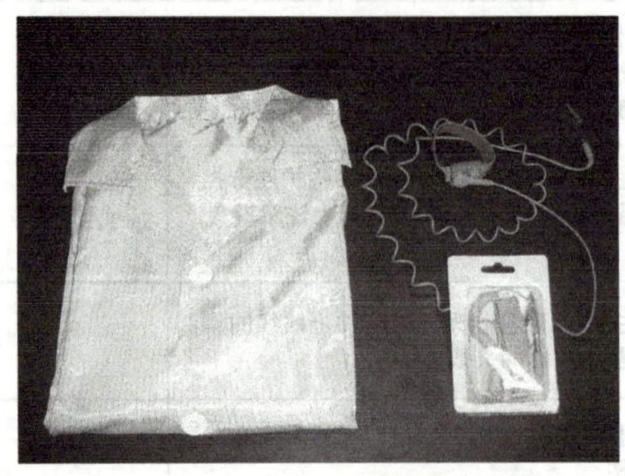

图2-3　防静电服、防静电手环

③ 测试用电源的位置便于操作，必须使用三相电源插座，接地良好。

4）检查配件。

① 数量检查：CPU、主板、内存、显卡、硬盘、光驱、机箱电源、键盘、鼠标、显示器、各种数据线、电源线、连接线、风扇等一一对应做好准备。

② 配件之间的匹配性检查：根据主板说明书进一步确定CPU、内存、硬盘与主板之间、主板与机箱之间、电源功率与计算机整机功耗之间的匹配性。

③ 附件检查：机箱所附带的配件，如螺钉、机箱后挡板等是否足够；数据连接线、电源接口线是否齐全。检查配件的质量保证易碎贴的时间及相应的质保单。

④ 质量检查：检查各部件包装及标志是否有明显的损坏，见表2-40。

表2-40　配件质量检查一览表

检查部位	检查细节
主板	主板上处理器插槽和各扩展插槽是否有损坏
内存	检查金手指部分是否有多次插拔而造成的划痕，可否正常使用
硬盘、光驱	螺钉孔是否损坏，能否正常安装螺钉，检查型号、编号
显卡、声卡和网卡	检查金手指部分是否有多次插拔而造成的划痕，可否正常使用
显示器	检查显示器能否正常亮灯，使用
机箱及机箱电源	检查外观、3C铭牌是否有毛刺，避免安装过程中划伤

5）组装操作流程。

注意装机顺序，先在机箱外，将CPU、CPU散热器、内存条安装到主板上，以免机箱里面的空间受限不易操作，再将主板、硬盘、光驱等装入机箱并连线，最后安装机箱外部设备。硬件组装参考流程见表2-41。

表2-41 计算机硬件组装参考流程

序号	操作位置	操作项目	技术要领
1	机箱	打开机箱	从包装中取出机箱，阅读机箱所配安装说明，清点机箱内的安装附件，打开侧面板，查看机箱内外是否有损坏
2		检查机箱与主板匹配	查看机箱是否能够适合主板的尺寸，并留有余量
3	机箱外操作	安装CPU及散热器	确定安装位置；确定CPU的安装方向，主板的CPU插座和CPU缺口对应；CPU涂硅胶（新装机一般不用，原装散热器已经有），要求均匀；安装CPU、CPU散热器；连接风扇电源线到主板
4		安装内存	根据内存的防呆缺口确定内存的安装方向，安装内存
5	机箱内操作	安装主板	拆卸机箱上的接口挡板，安装主板自带的挡板，确定主板安装方向，在指定位置放置主板，用螺钉固定主板，注意用力适度
6		安装硬盘、光驱	确认安装位置及固定方式，将设备平稳放入托架，用螺钉固定，呈对角线方式逐一安装，注意用力适度
7		安装电源	确定电源位置，注意方向，用螺钉固定
8		安装各种板卡	根据需要在主板上安装各种板卡，如显卡、声卡、网卡等，确定对应的插槽，拆卸对应的后挡板，插入板卡，用螺钉固定
9		连接硬盘、光驱数据线	确定数据线的类型，IDE或SATA；IDE及SATA数据线均有防呆口，确定安装方向连接数据线；若在同一条数据线上安装多块IDE硬盘，需按说明确定主、从跳线（单块硬盘按默认即可）
10		连接电源线	主板、CPU电源线连接要注意锁扣位置；光驱、硬盘电源线按接口防呆缺口方向连接
11		连接机箱面板线到主板接口	对应接口线印字和主板上的印字或按机箱说明书中的连接图将个人计算机扬声器、电源按钮、RESET重启按钮、电源指示灯、硬盘指示灯、USB前置接口、音频前置接口连接到主板
12		整理电源线及数据线	捆绑数据线、电源线，整理机箱，使其整齐、稳固，有利于通风散热
13	机箱外操作	连接与测试验证	连接键盘、鼠标、显示器、电源线，通电测试，观察自检情况

6）组装注意事项。

① 要有良好的防静电措施。

② 工作台面干净、整洁，配件放置有序，轻拿轻放，避免碰撞，特别是硬盘。

③ 插拔各种板卡时切忌盲目用力，以免损坏板卡。

④ 在用螺钉固定配件时按对角优先顺序固定，用力适度，避免损坏主板或其他部件。

⑤ 在连接机箱内部连线时一定要参照主板说明书，以免接错线造成意外。

⑥ 在组装未完成前不要连接电源线，通电测试时不要触摸机箱内的部件。

（2）硬件组装。

1）机箱外操作。

① 安装CPU。此次安装的是一款Intel的CPU，LGA 775封装，如图2-4所示。LGA 775接口全部采用触点式设计，优势是不用担心CPU针脚折断的问题。

图2-4 要安装的CPU

主板上的LGA 775插座如图2-5所示。在安装CPU之前，要打开CPU扣具，方法是用适当的力向下轻压固定扣具的压杆，同时稍向外拉，使压杆脱离固定卡扣。

压杆脱离卡扣后，将压杆拉起打开，与主板呈大于90° 的角，如图2-6所示。

图2-5 打开压杆

图2-6 拉起压杆

将固定处理器的扣具向压杆反方向提起，如图2-7所示。

LGA 775插座的内部如图2-8所示。

图2-7 掀起CPU插座扣具

图2-8 LGA 775插座内部

在CPU处理器的一角上有一个三角形的标志，在主板上的CPU插座会有一个角是凹角或平角，如图2-9所示为凹角。在安装处理器时，需要特别注意处理器上印有三角形标志的角要与插座上有凹角（平角）的角对齐。同时在CPU边缘还有定位缺口，注意与CPU插槽突起位置对齐。

对齐标志后，将处理器轻放到位，如图2-10所示。

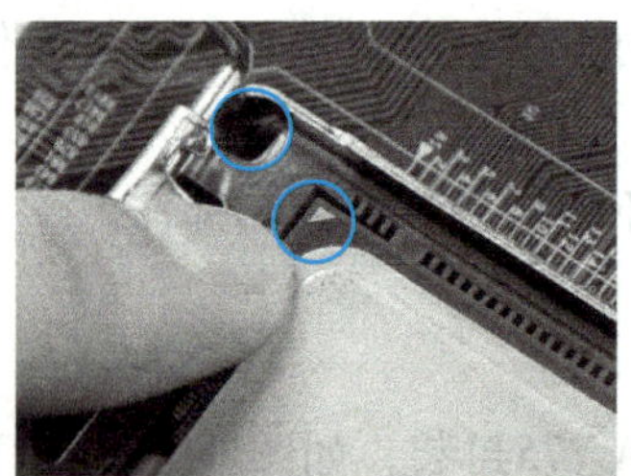

图2-9 按三角形标志安放CPU

图2-10 轻放CPU到位

将CPU安放到位以后，盖上扣具，如图2-11所示。

图2-11 盖好CPU扣盖

反方向微用力压下压杆，压入卡扣，CPU安装完成，如图2-12所示。

学习单元2

图2-12　压下压杆卡住，完成CPU的安装

② 安装散热器。如图2-13所示是Intel LGA775针接口处理器的原装散热器。

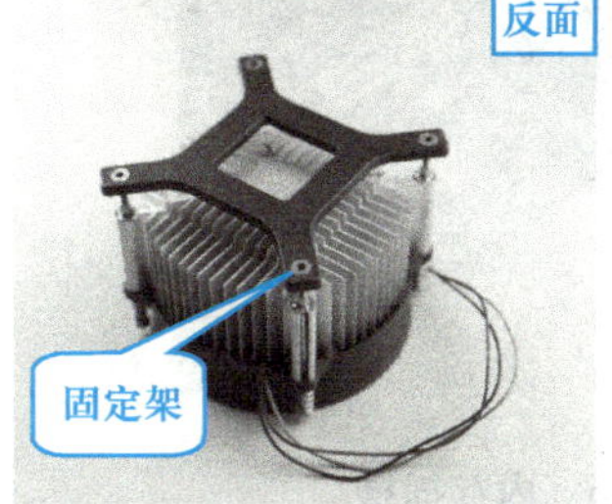

图2-13　散热器的正反面

安装时，先将散热器的固定架取下，放在主板背面相应的位置，螺母孔与主板上的散热器固定孔对齐。将散热器4角的固定螺钉从主板正面对准固定孔，用螺钉旋具将散热器对应的螺钉固定到位，注意螺钉不要一次性拧紧，顺序是对角优先，均匀受力，最后逐一拧紧，如图2-14所示。

导热硅脂：原装散热器在散热片接触CPU处已涂有适量的导热硅脂。

固定好散热器后，在主板上确认CPU风扇的电源线接口（标志字符一般为CPU_FAN），将风扇插头插入即可，如图2-15所示。

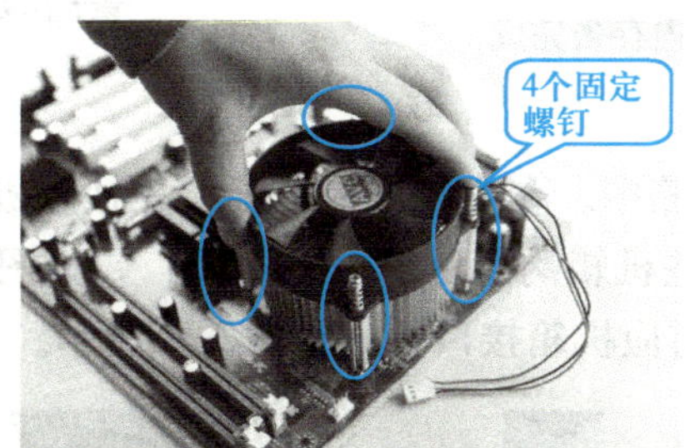

图2-14　安装散热器

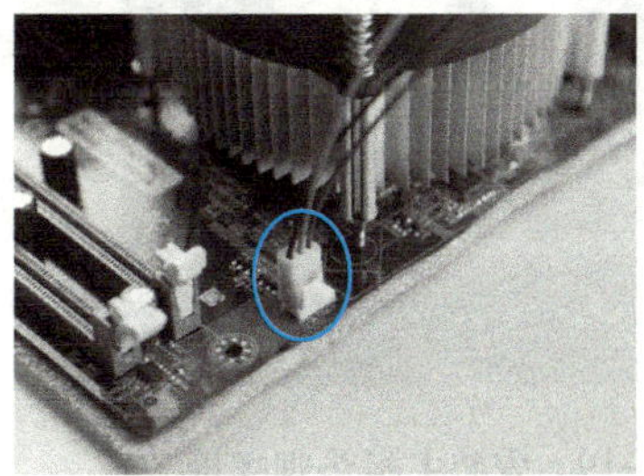

图2-15　连接散热器风扇电源线

③ 安装内存条。如图2-16所示为内存插槽，采用防呆式设计，中间在非对称位置有隔离点。内存条对应位置有缺口，反方向无法插入。

先安装一个内存条在内存插槽中，如图2-17所示。安装内存时，先用手将内存插槽两端的扣具打开，然后将内存平行放入内存插槽，注意内存上的缺口与插槽上的突出位置（隔离点）对正，用两拇指按住内存两端轻微用力向下压，听到“啪”的一声响，插槽两端扣具随着内存条的插入自动扣住内存条，内存即安装到位。

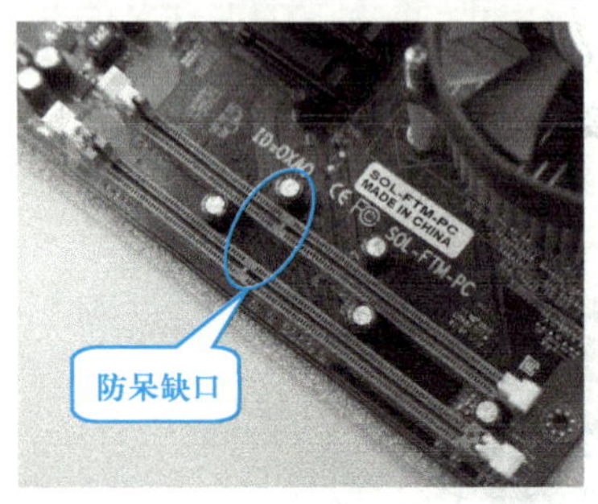

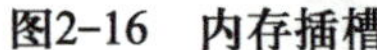

图2-16 内存插槽

图2-17 安装第1个内存条

在另一个内存插槽中用相同的方法安装第2个内存条，如图2-18所示。

图2-18 安装内存条完成

经验分享

实现双通道内存安装：目前主板设计一般都支持内存的双通道。在支持双通道的主板的两个内存插槽上分别安装同品牌同规格的内存条，即可实现双通道，提高系统性能。

2）机箱内操作。

① 将主板安装固定到机箱中。在安装主板之前，先按主板固定螺钉孔位置，在机箱背板上安装主板垫脚螺母（有些机箱购买时就已经安装），如图2-19所示。双手将主板放入机箱中，注意接口位置方向对应机箱接口板，如图2-20所示。

图2-19 安装主板垫脚螺母

图2-20 放入主板

确定机箱安放到位，所有主板接口均正确到位，如图2-21所示。

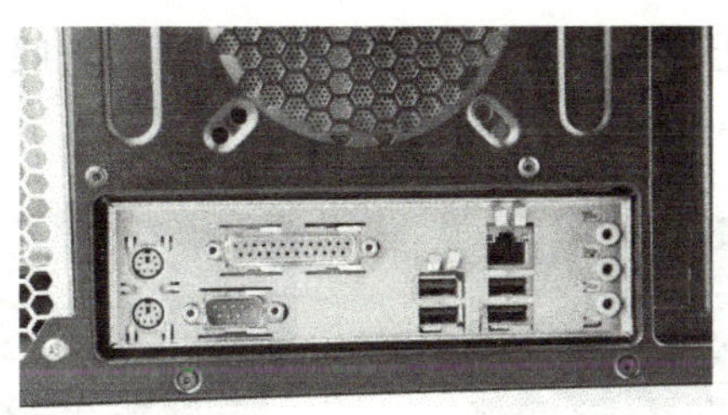

图2-21　主板安装到位

拧紧螺钉，固定好主板，如图2-22所示。

图2-22　拧紧螺钉，固定主板

经验分享

固定螺钉顺序：在用螺钉固定主板时，每颗螺钉不要一次性拧紧，等全部螺钉安装到位后，再将螺钉逐一拧紧。这样做的好处是随时可以对主板的位置进行微调，使主板不受内部应力，保证长期使用。

② 安装硬盘。本机箱中硬盘要安装在3.5in硬盘托架中，该托架有3层空间，可固定2块硬盘，每块硬盘位置的两侧均有螺钉固定孔，如图2-23所示。

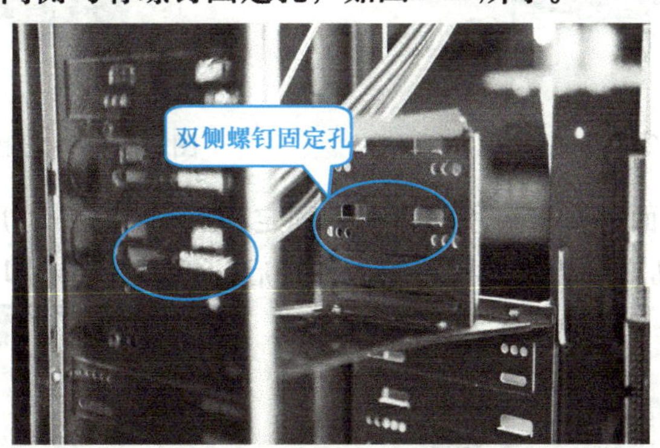

图2-23　机箱中的硬盘托架

将硬盘装入机箱的硬盘托架上，注意硬盘接口端要在硬盘外，不要装反，否则无法连接数据线和电源线，位置由螺钉孔对齐确定，如图2-24所示。

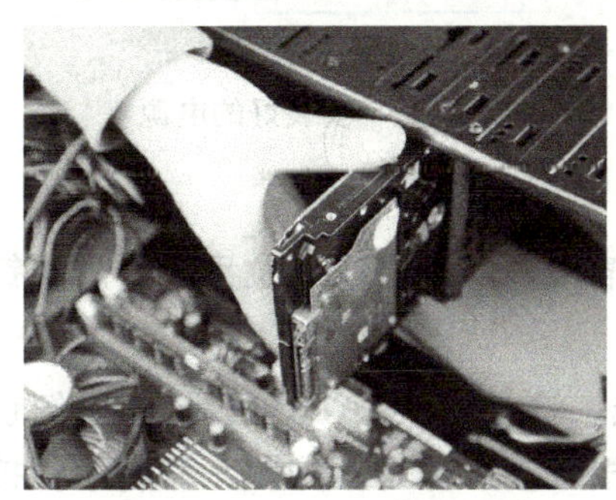

图2-24　将硬盘装入托架中

用螺钉将硬盘固定在托架上，两侧均需螺钉固定，一般一侧用2颗螺钉，如图2-25所示。

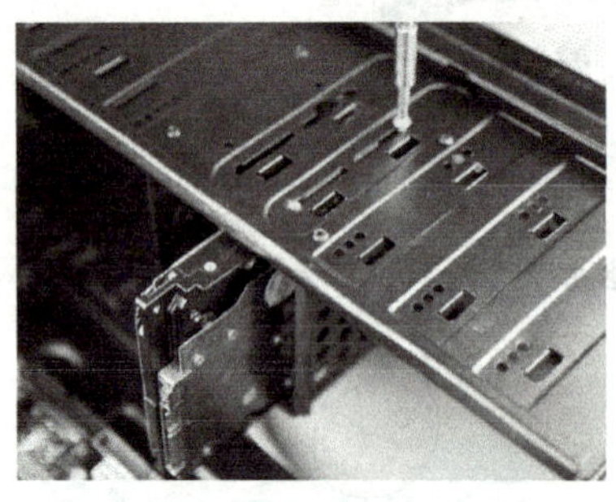

图2-25 拧紧螺钉固定硬盘

③ 安装光驱。本机所用光驱外观为普通5.25in DVD光驱，如图2-26所示。

像推拉抽屉一样，将光驱推入机箱托架中，如图2-27所示。

图2-26 5.25in DVD光驱

图2-27 将光驱推入机箱

光驱表面与机箱前面板对齐，用螺钉双侧固定即可，如图2-28所示。

④ 安装电源。将机箱电源放入机箱相应位置后，用螺钉固定即可，如图2-29所示。

图2-28 安装完成的光驱

图2-29 安装好的电源

⑤ 安装显卡。PCI-E显卡插槽如图2-30所示。

双手轻握显卡两端，垂直对准主板上的显卡插槽，向下轻压到位后，再用螺钉固定即完成了显卡的安装，如图2-31所示。

⑥ 安装各种线缆。连接硬盘电源线和数据线。这是一块SATA硬盘，右边红色的为数据线，黑黄红交叉的是电源线。安装时将其插入相应接口即可，如图2-32所示。接口全部防呆式设计，反方向无法插入，不会插错。数据线另一端插入主板上的任意一个空SATA

接口。

图2-30　主板上的PCI-E显卡插槽

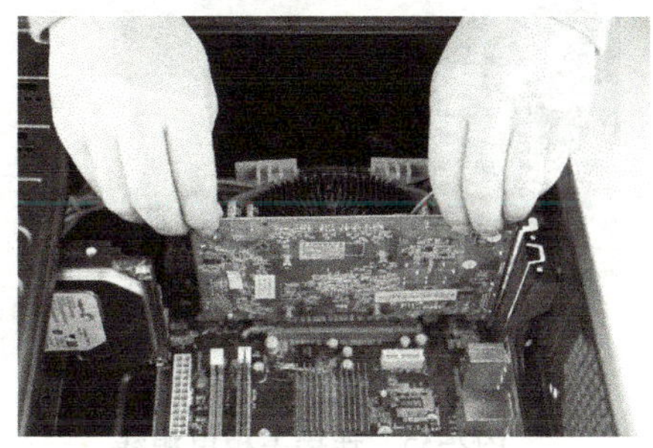
图2-31　插入显卡

图2-32　连接SATA硬盘数据线、电源线

连接光驱数据线、电源线。接口均采用防呆式设计，安装数据线时可以看到IDE数据线的一侧有一条蓝色或红色的线，这条线位于电源接口一侧，如图2-33所示。将IDE数据线的另一端连接到主板上的IDE接口，如图2-34所示。

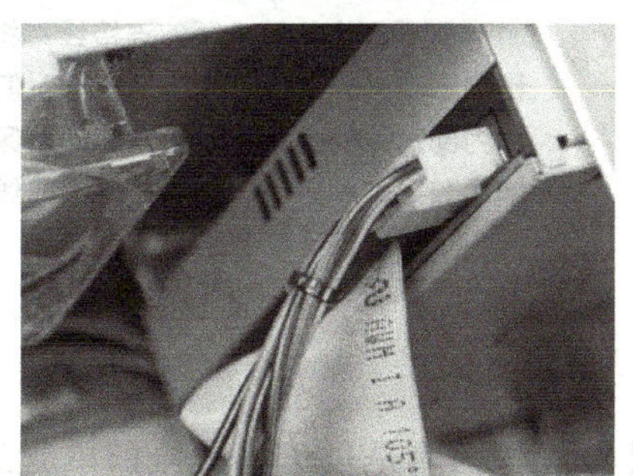
图2-33　连接光驱数据线

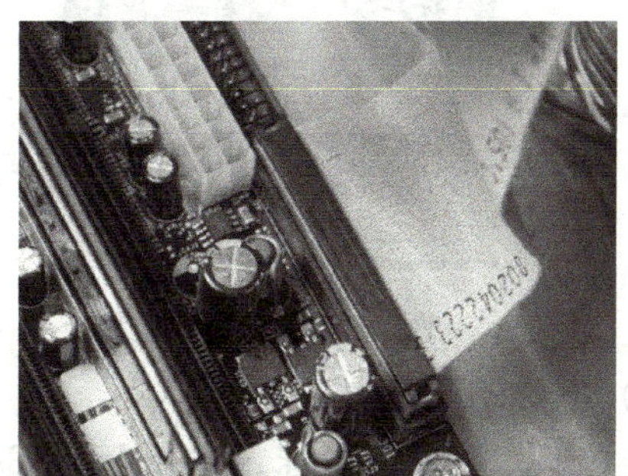
图2-34　在主板上安装IDE数据线

连接主板供电电源线。将主板电源线按卡扣方向正确插入主板的电源线插座，如图2-35所示。

连接CPU供电接口。将CPU电源线接口（4针）插入主板上的CPU电源接口，如图2-36所示。

连接机箱前面板接线。前面板线包括电源开关（POWER SW）、复位（RESET）、电源指示灯（PWR LED）、硬盘工作指示灯（HDD LED）、前置USB、前置音频（AUDIO）组合接口。对应接口线上的印字在主板上找到相应印字插座连接即可，如图2-37所示。

图2-35　连接主板电源线

经验分享

主板电源接口的针数：目前大部分主板采用了24PIN（针）的供电电源设计，但仍有些主板为20PIN（针），在购买主板时要注意，以便购买配套的电源。

图2-36　连接CPU电源

图2-37　连接主板指示灯及按钮

整理线缆。对机箱内的各种线缆进行简单的整理，以提供良好的散热空间和通风通道，如图2-38所示。

图2-38　整理各种线缆

经验分享

理顺固定机箱内部的连接线：将机箱内部连接线进行捆扎固定，可以使机箱内部有限的空间利于空气流动，保证散热效果，同时可以防止振动造成线缆松脱、接触不良等故障的产生。

3）连接外部设备。

连接PS/2键盘、鼠标。主板上的PS/2键盘、鼠标接口插座是位于接线接口单元边缘的一对插孔，紫色的是键盘接口，绿色的是鼠标接口，如图2-39所示。安装时根据PS/2接口的安装方向标志，对位插入即可。

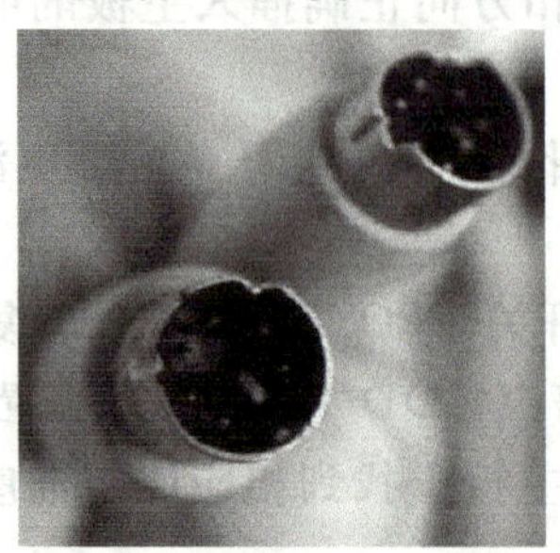

图2-39　键盘、鼠标接头与主板连接口

连接显示器信号线。主板VGA接口插座外形是15孔梯形，如图2-40所示。按梯形方向将显示器信号线水平连接到VGA接口，并将位于信号线两侧的两个手拧螺钉拧紧。

图2-40　连接VGA接口

连接电源线到计算机电源的输入插座。

4）通电打开计算机。

检查无误后，连接机箱、显示器的电源线，按下电源开关，计算机进行自检，显示器显示各种自检结果，最后显示“DISK BOOT FAILURE, INSERT SYSTEM DISK AND PRESS ENTER”（磁盘启动失败，插入系统盘后按回车键），表示硬盘中未安装操作系统，其他配件工作正常。说明计算机硬件组装已经完成，下一步要进行操作系统和应用软件的安装。

任务拓展

小王接到了一个客户的电话，说自己原来的硬盘已经装满了，里面的内容又不能删除，希望能帮助解决。

1）解决方案：小王给客户的建议是增加一块新硬盘。在计算机中增加硬盘要按计算机主板的实际情况确定增加的方案，有以下几种可用方案。

方案1：增加SATA硬盘，只要主板上有空闲的SATA接口，无需任何设置。

方案2：增加IDE接口硬盘，主板上有一个空闲的IDE接口，无需任何设置。

方案3：增加IDE接口硬盘，但主板上没有空闲的IDE接口。这时由于要在同一条数据线上传送两块硬盘的数据，需要对两块硬盘进行主盘（Master或MA）、从盘（Slave或SL）的设置。可参考知识链接中的主从盘设置。

2）确定方案。通过与客户沟通，发现适合采用方案3，请解决，并将操作过程记录下来。

操作内容	操作过程
设置跳线	
安装硬盘	
开机识别	

学习单元2

（1）硬件安装要领

1）拆卸与规划配件载体——机箱。

① 用螺钉旋具将机箱挡板拆除。注意：很多机箱现在是免工具拆卸的，可以直接用手拧下固定螺钉，卸下挡板。

② 观察机箱安装示意图，阅读机箱安装手册。

③ 筹划：整体分析机箱内部与外部结构并对计算机配件组装作出筹划，做到配件安装位置、安装顺序、线路分布了如指掌。

④ 确定重要部件的安装方向、位置、顺序：明确电源、主板、硬盘、光驱、面板的安装位置，确定各配件的安装顺序，做到互不交叉，不会产生安装阻挡。

⑤ 清点机箱附件，确认螺钉的使用：机箱附带的附件包括主板固定螺钉、光驱、硬盘、电源固定螺钉等，对配件使用做到了如指掌。

⑥ 技术熟悉与心理调整：精心规划，注意操作技术环节，做到心情平和、胸有成竹，才开始工作。

2）主板与机箱匹配检查。

比较机箱的主板接口挡板与主板是否一致，并确认有足够的空间安装配件。匹配检查的项目：主板的大小与机箱空间；检查主板有无自带的挡板，如果有则用其替换机箱的原配挡板，如果没有则要检查机箱原配挡板接口与主板接口是否匹配。

3）安装机箱电源。

① 明确机箱电源的形状、安装位置和方向。电源末端4个角上各有一个螺钉孔，通常呈阶梯排列，安装时要注意方向性，装反了则不能固定螺钉。

② 安装操作。安装螺钉呈阶梯形排列，就是为了防止电源反接。

③ 对齐：先将电源放置在电源托架上，将4个螺钉孔对齐。

④ 拧螺钉：呈对角顺序逐步安装、拧紧，不宜过紧，检查并确认安装的稳固性。

4）安装CPU。

① 打开包装。

② 观察CPU安装位置。

③ 观察CPU安装接口。

④ 摆好主板安装位置。

⑤ 打开CPU的扣具。

⑥ 安装CPU。

⑦ 固定风扇

⑧ 连接CPU风扇电源线。

5）安装内存。

① 内存插槽选择。

1条内存：插入到靠近CPU的插槽，或者插入任意插槽。

2条内存：插入同颜色的插槽，从而组建双通道。

3条内存：建议不要安装3条内存，可能会引起故障。

4条内存：插入到4个插槽。

②安装内存。

打开内存条插槽两端的白色固定扣具。将内存条的金手指沟槽对齐内存插槽的突起。缓慢用力将内存条插入插槽中，插槽两端的白色扣具会因内存条安装到位而自动扣到内存条两侧的凹槽中。

6）安装主板。

确定主板安装位置，安装主板固定螺杆。拆卸和安装I/O接口防护板。放入主板，固定主板。

7）安装硬盘、光驱。

安装硬盘、光驱及其他外部存储设备。安装位置一般位于机箱前部的硬盘或光驱舱内。将硬盘或光驱正面向上插入硬盘、光驱舱，注意平稳，使侧面的螺钉孔与驱动器仓两侧的螺钉孔对齐，拧紧螺钉。

8）安装扩展卡。

安装所需要的PCI-E或PCI扩展卡到主机板上，锁上螺钉以固定扩展卡，防止造成扩展卡与主板之间的接触问题，如短路等。

9）连接所有信号线和电源线。

将机箱面板的线与主板接口之间进行连接，标志对应关系见表2-42。

表2-42　有关面板指示与主板接口之间的对应关系

连接线接头标志	主 板 接 口	作　用	操作线序标志
POWER_SW（PWR_SW）	ON/OFF	电源开关	无顺序
RESET SW	RST	复位键	无顺序
POWER LED	PWR_LED	电源指示灯	绿色线，正极，有顺序
H.D.D LED	HLED	硬盘指示灯	红色线，正极，有顺序
SPEAKER	SPK	扬声器	

具体连接如下。

电源指示灯线连接：3芯接头，2根连线，中空，1线通常为绿色，在主板上的接头通常为“PWR LED”。

复位按钮线连接：2芯接头，2根连线，连接到主板的“RST”插针上。主板上的“Reset”针的作用是当其处于短路时，计算机就会重新启动。“Reset”按钮是一个开关，按下时产生短路，松开时恢复开路，瞬间的短路可以使计算机重新启动。

扬声器连接线：个人计算机扬声器的4芯接头实际上只有1、4两根线，连接在主板的“SPK”插针上。

硬盘指示灯连接线：硬盘指示灯为2芯接头，一线为红色，另一线为白色，一般红色（深颜色）表示正极，白色表示负极，主板上这样的接头通常标志为“IDE LED”或“H.D.D LED”。

电源开关：ATX结构的机箱上有一个总电源的开关接线，是一个2芯的接头。

前置USB接口线的安装：排线规则根据主板说明书确定。将排列正确的接口线连接在主板USB接口上，有方向性，1号线为方向起始位置。

前置面板音频接头：连接位置一般位于主板声卡输出接头的位置。一般根据主板的说明可以完成。前置面板音频接头有方向性，1号线为方向起始位置。

10）连接数据线与电源线。

①确认接线规则。数据线一般有被称为安装指示的1号线，均有防呆设计，仔细观察可以发现，凡是有色标的一边为1号线。硬盘、光驱、主板数据线接口的数据线都有1号线。电源接口线一般都采用防呆技术，接口采用梯形结构，防止反向错误接入，同时接口线均有颜色提示。

②连接。观察各种线的走向，避免相互交叉、牵引配件。将数据线和电源线的接口与设备或主板对应接口对准，然后自然插入、到位，注意用力适中。

11）整理工作。

①整理面板信号线。面板信号线都比较细，而且数量较多，将这些线用手理顺，最好折几个弯，然后用一根捆绑线或橡皮条捆绑。

②理顺电源线。将不用的电源线放在一起，避免不用的电源线散落在机箱内，然后进行捆绑固定。

③音频线处理。CD音频线是传送音频信号的，尽量避免靠近电源线，避免产生干扰。

④整理数据线。将IDE、SATA线理顺，排列好，然后进行捆绑固定。

⑤全面检查。全面检查主机内部安装情况、接触是否良好、螺钉固定情况、线路问题等，确保无误。

12）连接外部设备与亮机。

①连接外部设备。

②亮机。接通电源插座，打开显示器电源，开启主机电源启动计算机。启动计算机后，可以听到CPU风扇和主机电源风扇转动的声音，还有硬盘启动时发出的声音。显示器开始出现开机画面（亮机），并且进行自检，通常称为“亮机”。如果在启动中能打开显示器，出现开机自检信息则表示安装成功；如果在启动中没有显示器显示，则可以按照下面的方法仔细查找原因。

a）确认外部连接。

b）确认已给主机电源供电，开关是否有效。

c）确认主板已经供电。

d）确认CPU安装正确

e）确认CPU风扇是否通电。

f）确认内存安装正确，并且确认内存没有损坏。

g）确认显卡没有损坏或安装正确。

h）确认主板内的信号线正确，特别是确认POWER LED 安装无误。

i）确认显示器与显卡连接正确，并且确认显示器通电。

j）硬件本身问题，联系销售商。

13）收尾工作。

安装主机的机箱盖，固定螺钉，完成主机硬件安装。至此，硬件的安装完成。但是，要使计算机为人们服务，还需要进行一些基本的设置，包括BIOS设置、硬盘的分区和格式化、安装操作系统、安装驱动程序（显卡、声卡等驱动程序）、安装应用软件等。

（2）实现内存双通道

1）安装内存。

双通道内存的安装有一定要求。主板的内存插槽的颜色和布局一般都有区分。如果是Intel的i865和i875系列，则主板一般有4个DIMM插槽，每两个一组，每组颜色一般不一样，如图2-41所示。只有当两个通道上同时安装了内存条时，才能使内存工作在双通道模式下。

图2-41　用两种颜色区分内存通道的主板

内存插槽的颜色与通道的关系需要看主板的说明书。一般情况下，相同颜色的即双通道的优先选择插槽。此外，如果全部插满内存，则也能建立双通道模式。

如果安装方法正确，则在主板开机自检时，屏幕显示内存的工作模式，如DDR333 Dual Channel Mode Enabled（激活双通道模式），表示内存已经工作在双通道模式。

2）注意事项如下。

① 双通道内存频率的大小和类型没有必然联系，只和主板有联系，要看主板是否支持双通道技术。

② 双通道的内存容量不需要一致，但颗粒的品牌和频率要尽可能保持一致，在实际操作中建议尽量使用参数一致的两条内存。

③ 内存双通道一般要求按主板上内存插槽的颜色成对使用，此外有些主板还要在BIOS作一定的设置，一般，主板说明书会有相关说明。

④ AMD的台式机CPU，只有939接口以后的CPU才支持内存双通道，754接口的不支持内存双通道。除了AMD的64位CPU，其他计算机是否可以支持内存双通道主要取决于主板芯片组，支持双通道的芯片组上有描述，也可以查看主板芯片组资料。

任务2　设置CMOS中的启动顺序

任务描述

为用户组装的计算机安装操作系统，需要启用光盘启动，才能通过光驱读取系统安装程序。因此，在安装操作系统前要进行启动顺序的设置。

任务实施

1）了解计算机的开机过程。计算机通电开机时，首先工作的是BIOS，通过BIOS进行计算机硬件的上电自检（POST，即Power On Self Test）及初始化，如图2-42所示。

图2-42　BIOS开机进行自检与初始化

知识链接

BIOS介绍：BIOS全名为Basic Input Output System（即基本输入/输出系统），是计算机中最基础的而又最重要的程序。BIOS存放在主板上一块不需要电源的记忆体（ROM芯片）中。

计算机自检流程如图2-43所示。

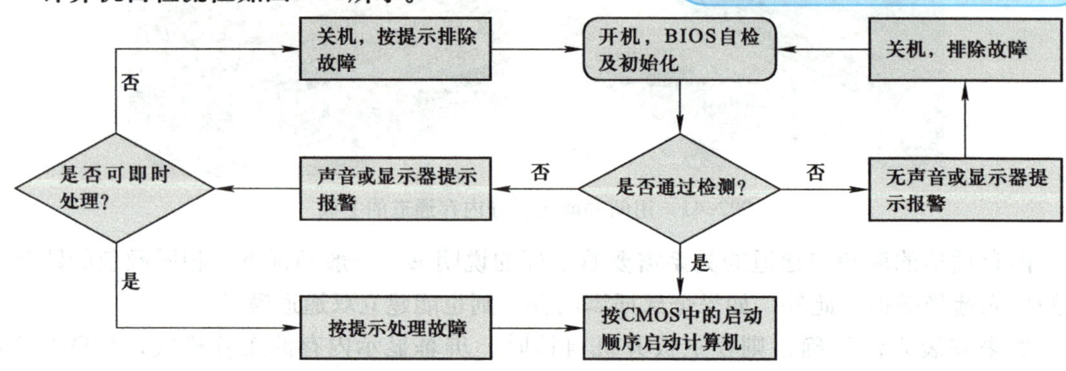

图2-43　计算机自检流程

自检如果发现问题，则分两种情况处理。严重故障停机，不给出任何提示或信号；非严重故障则给出屏幕提示或声音报警信号，等待用户处理。如果未发现问题，则使硬件进入备用状态，按CMOS中的启动顺序查找操作系统，启动计算机。

2）通过BIOS设置计算机的启动顺序参数。检查组装好的计算机，确认连接无误后，按下电源开关，计算机通电开始自检，一般需要若干秒的时间，如图2-44所示。

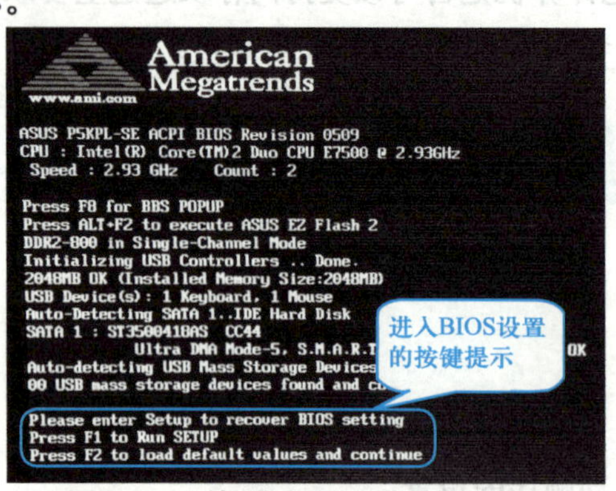

图2-44　开机进入BIOS设置提示画面

知识链接

CMOS介绍：计算机组装完成第一次通电开机，通过自检后，BIOS将所有计算机硬件设置参数自动存入CMOS。CMOS是计算机主板上的一块可读写的RAM芯片，用来保存当前系统的硬件配置情况和用户对某些参数的设定。CMOS芯片由主板上的可充电电池供电，即使系统断电，参数也不会丢失。

经验分享

进入BIOS设置菜单：不同的计算机进入BIOS设置的按键不同，一般都会在开机时有提示，如图2-44所示。但开机时提示时间较短，只有几秒。在此过程没有按下相应按键就不能进入BIOS设置菜单了，这样只能重新启动。为避免错过，可以在开机后，一直按住进入BIOS设置的按键，直到进入BIOS设置菜单。

按照提示，按<F1>键，进入BIOS设置菜单，如图2-45所示。

按<→>键将菜单光标移动到导航条第4个选项卡“Boot（启动项）”上，进入“Boot”设置页面，如图2-46所示。

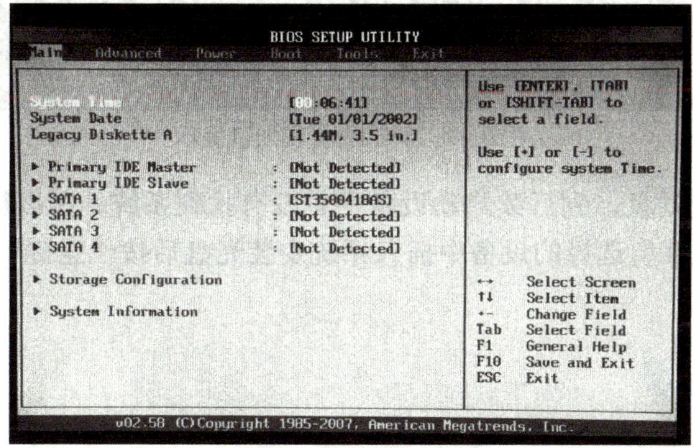

图2-45　BIOS设置菜单

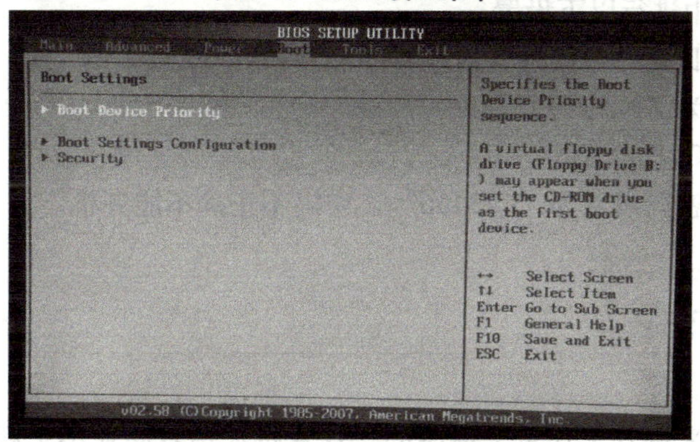

图2-46　启动项Boot设置界面

选择第一行“Boot Device Priority”并按<Enter>键，进入设置启动顺序界面，如图2-47所示。

光标默认初始位置在第一行，按<Enter>键进入“1st Boot Device”（第一启动设备）设置，通过按<↑><↓>键，选择其中的“DVD-ROM”（光驱）选项，按<Enter>键从而将光驱设置为计算机第一启动设备。在第一启动设备下面的选项是第二启动设备“2nd Boot Device”、第三启动设备“3rd Boot Device”，这几项可以按默认值不作修改。

按<F10>键保存BIOS的设置，如图2-48所示。

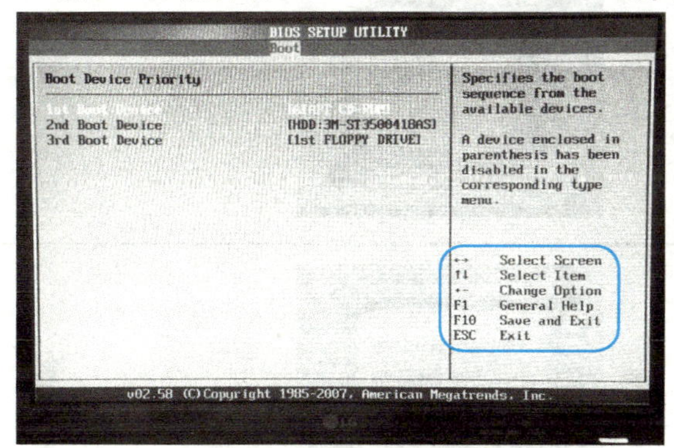

图2-47　设置启动顺序

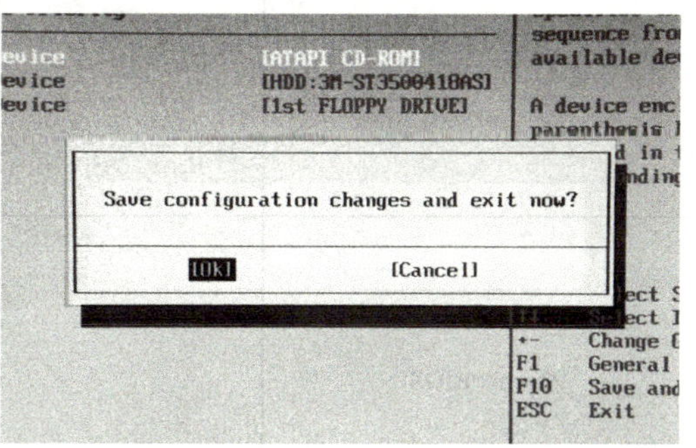

图2-48　保存BIOS设置提示

按<Enter>键保存后，计算机重新启动，此时光驱中尚未放入系统安装光盘，系统提示如图2-49所示。

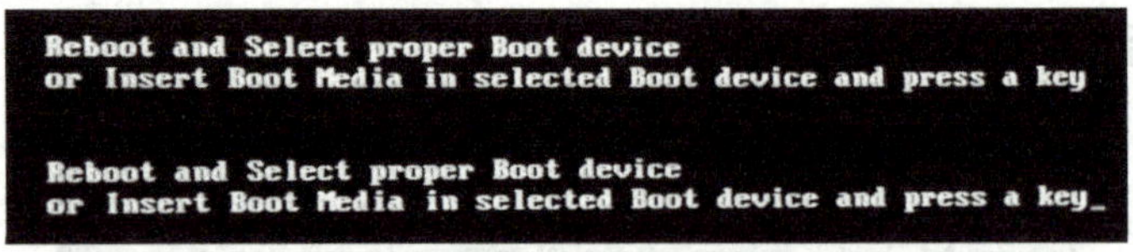

```
Reboot and Select proper Boot device
or Insert Boot Media in selected Boot device and press a key

Reboot and Select proper Boot device
or Insert Boot Media in selected Boot device and press a key_
```

图2-49　无系统安装光盘提示

因为没有系统启动盘，到后续启动设备中也没有找到系统，所以提示“选择合适的启动设备重新启动，或在所选择的设备中插入系统安装光盘后按任意键”。

任务拓展

试在BIOS设置中进行以下设置。

1）将计算机的日期、时间设置为2013年10月1日8:00。

2）将软驱设置为“None”。

3）查看并记录CPU的温度。

4）将用户开机密码设置为“123456”，密码不正确不能开机。

相关知识

BIOS对于用户来讲其工作是全透明的，计算机使用者即使不了解BIOS，它仍勤恳地工作着，在计算机各种硬件与软件之间架起一系列沟通良好的桥梁。

目前计算机BIOS有两个厂商，一个是美国安迈科技有限公司（AMI），另一个是美国菲尼克斯软件公司（Phoenix，也有的翻译为美国凤凰科技有限公司），见表2-43。

表2-43　BIOS厂商的BIOS芯片

BIOS厂商	参考图片
AMI BIOS	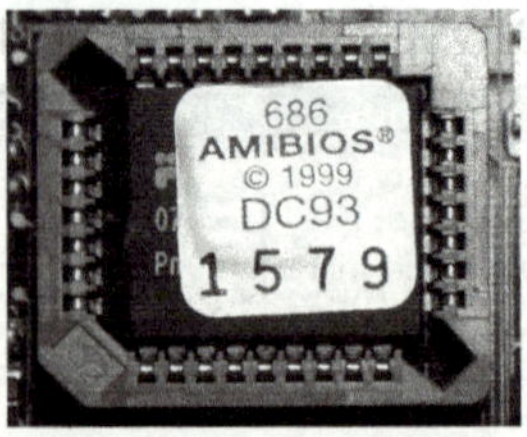
Phoenix BIOS	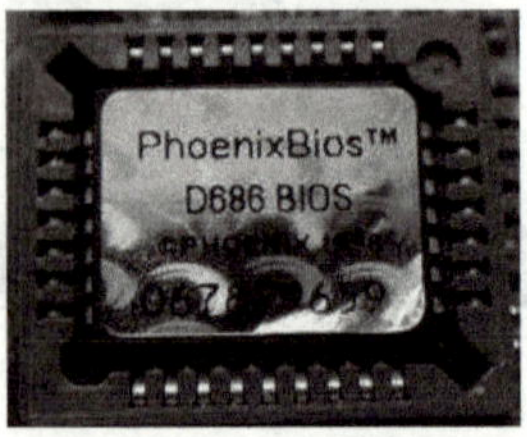

区分不同厂商的BIOS。

大多数BIOS芯片上都有防伪标签，可供识别。开机后，显示器第一行显示BIOS厂商和版本，如图2-50所示。

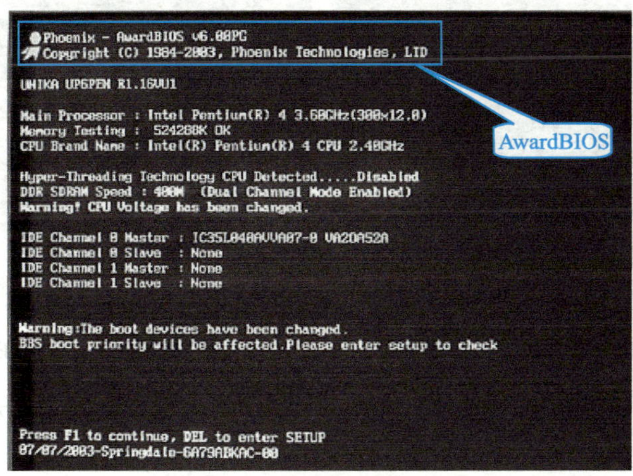

图2-50　BIOS版本开机显示

任务3　安装操作系统

任务描述

客户王先生在本公司门店购买了1台计算机，已经组装完成。他要求安装64位的Windows 7专业版操作系统。

任务实施

Windows 7是由微软公司（Microsoft）开发的操作系统，核心版本号为Windows NT 6.1。Windows 7可供家庭及商业工作环境、笔记本计算机、平板电脑、多媒体中心等使用。2009年7月14日Windows 7 RTM（Build 7600.16385）正式发布，2009年10月22日微软于美国正式发布 Windows 7。Windows 7同时也发布了服务器版本—— Windows Server 2008 R2。2011年2月23日凌晨，微软面向大众用户正式发布了Windows 7升级补丁——Windows 7 SP1 （Build7601.17514.101119-1850），另外还包括Windows Server 2008 R2 SP1升级补丁。

1）设置光盘启动。使用光盘安装系统，需在BIOS中设置光驱启动优先，然后放入王先生购买的64位专业版Windows 7安装光盘启动计算机。

2）安装Windows 7。计算机从安装光盘启动，进入Windows 7安装向导，首先选择安装语言为“中文（简体）”，如图2-51所示，单击“下一步”按钮，弹出Windows 7安装画面，如图2-52所示。单击“现在安装”按钮，开始安装。

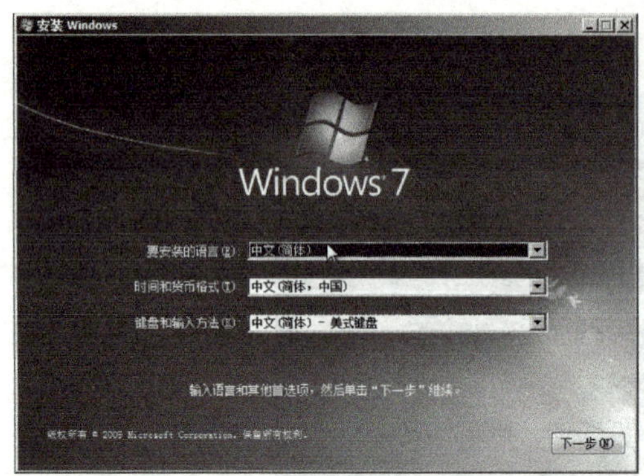

图2-51　选择安装语言为“中文（简体）”

图2-52　单击“现在安装”按钮

在“请阅读许可条款”对话框中，选中“我接受许可条款”复选框，如图2-53所示，单击“下一步”按钮，选择安装类型为“自定义”，如图2-54所示。

进入“您想将Windows安装在何处？”对话框，此时进行硬盘的分区设置，如图2-55～图2-60所示。硬盘分区、格式化之后，单击“下一步”按钮开始复制文件，如图2-61和图2-62所示。

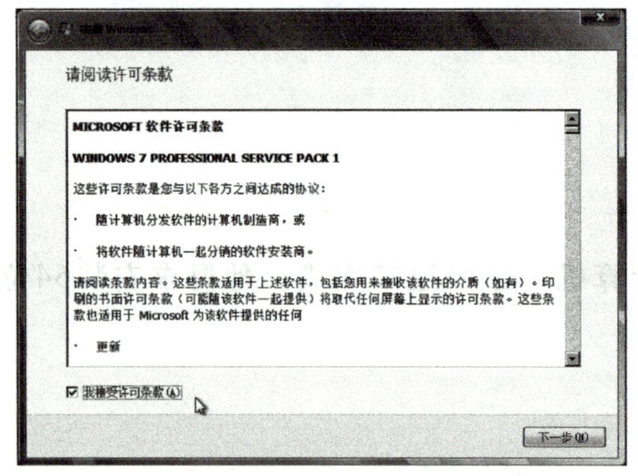

图2-53　接受许可条款

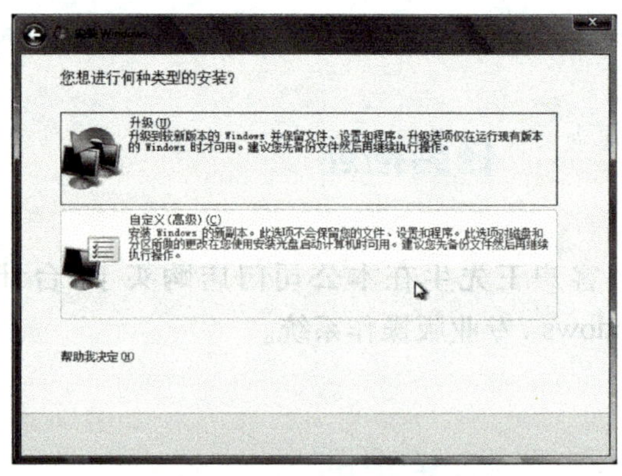

图2-54　选择“自定义”安装

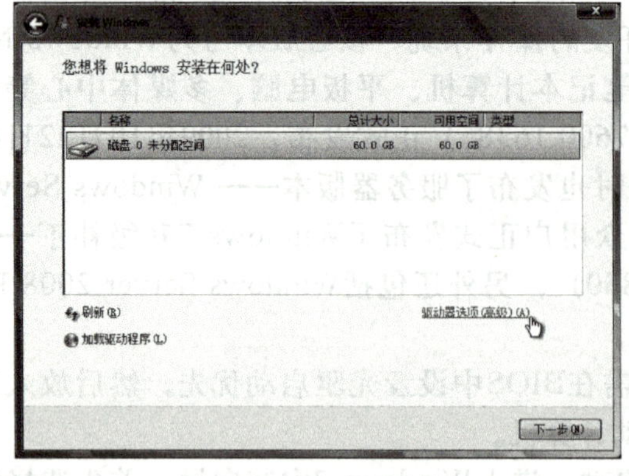

图2-55　选择磁盘

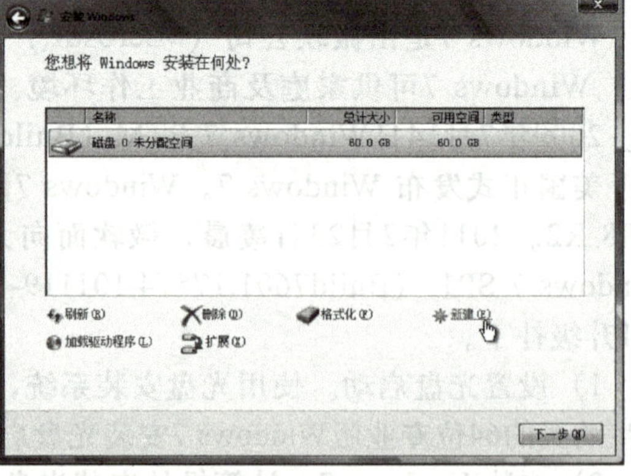

图2-56　单击“新建”按钮进行分区

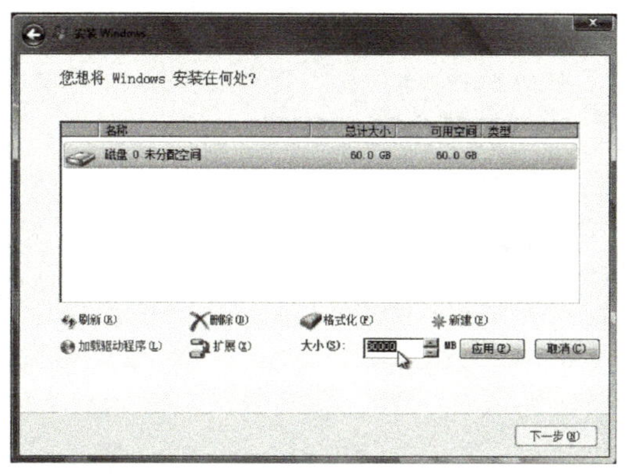

图2-57 输入第一个分区（C盘）的大小

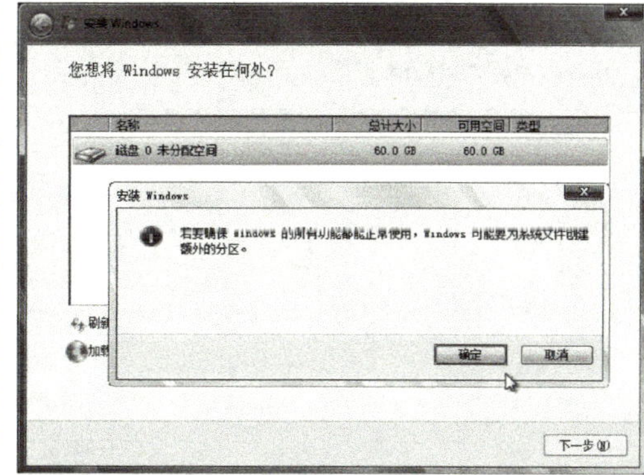

图2-58 确认创建分区

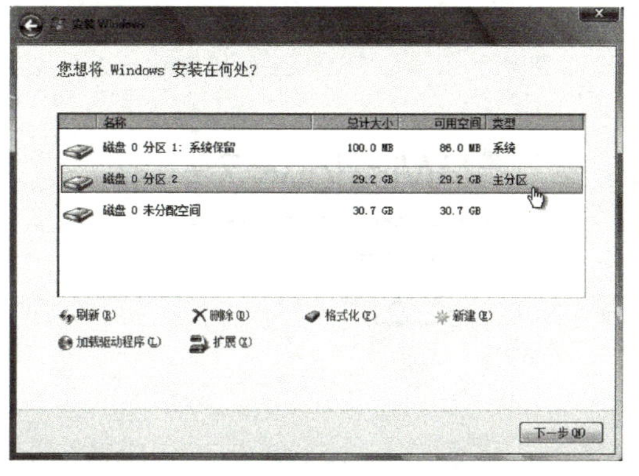

图2-59 选择要格式化的分区

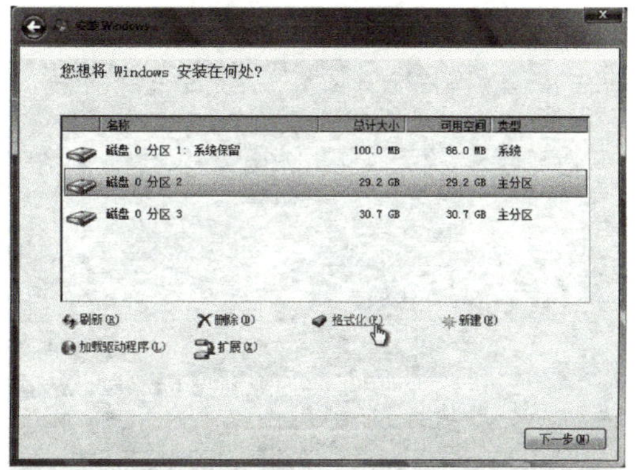

图2-60 单击“格式化”按钮

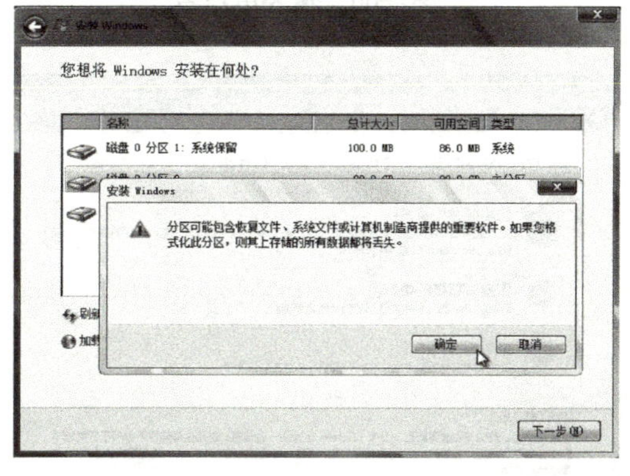

图2-61 确认格式化后单击“下一步”按钮安装

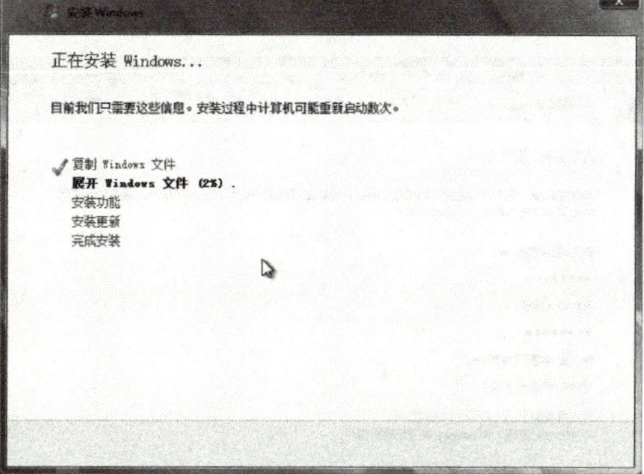

图2-62 等待Window 7复制文件

安装文件复制、展开后，计算机重新启动，如图2-63所示。启动完成后开始安装各项系统功能和更新，如图2-64所示。

完成安装后，计算机再次启动，如图2-65所示。进入系统后，输入用户名，如图2-66所示。

单击“下一步”按钮，输入用户密码，如图2-67所示。单击“下一步”按钮，选择默认的更新设置“使用推荐设置”，如图2-68所示。

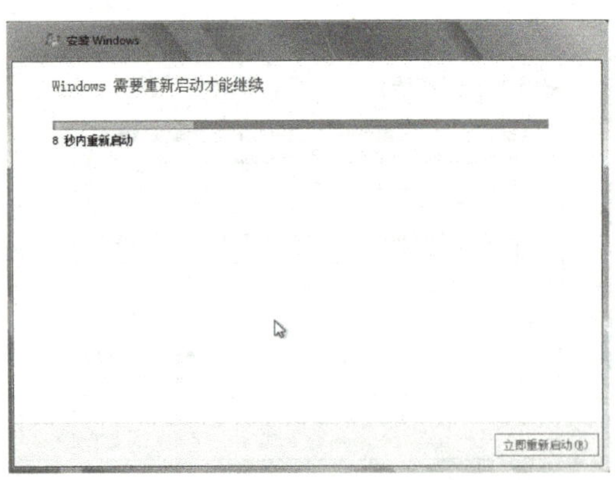

图2-63　安装过程中需要重新启动

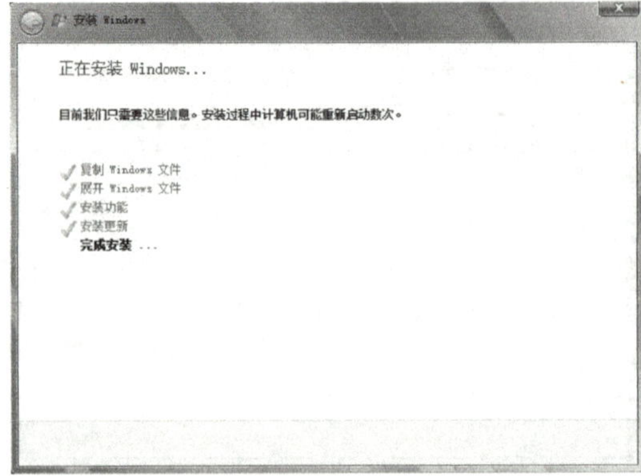

图2-64　等待Window 7继续复制文件

图2-65　等待启动准备

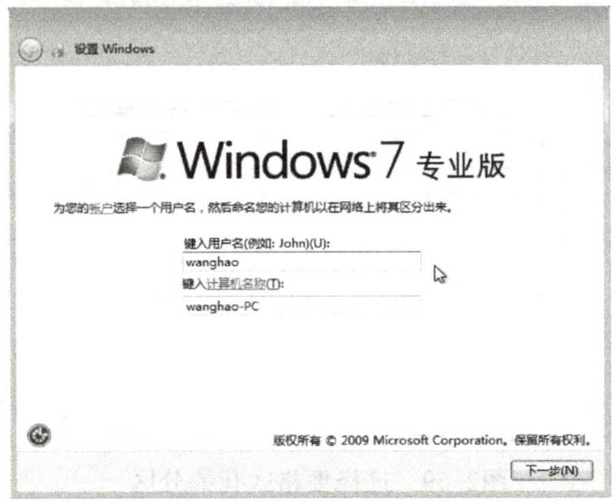

图2-66　输入用户名

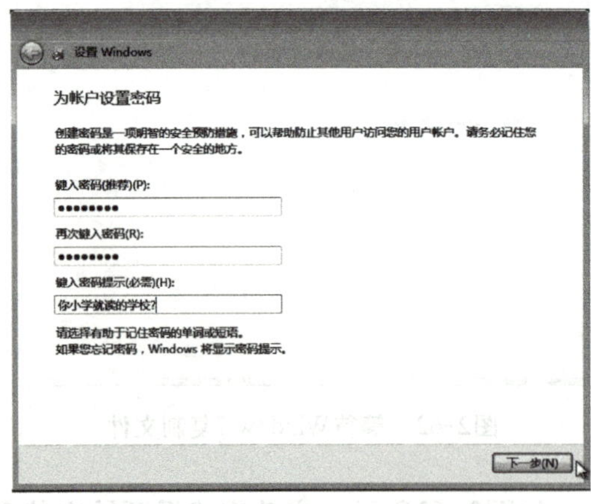

图2-67　输入用户密码

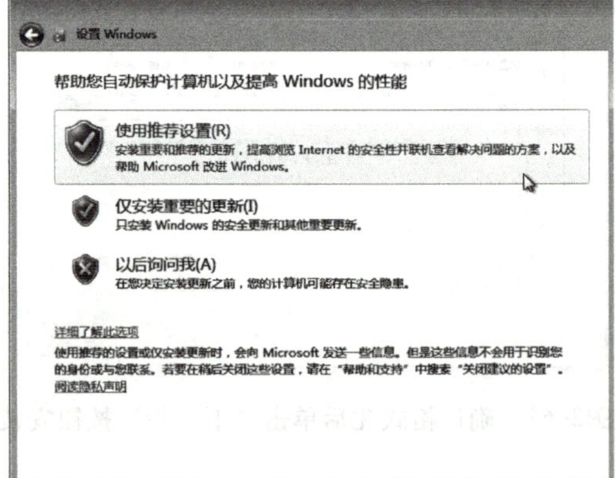

图2-68　选择默认的更新设置

设置当前的日期和时间，如图2-69所示。单击“下一步”按钮，选择计算机的网络位置为“公用网络”，如图2-70所示。

此时计算机开始进行各项设置，如图2-71所示。设置完成进入桌面准备，如图2-72所示。

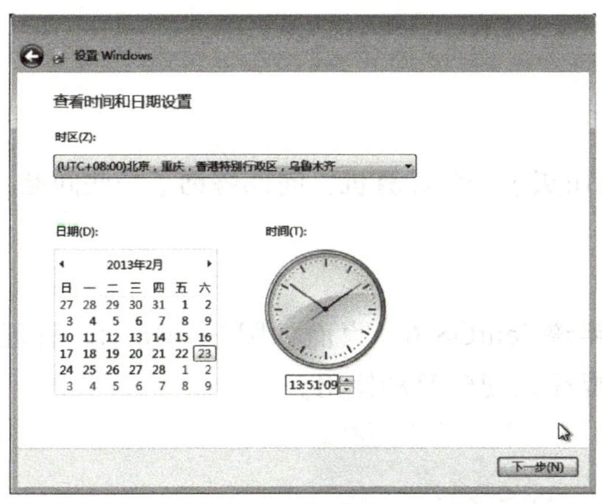

图2-69　设置当前的日期和时间

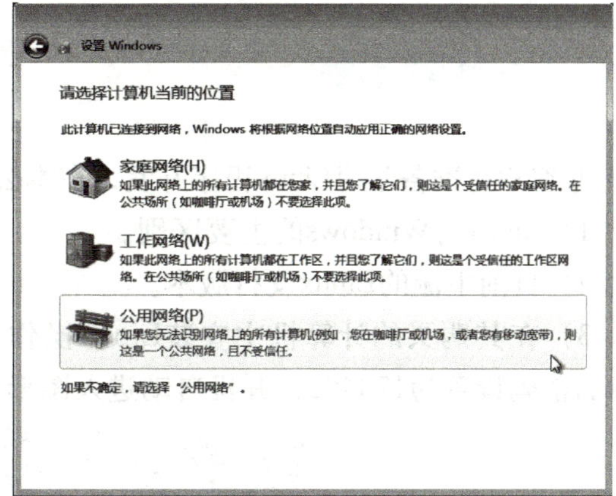

图2-70　选择计算机的网络位置

图2-71　进行各项设置

图2-72　桌面准备

进入Windows 7桌面，如图2-73所示，Windows 7安装完成。

图2-73 Windows 7桌面

3）将安装使用的Windows 7光盘从计算机的光驱中取出，放入原包装中，留待王先生来取计算机时一并交给他。关闭计算机。

任务拓展

某客户正准备学习Linux程序开发，在本公司买了一台计算机，向你咨询了一些问题：

1）Linux与Windows的主要区别。

2）目前主流的Linux发行版本。

3）在其购买的计算机中安装Linux操作系统CentOS 6，桌面如图2-74所示。管理员root的密码设置为123456，开机自动进入图形界面以便学习和使用。

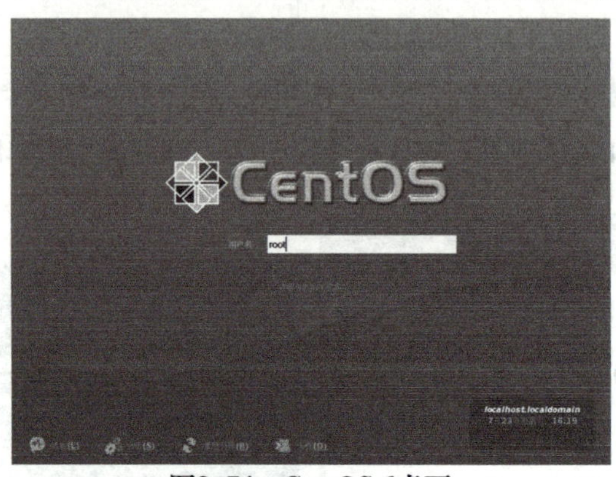

图2-74　CentOS 6桌面

相关知识

1）硬盘分区。硬盘分区是一个将“物理硬盘”转换成“逻辑硬盘”的过程，便于硬盘空间的管理。新买的硬盘并不能直接使用，而是需要建立主引导记录（用于从硬盘中启动操作系统），并创建一个或多个分块的硬盘空间，操作系统安装到相应的硬盘空间（在Windows中称之为“本地磁盘”或“卷”）中，并读写这些空间内的数据。

2）硬盘格式化。格式化是对分区按特定格式进行初始化的一种操作，目前Windows中使用最多的是NTFS格式，Linux中使用的是ext3格式。注意：格式化会清除分区内的所有数据，因此，在格式化之前要确保重要文件已经有备份。

3）服务器操作系统。目前主流的服务器操作系统主要有4大类，分别是Windows Server、NetWare、UNIX、Linux。

4）Linux服务器操作系统。是在Posix和Unix基础上开发出来的，支持多用户、多任务、多线程、多CPU的操作系统。Linux的开放源代码政策，使得基于其平台的开发与使用无须支付任何单位和个人版权费用，代码的缺陷很容易被发现和修补，已成为目前国内外很多保密机构服务器操作系统采购的首选。不同厂商可以修改Linux源代码加入一定的应用程序推出自己的发行版本。主流面向服务器的Linux系统有Red Hat公司的Red Hat Enterprise Linux（CentOS是基于此版本再封装免费发行的）、

图2-75　主流Linux发行版本

Fedora、Debian、Ubuntu、Gentoo以及主要的支系FreeBSD等，如图2-75所示。

Linux作为服务器操作系统得到了广泛的应用，大公司的服务器多数采用Linux系统。日常生活中，Linux广泛应用于嵌入式设备，几年前的Motorola手机采用的是Linux，现在流行的智能手机操作系统Android也是基于Linux内核开发的。Linux的免费优势可降低电子产品的生产成本，开源的优势有助于软件厂商提供与系统更加融合的应用软件。

基于上述原因，关注和使用Linux操作系统的用户越来越多，Linux开发也成了热门。

任务4　安装应用程序

任务描述

客户王先生的计算机已按其要求安装Windows 7专业版操作系统。王先生从本公司购买了Office 2007，也要求帮忙安装。

任务实施

1）打开计算机后，把Office 2007光盘从包装中取出，放入光驱，安装程序会自动运行，进入安装对话框，如图2-76所示。

2）在输入框中输入光盘包装上的密钥，单击“继续”按钮，显示“阅读Microsoft软件许可证条款”对话框，如图2-77所示。

经验分享

光盘未自动运行的处理：如果光盘放入光驱后没有自动运行，打开“我的电脑”，双击光盘驱动器，打开光盘文件目录，双击其中的setup.exe文件，也可以开始安装。

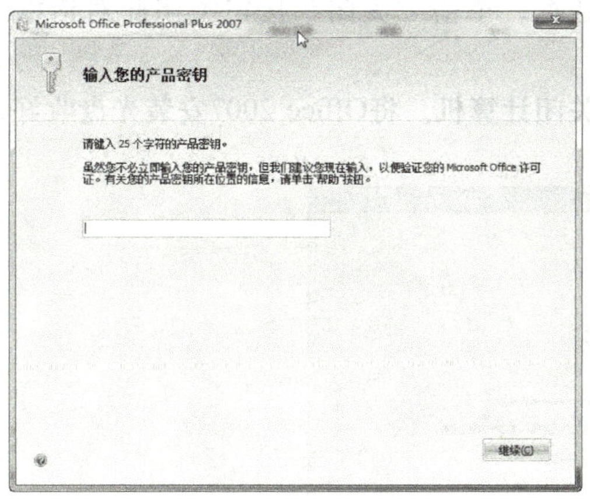

图2-76　输入产品密钥

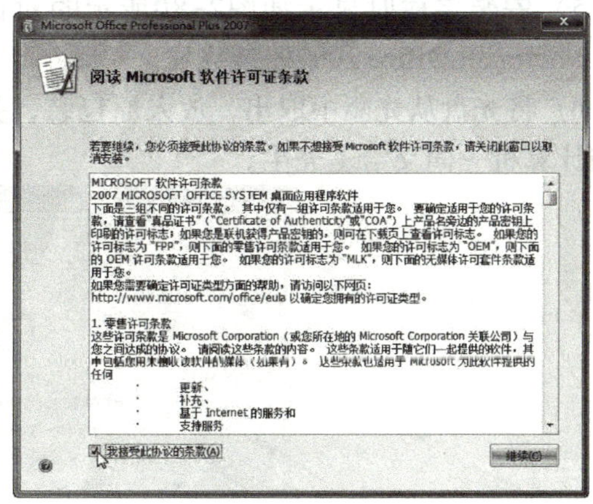

图2-77　微软许可证条款

3）选中“我接受此协议的条款”复选框后，单击“继续”按钮，显示“选择所需的安装”对话框，如图2-78所示。

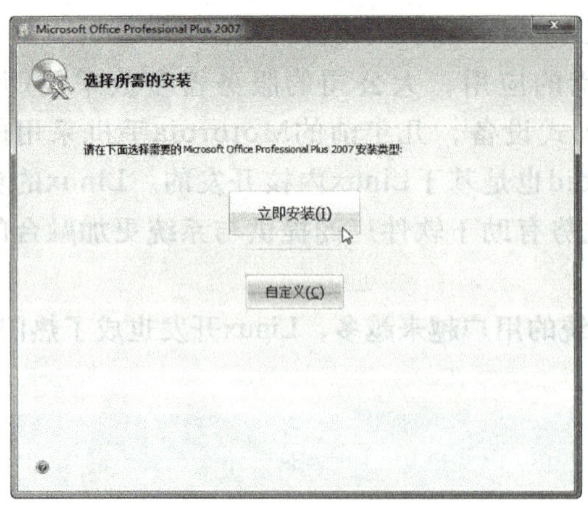

图2-78　选择安装方式

温馨提示

自定义安装：Office 2007是一套软件，其中包括常用的Word、Excel、PowerPoint，还包括Access（数据库）、InfoPath（表单）、Publisher（新闻稿）、Outlook（邮件管理）等软件。在如图2-78所示的对话框可单击“自定义”按钮选择需要安装的软件，不需要的软件可以不安装到计算机中，以节省硬盘资源。

4）因为王先生没有确定使用哪些Office组件，所以直接单击“立即安装”按钮，此时按默认情况开始安装所有Office 2007的组件及Office工具。安装进度如图2-79所示。

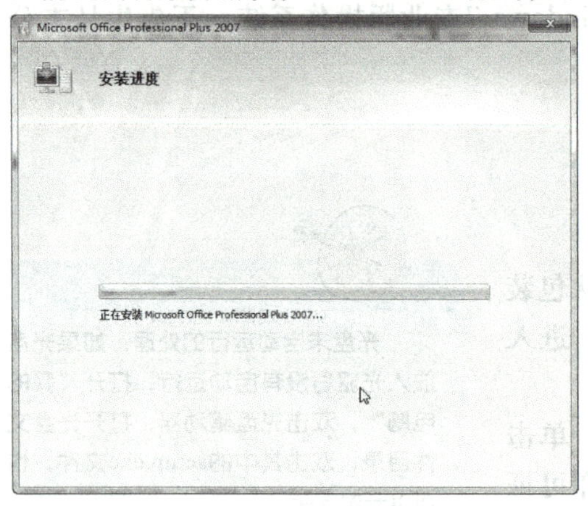

图2-79　Office安装进度

经验分享

安装路径：Office 2007默认的安装路径是C：/Program Files/Microsoft Office。

5）安装完成时显示如图2-80所示的对话框，单击“关闭”按钮关闭此对话框。至此，Microsoft Office 2007安装完成。

6）将光盘从光驱中取出，放入原包装，关闭计算机。将Office 2007安装光盘收好，准备与计算机一同交给王先生。

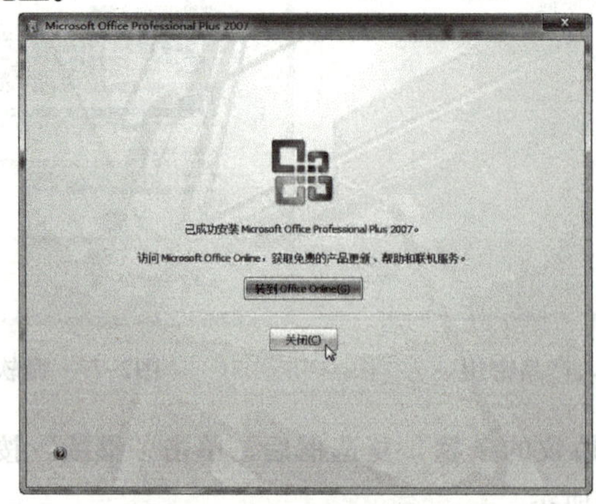

图2-80　Office 2007安装完成

任务拓展

王先生来取计算机时，带来一张Photoshop CS3的安装光盘，因为自己不会安装，所以请工作人员帮忙安装。

实 习 总 结

1）组装计算机包括硬件组装和软件安装两个部分，软件安装分为操作系统安装与应用软件安装。除开源软件外，需要提醒用户购买正版软件。

2）计算机硬件组装的流程要按照具体的硬件配置进行合理安排，一般情况下按以下原则进行安排。

① 能在机箱外组装的在机箱外组装。

② 按一定顺序将机箱中的部件逐一安装入机箱。

③ 连接各种数据线、电源线、控制线，并对各种线缆进行整理、固定。

④ 连接所有外部设备。

⑤ 检查无误后，再连接电源线，通电开机，准备进行软件安装。

3）安装操作系统需要按用户的使用需求安装不同的操作系统，目前大多数个人用户使用微软的Windows操作系统，也有部分个人用户使用Linux操作系统，服务器一般会选用Windows Server、NetWare、UNIX、Linux等服务器操作系统。

4）安装应用软件一般都会有安装向导，按照安装向导的提示选择需要的选项即可完成安装。

项目3　测试计算机

计算机组装完成，如何能了解组装的计算机具有与预期一致的比较良好的性能呢？如何检查显示器等设备的好坏和质量呢？这就要借助一些测试软件了。

任务1　测试CPU和显示器

任务描述

用户辛先生的朋友送给他一台旧计算机的主机，他来到公司门店，想配一个显示器，还想知道这台计算机的CPU是什么型号，现在工作如何，如图2-81所示。

图2-81　测试任务

任务实施

1）与辛先生沟通后，了解到这台旧计算机已经用了两年，原来的显示器是CRT的，辛先生想买一台新的液晶显示器，并想了解这台旧计算机的主要部件CPU的工作情况如何。为稳妥起见，先用一台公司的旧显示器连接到这台计算机上，开机进入系统，运行正常。

知识链接

计算机性能测试软件：一般使用Intel Processor Frequency ID Utility、CPU-Z、WCPUID、Prime 95等软件进行计算机CPU的测试。Prime 95一般用于考机测试，是通过不断进行函数运算来测试，时间较长。

2）测试CPU。辛先生只是想了解CPU的运行情况，因此，在其计算机中安装了CPU-Z软件进行测试。双击图标 ，运行CPU-Z，桌面显示一个工作窗口，其左下角会不断显示测试的项目，如图2-82所示。

图2-82　CPU-Z检测过程工作窗口

经验分享

CPU-Z：CPU-Z是一款免费软件，能够读取CPU的各项真实参数，可以防止商家打磨后以旧充新，以次充好。

检测进行若干秒后，显示CPU的参数和工作情况，如图2-83所示。这台计算机的CPU是Inter Pentium 4，单核，确实是一台较早的计算机，主频是2.8GHz，倍频为28，配有两级缓存。测试完成，了解了CPU的参数后，单击“确定”按钮退出CPU-Z。

3）测试显示器。按辛先生的要求，为他推荐了一款19in的液晶显示器。关机后，更换新的显示器，再开机，安装免费液晶显示器测试软件DisplayX。双击图标 DisplayX DisplayX http://www.phoen...，运行软件进行测试，如图2-84所示。

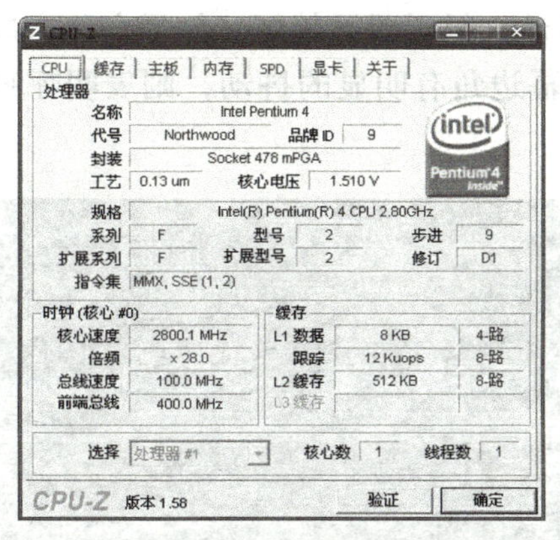

图2-83　CPU-Z测试CPU参数

经验分享

CPU-Z不仅测试CPU：从图2-83中可以看出CPU-Z除了“CPU”选项卡外，还有“缓存”“主板”“内存”等选项卡，即CPU-Z是一款主要部件测试软件，能够测试计算机中主要部件的参数。

图2-84　DisplayX操作窗口

经验分享

DisplayX：DisplayX是一款测试液晶显示器的免费软件。它对液晶显示器的测试主要靠眼睛观察来进行，没有定量的参数结果。

执行“常规完全测试”命令，将可以测试显示器的对比度、灰度、色彩是否正常，几何形状是否变形，聚焦是否良好，并能检测坏点。

“对比度”，调节液晶显示器的亮度，让每个色块都能够显示出来，需要确保黑色不能显示成灰色，每个色块都能显示出来就是正常的，如图2-85所示。

图2-85　对比度测试

“灰度”，测试显示器的灰度还原模式，看到的颜色过渡越平滑越好，如图2-86所示。

“256级灰度”，测试灰度还原模式，最好能让不同灰度的色块全部显示出来，如图2-87所示。

图2-86　灰度测试

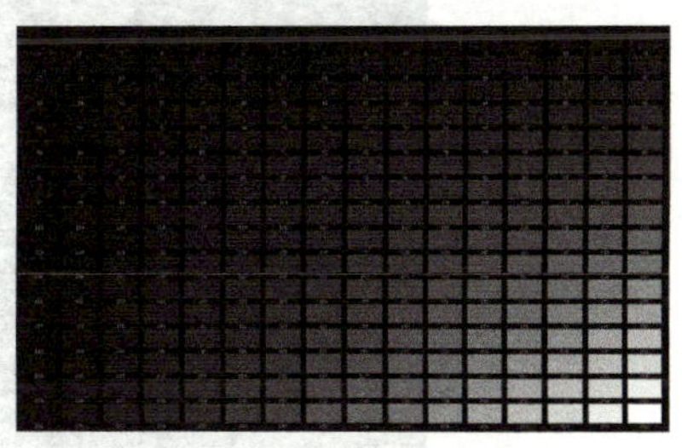

图2-87　256级灰度测试

“呼吸效应”，也就是颜色切换时边缘的抖动，越不明显越好。如果在单击鼠标的时候显示器在黑色和白色之间过渡的时候看到屏幕边角有明显的抖动，则表明呼吸效应强烈，建议购买抖动不明显的，如图2-88所示。

图2-88 呼吸效应测试

“几何形状”，调节显示器显示位置，如左右、上下位置，屏幕边缘垂直无弧度，这样可以确保显示器中显示的图形全部显示、不变形，如图2-89所示。

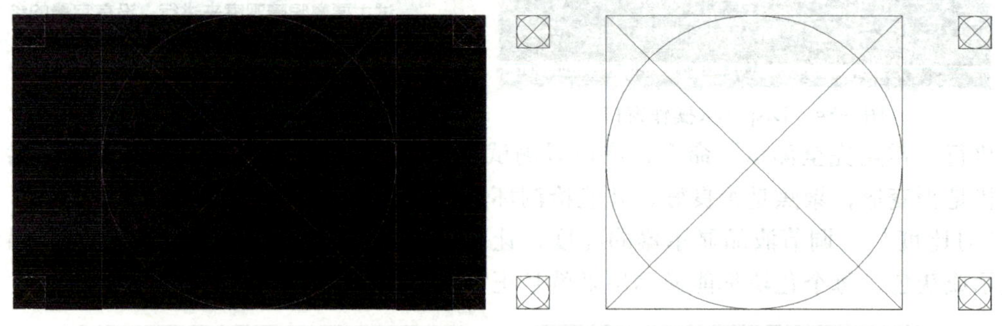

图2-89 几何形状测试

“会聚”，测试CRT显示器的聚焦能力。各位置越清晰越好，特别是4个边角的文字，如图2-90所示。

“色彩”，色彩越艳丽、越通透越好，如图2-91所示。

“纯色”，主要用于观察液晶显示器的坏点，在黑、红、绿、蓝、白等多种纯色背景下，很方便查出坏点。如图2-92所示，在黑、红、绿、蓝纯色显示中一个点始终只显示为白色即为坏点。

图2-90 会聚测试

图2-91 色彩测试

知识链接

液晶显示器坏点：不论液晶显示器上显示的是什么颜色的画面，某些点始终只显示1种颜色（可能的颜色有黑、白、红、绿、蓝、粉、黄、青），这样的点称为坏点。整个显示器中的坏点不应多于3个，如果有少于3个的坏点，则不应在中间常用的显示区域。

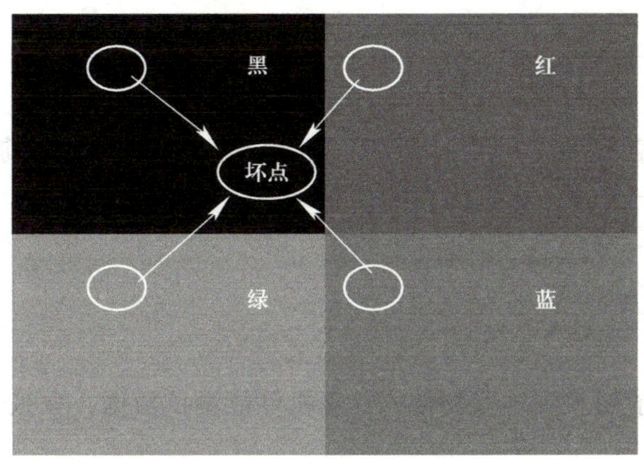

图2-92 检测出白色亮点（坏点）示意

“交错”，用于查看显示器效果的干扰，如图2-93所示。

测试完干扰效果之后，回到DisplayX的主窗口。执行“延迟时间测试”命令，测试延迟时间。通过不同的速度，查看白色的方格是否存在拖尾的现象，如图2-94所示。

图2-93 检测液晶显示器的交错效果

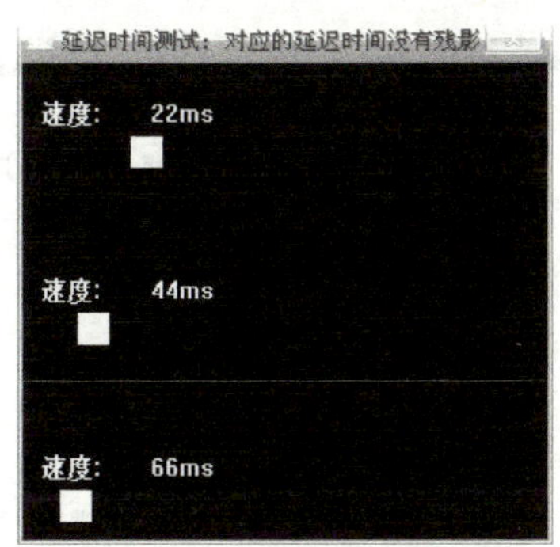

图2-94 延迟时间测试

知识链接

液晶显示器的延迟时间：指其响应时间，通过观察不同运动速度的白色方块的运动后方有无明显拖尾残影，拖尾长则不好，无拖尾则最好。

学习单元2

经过DisplayX的测试，辛先生满意地购买了这款液晶显示器。

任务拓展

请查找检测CPU、内存、显卡的免费工具软件，并下载试用3款，记录使用和测试的结果。

任务2　测试整机性能

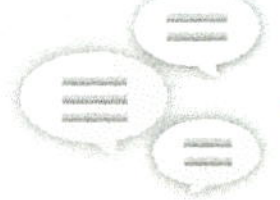

任务描述

张先生在公司门店组装了一台计算机，目前已经组装完成，前台通知张先生前来取货。张先生提出要看一下该计算机的性能测试结果。

任务实施

1）为了让张先生能够直观地看到他的计算机性能测试数据，在张先生的计算机里安装了EVEREST软件。

2）张先生到店后，当面开机，运行EVEREST。EVEREST对计算机进行分析检测，显示如图2-95所示的窗口，此过程所需的时间视计算机硬件、软件情况会有所不同。

图2-95　EVEREST检测窗口

知识链接

EVEREST：EVEREST是一款计算机性能参数测试软件，可以全面测试计算机各部件及操作系统的性能参数。该款软件不是免费软件，需要购买序列号，否则只能试用30天。

3）检测完成，显示测试结果，如图2-96所示。此时即可查看计算机的配置情况。

4）生成报告，单击工具栏中的“报告”按钮，打开“本地报告”向导对话框，如图2-97所示。

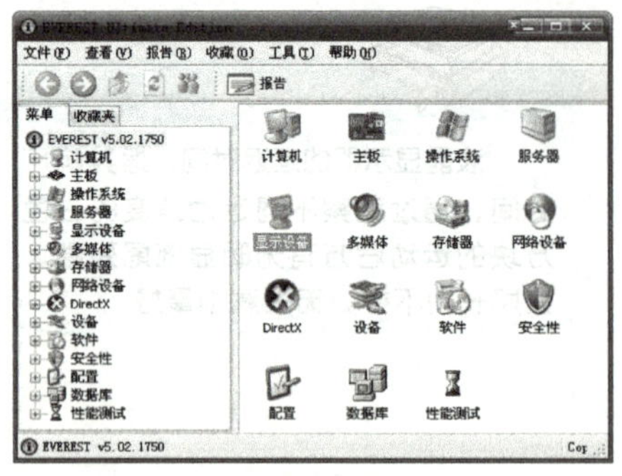

图2-96　EVEREST检测结果

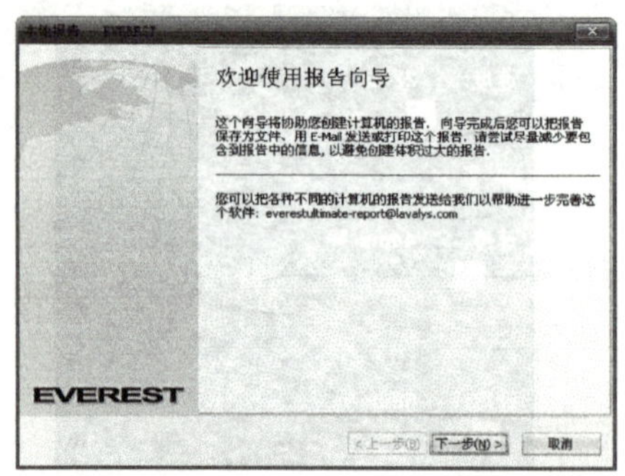

图2-97　“本地报告”向导

单击“下一步”按钮，选中“完整报告”单选按钮，如图2-98所示。

单击“下一步”按钮，选中“HTML”单选按钮，确定报告输出格式，如图2-99所示。

图2-98　选择报告性质

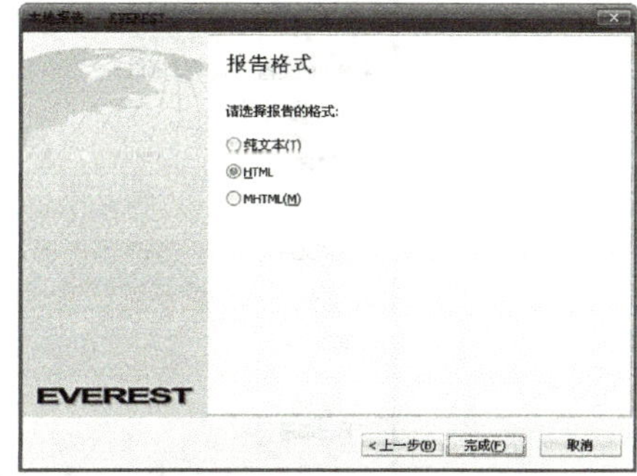

图2-99　选择报告输出文件类型

单击“完成”按钮，EVEREST开始生成完整测试报告，此时显示“本地报告”，如图2-100所示。

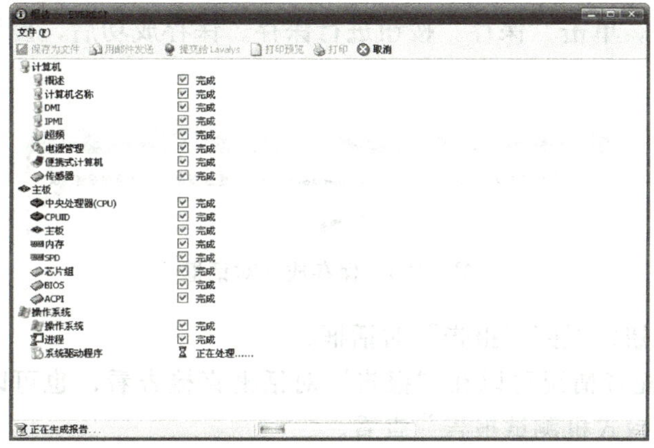

图2-100　生成“本地报告”

测试报告生成后，显示在“报告”对话框，如图2-101所示。此时可以直接查看测试报告。

图2-101　本地报告内容

单击“保存为文件”按钮，打开“Save Report”对话框，如图2-102所示。

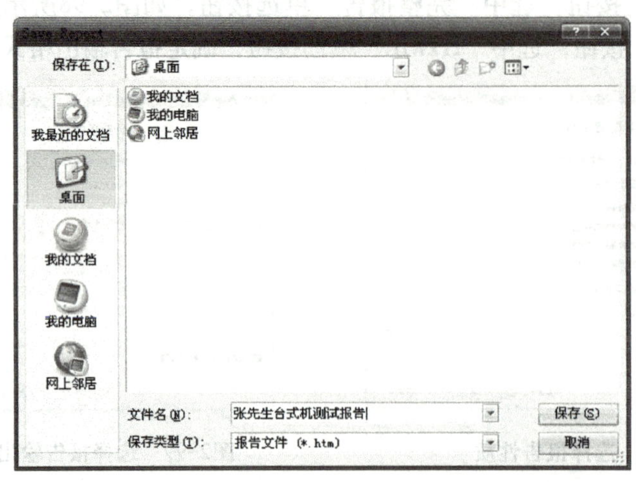

图2-102　保存本地报告

单击“保存在”下拉列表后面的箭头，选择保存位置为“桌面”，文件名为“张先生台式机测试报告”。单击“保存”按钮进行保存。保存成功后，显示“成功”提示对话框，如图2-103所示。

图2-103　保存成功对话框

单击“确定”按钮，返回“报告”对话框。

5）查看计算机配置情况可以在“报告”对话框直接查看，也可以双击保存在桌面上的本地报告“张先生台式机测试报告”查看。

EVEREST测试内容详细准确，包括计算机的各种硬件型号、参数，操作系统版本，已安装的应用软件，启用的服务，开机启动项等，如图2-104所示。

图2-104　EVEREST测试内容

任务拓展

目前计算机系统优化软件也有很多，它们也能对计算机系统进行测试。请在互联网上查找至少两款优化软件，进行计算机的测试，并将测试结果保存下来。

实习总结

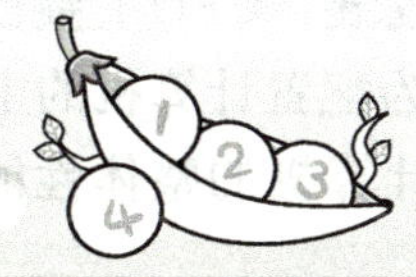

目前计算机系统测试主要是用软件来进行的，操作都非常简便，易于使用，而且测试软件大多是免费的。从测试对象上来分类，可以分为两大类：

第一类为单项测试，如测试硬盘、测试光驱、测试显示器等。

第二类为综合测试。

不论是单项测试还是综合测试，每种测试都会有多款软件供用户选择。

考核评价表

考核内容	评价标准
配置计算机	1）硬件搭配合理、兼容性好 2）满足客户需求 3）性价比合理 4）相关硬件的参数书写规范
组装硬件	1）装机流程正确 2）操作规范 3）电源线、数据线连接正确 4）前面板信号线与主板连接正确 5）各配件安装牢固 6）机箱内部线缆整理有序 7）可正常开机
安装系统及软件	1）按客户需要正确安装操作系统 2）正确安装驱动程序 3）根据客户需求合理建议并安装用户所需应用软件
测试计算机	1）选择合适的软件准确测试CPU 2）选择合适的软件测试液晶显示器 3）选择合适的软件测试整机运行情况

单元知识总结与提炼

（1）配置与选购

1）购前的准备。要配置好一台微型计算机，必须熟悉目前微型计算机的市场信息。了解市场信息的方法很多，比如，经常浏览相关报刊、期刊杂志和网站，多逛计算机市场，与实际的微型计算机硬件接触。除此之外，还需要多与有经验的工程师交流，特别是向懂行的业内人士请教，借鉴好的选配方案，吸取他们选择硬件的经验、方法和教训，使自己逐步把握市场上微型计算机的主流配置信息。

2）配置原则。随着高新技术的发展，CPU主频已经不是决定微型计算机性能的唯一标准了，硬件之间的配合与限制已成为配置计算机的主要考虑因素。

一般，以下5大部件影响着微型计算机的整体性能，它们是CPU、主板、内存、显卡和硬盘。

CPU和显卡是关系计算机速度以及图形图像性能的关键部件，如果在装机时只注重CPU，而忽略了同样重要的显卡，则将造成系统配置不均衡。

主板作为整个系统的支撑平台，其性能是绝对不能忽视的。要配置好一台微型计算机选择好各个部件的连接、工作平台——主板是很重要的。

内存，当然是速度越快越好，容量越大越好。但也要根据不同的需求来决定。比如，主板只能支持4GB内存，就没有必要购买、安装大于4GB的内存条。

硬盘，主要应考虑容量和速度。

当然，除了这5大部件，其他硬件并不是不重要，只是相对来讲对系统整体的影响没有这5大部件明显。比如，显示器的选购，关键就看用户的需要。而对于要进行视频处理、剪辑、编辑的需要而言，拥有一块高质量的视频采集卡是最重要的。因此，在配置计算机前一定要明确用途，也就是弄清楚究竟要让计算机做什么工作，具备什么样的功能。明确了这一点，才能有针对性地选择不同档次的计算机。

3）配置误区。

① 重价格、轻品牌。一些用户，在选购家用机时过分看重价格因素而忽视计算机的品牌。选择知名品牌的产品，尽管价格上贵一些，但是无论是产品的技术、品质性能还是售后服务都是有保证的，“一分价钱一分货”，一些非知名品牌产品为了降低产品的成本，也会发生使用劣质配件的行为。而按综合成本来计算（使用、维护成本）应该说知名品牌产品的价格也并不算高。

② 重配置、轻品质。多数购买计算机的用户对计算机的知识都有一定的了解。但在商家铺天盖地的广告面前，多数用户只关心诸如CPU的档次、内存的多少、硬盘的大小等硬件的指标，对于一台计算机的整体性能却很少有人关心。CPU的档次、内存的多少、硬盘的大小只是外在，一台性能卓越的计算机是各种优质配件的整合产品，即使是专业人士也不可能通过几个简单的规格型号来判断计算机性能的优劣。那怎样才能配置一台令人满意的计算机呢？第一，实际使用，实际感受好是第一位的；第二，看品牌的市场口碑，现在专业的网站、杂志、报刊关于这方面的评价、比较、实测很多，多参考一下是有益处的。

③ 重视硬件、轻视软件。计算机是由硬件和软件共同组成的，二者缺一不可，再好的硬件没有软件的支持也是不能发挥其作用的。一些在市场上销售的计算机（特别是低价机）实行裸机销售，不要说应用软件，就是操作系统也没有。一些用户不以为然，觉得可以省几百元，装些盗版软件无所谓。这不仅会有知识产权的问题，而且软件兼容性问题若不能解决，则会对计算机的使用造成很大影响。

（2）组装计算机的注意事项

1）组装操作规则。

①不得带电操作。

②不得穿戴尼龙、皮、毛服装制品，以防止产生静电损坏微型计算机硬件。

③双手要保持清洁。取主板或插卡时，可用双手握持板卡的边缘进行操作，尽量不要用手接触元器件和线路，特别注意不要接触板卡的金手指，以防止因手上的汗渍使电路被污染后受腐蚀、氧化，造成短路、断路或接触不良。

④避免板卡被重压或与其他板卡直接相互碰撞，相互碰撞有可能造成板卡上精细的贴片元件、铜铂导线损坏或断裂，而重压有可能造成板卡的变形。对于暂时还不用的板卡，均应存放在原包装或防静电塑料袋中。

⑤在拆卸机箱、安装主板、拔出或插入扩充板卡时一定要小心不要划伤手。

⑥在主板扩展槽上进行板卡的拔、插时，一定要对准槽口平行地缓缓插入或者拔出，这一过程不得使用工具敲击，如果遇到较大的阻力则应仔细检查是否碰到了其他物体或元器件。如果拔、插板卡用力过大，使主板或板卡严重弯曲变形，在拉伸的一面，铜箔就可能出现断裂。

⑦注意数据线和电源线接口、插头和插座的配接都具有方向性，是为了防止错插而设计的。所以连接线缆时要认准方向，适度用力，不可盲目使用蛮力。

2）硬件组装的一般步骤。

①在主板上安装CPU及散热器。

②在主板上安装内存条。

③将主板固定在机箱中。

④将硬盘、光驱装入机箱。

⑤将电源装入机箱。

⑥将显卡、声卡安装到主板上。

⑦连接数据线、电源线。

⑧连接前面板信号线。

⑨整理机箱内部连线。

⑩连接外部设备。

(3）操作系统的演变及安装

1） Windows操作系统的发展历史见表2-44。

表2-44 Windows操作系统的发展历史

发布时间	系统名称
1985年11月	Windows 1.0
1987年	Windows 2.0
1990年5月	Windows 3.0
1992年4月	Windows 3.1
1992年10月	Windows for Workgroups 3.1
1993年7月	Windows NT 3.1
1993年12月	Windows for Workgroups 3.11
1994年9月	Windows NT 3.5

（续）

发布时间	系统名称
1995年5月	Windows NT 3.51
1995年8月	Windows 95
1996年7月	Windows NT 4.0
1998年6月	Windows 98
2000年2月	Windows 2000
2000年9月	Windows Me
2001年10月	Windows XP
2003年4月	Windows Server 2003
2003年	Windows XP Media Center Edition 2003
2004年8月	Windows XP Media Center Edition 2005
2005年4月	Windows XP Professional X64 Edition
2006年11月	Windows Vista Enterprise Windows Vista Enterprise 6000
2007年1月	Windows Vista Starter ,Home Basic Premium ,Business ,Ultimate Windows Vista Home Basic ,Home Premium , Business ,Ultimate 6000
2007年	Windows Home Server 3790
2008年2月	Windows Server 2008
2009年10月	Windows 7
2012年10月	Windows 8

2）目前主流系统的环境要求，见表2-45。

表2-45　Windows XP与Windows 7操作系统的环境要求

操作系统	图　标	硬件系统要求
Windows XP		CPU：Pentium（MMX）233，推荐PentiumⅢ以上 内存：最少64MB，推荐128MB 硬盘：至少1.5GB的剩余空间，推荐剩余空间在8GB以上 显卡：至少能显示16色，推荐具有1024×768、85Hz下显示16位色以上的能力 显示器：VGA显示器，推荐采用1024×768、85Hz以上的显示器 光驱：4倍速以上光驱，推荐采用40倍速以上的光驱
Windows 7		CPU：主频1 GHz以上，推荐2 GHz（32bit或64bit处理器） 内存容量：1GB系统内存（32bit）以上，2 GB系统内存（64bit）以上 硬盘：系统安装推荐保留20GB～30GB的硬盘空间 显卡：显卡支持DirectX 10/Shader Model 4.0以上级别的独立显卡（显卡支持DirectX 9就可以开启Windows Aero特效） 光驱：DVD R/RW驱动器 系统安装：支持移动存储设备安装

3）软件安装步骤。硬件安装完成后，首先应该进行BIOS设置，将第一启动设备设置为安装操作系统所用的设备，如光驱、可移动设备等。不同主板所具有的BIOS类型是不同

的，因此，设置应按设置界面提示或主板说明书中的有关说明内容进行。其次，在BIOS设置完成后，进行安装系统引导启动。启动成功后，进入安装向导，在向导的引领下，进行硬盘分区、格式化，复制文件，安装操作系统。第三，操作系统安装完成后，安装必要的设备驱动程序和应用软件。具体步骤如下。

①CMOS启动顺序设置。

②硬盘分区格式化。

③安装操作系统。

④安装硬件驱动程序。

⑤安装应用软件。

（4）测试计算机的项目

完成了硬件和组装、软件的设置与安装，接下来进行系统检测。其中包括部件测试和整机测试。

1）部件测试。

①CPU测试。一般使用Intel Processor Frequency ID Utility、CPU-Z、WCPUID、Prime 95等软件进行计算机CPU的测试。Prime 95一般用于考机测试，是通过不断进行函数运算来测试，时间较长。

②测试显示器。测试软件有很多种，特别是针对液晶显示器的测试软件较多，测试过程主要是靠眼睛观察来进行，没有定量的参数结果。

③硬盘测试。主要检测数据传输速率、健康状态、工作温度及磁盘表面扫描等。另外，还能检测出硬盘的固件版本、序列号、容量、缓存大小以及当前的Ultra DMA模式等。

2）整机测试。整机测试软件也有很多种，有免费的，也有需要付费的。可以全面测试计算机各部件的参数，如存储、计算、图像与视频处理、网络情况、应用软件及各硬件之间的配合等个人计算机日常应用的多个方面。

学习单元 3

UNIT 3 维护计算机及网络设备

由于你积极主动的工作，现在已经能够独立进行计算机组装，对门店为用户组装计算机的工作流程已经很熟悉了。公司决定，你可以参与各门店的售后服务工作，对用户进行计算机的日常维护服务和指导。希望你能继续努力学习，并应用已掌握的知识，服务于客户，展示公司的实力与形象。

WEIHU JISUANJI JI WANGLUO SHEBEI

单元情境

由于你积极主动的工作，现在已经能够独立进行计算机组装，对门店为用户组装计算机的工作流程已经很熟悉了。公司决定，你可以参与各门店的售后服务工作，对用户进行计算机的日常维护服务和指导。希望你能继续努力学习，并应用已掌握的知识，服务于客户，展示公司的实力与形象。

单元概要

计算机系统由硬件系统和软件系统构成，同其他的电子设备一样，在使用过程中需要进行维护。无论是作为一名计算机售后服务人员，还是对于用户，日常维护是必不可少的工作，其维护对象主要涉及三类设备：个人计算机、服务器和常用网络设备，如图3-1所示。维护工作包括对这三类设备的硬件清洁、软件优化和备份，依据实际需要对硬件进行调整。

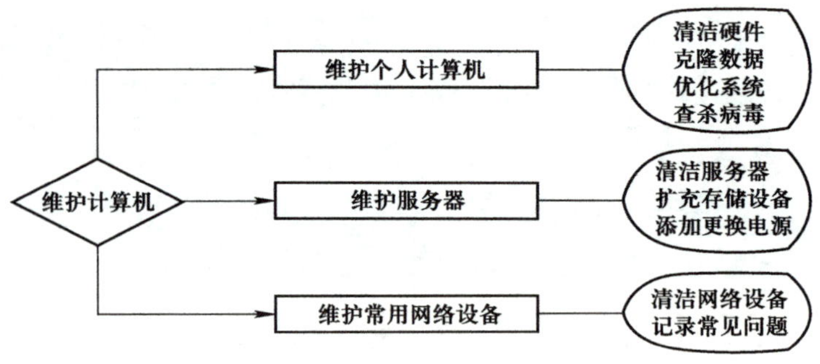

图3-1　维护计算机的主要工作

单元学习目标

1）能够对个人计算机进行清洁、维护，能拆会装，规范操作。
2）能够对操作系统进行优化和备份。
3）能够安装杀毒软件，预防、查杀计算机病毒。
4）能够对服务器硬件进行日常清洁、维护。
5）能够记录服务器日常工作日志。
6）能够对常见网络设备硬件进行清洁等日常维护。

项目1　维护计算机

计算机的维护主要分为硬件的维护和软件的维护。就像人们的身体一样，预防是第一位的，能够不患病是上策。

任务1　清洁计算机

任务描述

公司老客户杜先生打来电话求助。他在本公司门店购买的台式计算机使用已经有一段时间了，购买时业务员曾经承诺三年内可免费清洁一次。计算机最近开机后机箱内噪声明显变大，杜先生打开机箱查看，看到了很多灰尘，如图3-2所示。但由于涉及很多配件，他没有盲目清理，决定预约来店维护。按预约时间，杜先生把计算机带到了门店。

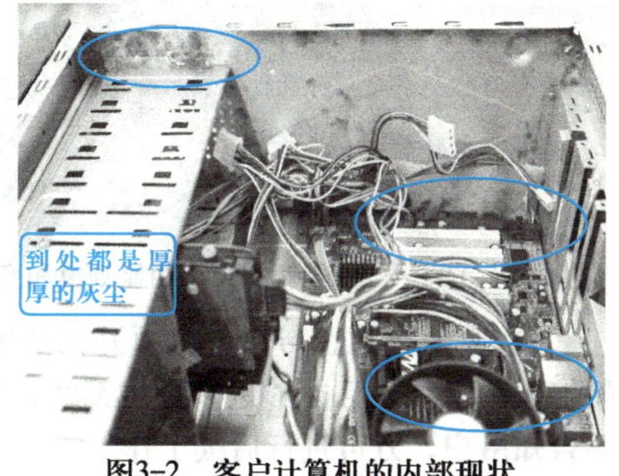

图3-2　客户计算机的内部现状

任务实施

（1）接收计算机

1）查验发票。对于发票主要查看以下内容，如图3-3所示。

① 计算机整机或配件是否是在本公司购买的，看发票章。

② 整机或配件的型号是否与发票一致。

③ 查看购买日期确定用户计算机是否在质保期内。

如果用户购买的是组装机，需查看用户购机时的配置单，逐一核对配件的质保期限。

温馨提示

质保期：硬件的维护和维修，按维修当日是否在质保期内可分为“在保”和“过保”。

“在保”可享受免费的保修承诺。“过保”后会有不同的做法，一般更换配件就会收取一定的费用。

品牌机一般要求用户不能自行打开机箱，必须到指定的服务点进行清洁或维修，否则即使“在保”也不能享受三保修服务。

学习单元3

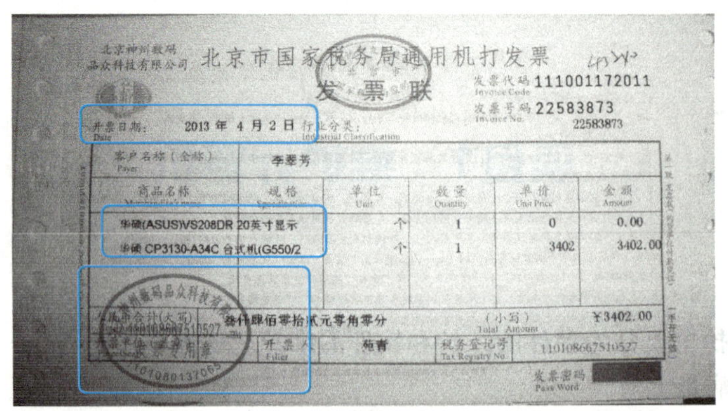

北京神州数码品众科技有限公司 北京市国家税务局通用机打发票
发票联
发票代码 111001172011
发票号码 22583873
开票日期：2013年4月2日 行业分类：
客户名称（全称）：李翠芳

商品名称	规格	单位	数量	单价	金额
华硕(ASUS)VS208DR 20英寸显示		个	1	0	0.00
华硕 CP3130-A34C 台式机(G550/2		个	1	3402	3402.00

合计（大写）：叁仟肆佰零拾贰元零角零分 （小写）￥3402.00
开票人：瑞青 税务登记号 110108667510527

图3-3 发票查验点

2）查验外观。因清洁计算机要打开机箱等操作，为避免不必要的纠纷，需要与用户当面进行外观检查并记录。外观检查主要分为两个方面，一是检查所有清洁配件有无明显划痕、变形或破损，如图3-4所示，二是检查有无缺损，如图3-5所示。

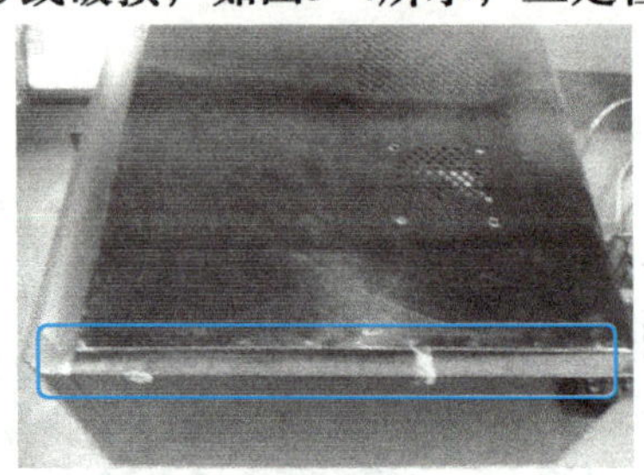

图3-4 机箱侧挡板有明显划痕和变形

图3-5 键盘缺少键帽

3）通电测试。与用户当面开机通电测试，确认用户的计算机能够正常启动、显示器能够正常显示并且能够进入操作系统，如果遇到与用户描述情况不一致之处则需及时记录并告知用户，方可进行后续工作。

4）签署修护协议。将检查情况记录在《故障维修服务单》上，由用户确认签字，如图3-6所示。

迪艾威公司故障维修服务单

客户信息（客户填写）

客户名称：杜先生 电话号码：139XXXX4677 传真：无
客户类型：个人 E-mail：mappy@qq.com 通讯地址：北京市海淀区 XXXX

机器配置（维修机构填写）： ☑整机 □部件

机器品牌 XXXX □内存____ □硬盘____ □开机密码____
机器型号 XXXX □电源____ □电池____ □包、附件____
机器序号 XXXX □光驱____ □屏____ □其他____

客户自述故障现象：机箱内部有明显噪音
接机检测故障现象：免费维护
机器外观情况：机箱外部右侧面板有明显变形和划痕

图3-6 《故障维修服务单》客户信息及维护请求

（2）清洁机箱外设备

1）清洁键盘。

① 清理碎屑。键盘的按键之间很容易堆积杂物碎屑和灰尘，进而造成按键无法按下等现象。清理这些位置的碎屑，需将键盘翻转过来，按键一面向下，然后轻敲键盘背面，将卡在按键中间的颗粒物清理出来，如图3-7所示。

图3-7 清理键盘中堆积的颗粒物

② 清理按键缝隙。敲击键盘背面可以将大的颗粒物清理出来，但细小的灰尘并没有被清洁掉。如要去除按键之间的灰尘，可先用毛质稍软、刷头扁平、刷头稍长的毛刷来刷按键之间的缝隙，再使用软布等清理干净，如图3-8所示。如果条件允许，则使用清洁泥擦来粘掉按键之间的灰尘的效果更佳，如图3-9所示。

什么时候适合用清洁泥擦：清洁泥擦具有良好的粘性，可按照被清洁表面变形，这样可以最大限度地粘下细微的灰尘，适合清洁键盘等带有缝隙的配件。

图3-8 清洁键盘毛刷的选用

图3-9 使用清洁泥擦清理灰尘

③ 清洁按键表面。键盘在使用过程中，容易在按键上残留细菌和污渍，需使用蘸过酒精的软布擦试按键进行整体清洁，对于单个按键上的污渍需使用棉签逐个清洁。如客户要求对键盘进行全面清洁，还需对按键内部进行清理，使用专用的键帽拆卸工具拆下键帽，再使用棉签或软布进行清洁，如图3-10所示。清洁完成将键帽逐一安装到原来的位置。

2）清洁鼠标。目前使用的光电鼠标、激光鼠标，清洁时无需拆开鼠标，只有早期的机械或机电式鼠标需要拆开清理。清洁光电等鼠标，只需用软布蘸酒精擦试清理鼠标外壳及连接线，然后用洗耳球（俗名“气吹”）清理即可，对于底部透镜如有较顽固污垢可用棉签蘸无水酒精进行擦拭，如图3-11所示。

图3-10 使用专用工具拆卸键帽

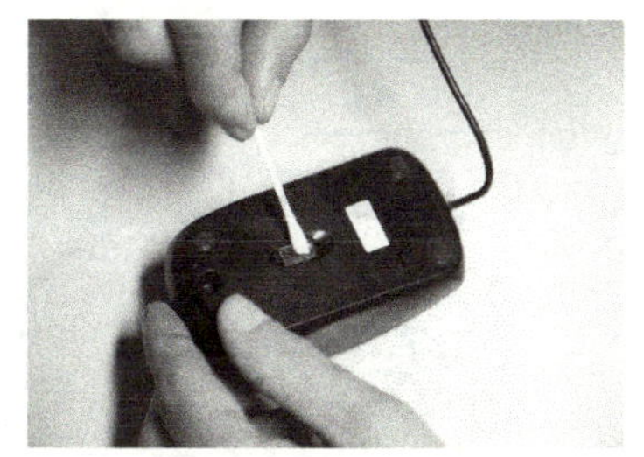
图3-11 使用棉签擦拭鼠标底部透镜

3）清洁显示器。一般情况下显示器只需用软布清洁其外表面、按键及屏幕。考虑到质保因素，一般不将显示器拆开，清洁其内部。

① 清洁非显示屏部分。用毛刷仔细清理显示器散热孔和数据线、电源线接口中的灰尘，尽量不要把灰尘刷入显示器内部。对于显示器的塑料外壳，可用软布蘸普通清洁剂擦拭，注意软布不能过湿，一旦有水滴入显示器内部会造成显示器的损坏。

② 清洁显示屏。不论是CRT显示器还是LCD显示器，其屏幕都会有保护涂层，清洁时不能使用清洁剂，需用镜头布、镜头纸或专用屏幕清洁巾（布）擦拭。擦拭要向一个方向进行，并不断更换布面，防止粘在布面上的污垢划伤屏幕涂层，如图3-12所示。如果清洁的是液晶显示器则需减轻擦拭的力度。

经验分享

用软布清洁屏幕：清洁屏幕时使用的软布要展平擦拭，不要揉成一团进行擦拭，否则容易产生划伤。

温馨提示

不能随意拆开CRT显示器：除考虑质保因素外，CRT显示器内部有高压电路，非专业显示器维修人员不能打开，以免造成人身伤害。

（3）清洁机箱及机箱内部件

1）整体除尘。机箱内部清洁应遵循从整体到局部的思路，提高效率。

切断计算机电源，按机箱的实际结构拆解计算机。使用吹风机进行整体除尘，操作时要按同一方向进行吹风操作，如图3-13所示。CPU风扇、电源风扇、机箱角落等位置可多吹一会儿。

知识链接

吹风机：吹风机（又称“吹吸风机”），是专为清理灰尘而设计的工具，通过大量的高压空气将灰尘吹走。适用于例行清洁，可在不拆下配件的情况下，对机箱内部进行整体清洁。相比洗耳球、毛刷等工具，吹风机操作简单高效。吹风机也配有集尘袋来收集灰尘，当作一个简易的吸尘器使用。吸尘效果比吹风效果相差甚远，适合在狭小的工作空间使用。

图3-12　清洁显示屏

图3-13　使用吹风机进行整体除尘

在相对狭小的工作空间或不通风的环境中，可用吹风机的吸尘功能来清理灰尘，如图3-14所示。

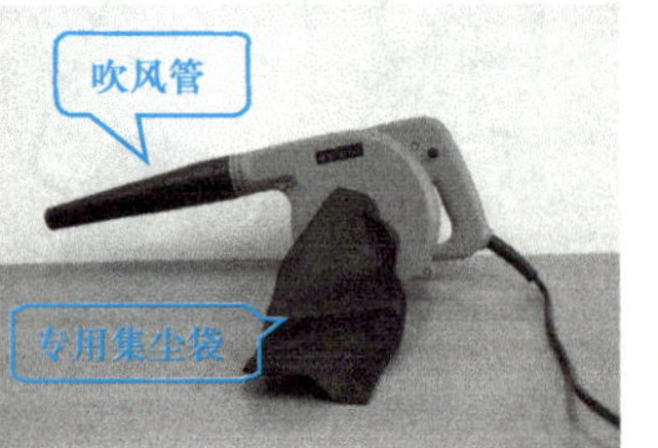

图3-14　吹风机组成

2）清洁机箱。如果长时间没有进行机箱的清理，只用吹风机整体清理则不能彻底将机箱清理干净，此时只能将机箱内的所有配件都拆卸下来，逐一清理。

① 拆掉机箱中的所有配件。用毛刷轻刷机箱内部，清除灰尘，并将灰尘倒出，如图3-15所示。

② 用软布将机箱内、外及前面板接线擦拭干净。

3）清洁电源。

① 用毛刷将电源风扇及各部分通气位置的灰尘清理干净。

② 用洗耳球（气吹）从风扇口和通气口清理电源内部能够清理到的地方，如图3-16所示。

温馨提示

清洁计算机时注意身体健康：在清洁计算机时操作人员需佩戴口罩，在通风良好的工作间中进行操作，尽量避免吸入灰尘影响身体健康。

经验分享

为什么电源的灰尘会很多：由于电源是交直流转换装置，产生的静电会比较大，会吸附更多的灰尘。同时，由于电源风扇的作用形成的气流通道，更增加了灰尘总量，因此，其内部的灰尘会比较厚。

图3-15　使用毛刷清洁机箱内部

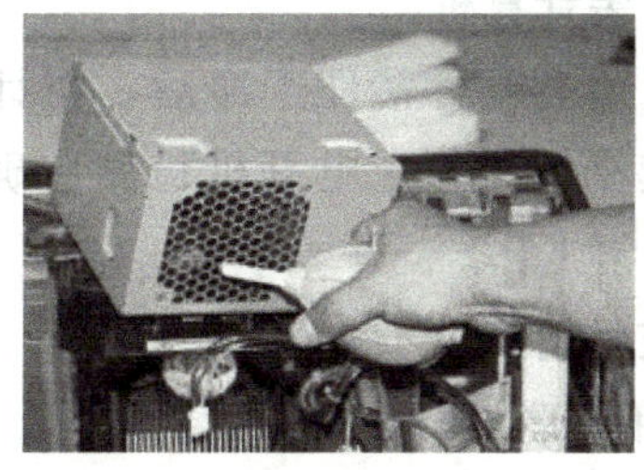

图3-16　使用洗耳球清洁电源

4）清洁板卡。计算机内部有多块板卡，如主板、内存条、显卡、各种扩展卡等。清洁板卡的主要工作有清除灰尘和清除氧化物。

① 清洁板卡上的灰尘。用毛刷将主板等板卡表面及接口内的灰尘清理干净，如图3-17所示。

毛刷接触不到的地方可用洗耳球（气吹）将浮尘清理干净，如图3-18所示。

经验分享

如何彻底清洁板卡：如果需要彻底清洗，则需使用蒸馏水或专用板卡清洗剂清洗，清洗完成后需自然风干30天左右方可继续使用。如果操作不当则容易导致板卡进水，非专业人员不要使用这种方法。

图3-17　使用毛刷清洁主板内存插槽

图3-18　使用皮吹清理内存插槽

网卡、声卡、显卡、内存条、硬盘、光驱相比主板小得多，而且结构简单。清理步骤与清理主板类似。

② 清洁板卡上的氧化物。对于板卡金手指发生氧化问题，需要用橡皮进行处理，如图

3-19所示。

图3-19　用橡皮处理金手指氧化

温馨提示

防止划伤：主板及各种板卡背面的焊点都十分尖利，清理过程中要注意安全，不要划伤手或身体其他部位。

光驱由机械部分和光学部分组成。其中光头是精密的配件，专业人员可用擦镜纸轻轻擦拭光头来清洁光头。如果光驱能够正常读盘，则不要清洁光头。

5）清洁数据线、接口线。机箱内数据线包括硬盘数据线、光驱数据线、电源线、前面板接口线、USB接口线，有的计算机还有音频线等。清理时用软布擦拭干净即可。

知识链接

计算机的工作环境：温度为10℃～30℃，过高会降低计算机性能、使用寿命，甚至会损坏配件。

湿度在45%～65%之间，过高会引起元器件漏电、短路、触电氧化甚至生锈，从而损坏元器件、损坏配件。

电压稳定，波动较小。

应用场所应尽量减少灰尘，经常打扫，尽量远离外部干扰的电磁场。

（4）组装计算机

计算机所有部件清理干净后，将计算机组装起来，进行上电开机检测，确保计算机正常工作。

（5）交付用户

1）与用户联系，请他来取计算机。

2）当面开机运行，确认计算机工作正常，噪声明显降低。

3）向杜先生介绍规范正确的使用习惯。

① 正确开关机。开机时，先打开外设，后打开主机；关机时，先关闭主机，后关闭外设。关机后不能立即开机，间隔至少10s。

② 计算机正在读写数据时不要强行关机，这样很可能会损坏正在读写数据的存储设备，如硬盘、光驱等。

③ 使用计算机的过程中不要一边吃零食或吸烟一边进行键盘操作，这样容易将食物碎屑、烟灰掉入键盘缝隙。

④ 水杯、饮料瓶不宜放在键盘、计算机主机旁边或上面，防止不慎将液体洒入计算机或键盘、鼠标中。

⑤ 使用计算机时不要吸烟，一方面烟尘对电路有极大的腐蚀作用，另一方面烟尘颗粒对光盘读写会造成极大的危害，会造成不可修复的划伤。

4）关机，交付杜先生，并请杜先生在《故障维修服务申请单》上签字，取走整套计算机。

任务拓展

客户杜先生家里还有一台笔记本计算机，键盘的按键之间有很多灰尘，<Enter>键下面卡了一个瓜子皮，而且显示屏上有很多灰尘，杜先生到店里请求进行清洁。

任务2 克隆数据

任务描述

客户孙先生半年前在本公司门店购买了一台台式计算机开起了网店，但由于他总是误删系统文件，经常导致系统崩溃，已经来店重装过三次系统了。昨天他又因为同样的原因删除了系统文件，导致系统无法启动，带着计算机来到公司门店。

任务实施

知识链接

Ghost软件：Symantec Ghost是赛门铁克公司为服务器、台式机提供的快捷、易用的数据克隆与恢复软件。支持FAT16、FAT32、NTFS、OS2等多种分区格式的分区及硬盘的备份还原。

Ghost可将硬盘上的物理信息完整复制，而不仅是数据的简单复制。它支持将整个硬盘或某一分区备份到一个扩展名为“.gho”的文件（镜像文件）中，并支持多个硬盘之间相互备份。

由于孙先生的计算机并没有硬件问题，只是误删除软件造成系统瘫痪，每次来店就是为了重装系统，然后安装硬件的驱动程序及相关应用软件。为孙先生考虑，一方面要告诫孙先生不要随意删除文件，更不能随意删除系统文件夹中的文件；另一方面在重装系统后准备对他的系统进行克隆，制作一个系统镜像，如果今后孙先生的系统万一再出现问题，则只需自行还原镜像即可解决问题，不必再来店里处理。

（1）克隆系统

在克隆系统时，需要考虑克隆一个什么样的系统，如果克隆的是一个没有安装任何软件和驱动程序的系统则意义不大。比较好的方案是，将安装了所有硬件驱动程序、安装并升级了所需补丁、安装了必要软件的系统进行克隆。这样今后需要还原系统时，基本可以一次还原到位了。

克隆软件中最常用的是Symantec（赛门铁克）Ghost，它可以在DOS或Windows等系统环境中运行，其中应用较为广泛的是以光盘启动的DOS版本。

1）运行Symantec Norton Ghost。在为孙先生的机器重装系统，将所有驱动程序和应用软件安装完成后，设置光盘启动，重新启动计算机，计算机会从光盘启动，并运行Ghost，如图3-20所示。

2）选择制作镜像功能。在“About Symantec Ghost”（关于赛门铁克Ghost）窗口单击“OK”按钮进入主窗口，执行“Local”（本地）→“Partition”（分区）→“To image”（到镜像）命令，如图3-21所示。

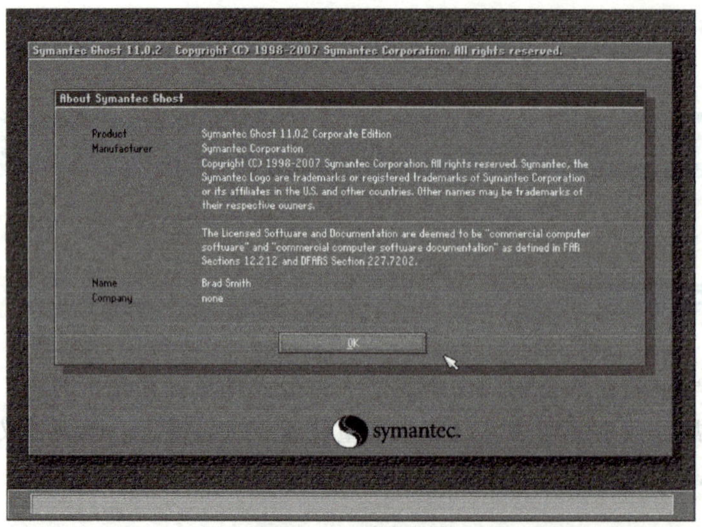

图3-20 运行Ghost

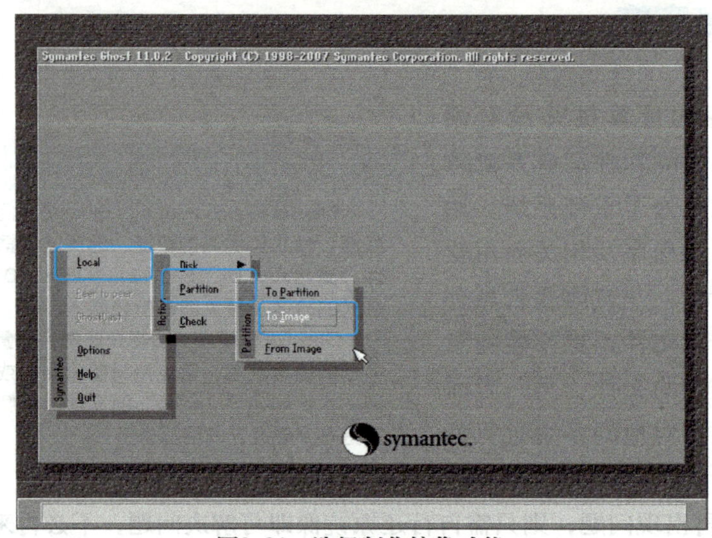

图3-21 选择制作镜像功能

3）选择克隆源驱动器。在弹出的“Select local source drive by clicking on the drive number”（选择本地源驱动器然后单击该驱动器号）对话框中单击选择要备份的驱动器编号“1”，然后单击“OK”按钮，如图3-22所示。

4）选择要克隆的分区。在弹出的“Select source partition(s) from Basic drive:1”（在基本驱动器1中选择源分区）对话框中单击选择要克隆的数据源分区“1”，如图3-23所示。此处的分区1的类型为“Primary”（主分区），一般系统都安装在第一个主分区中。

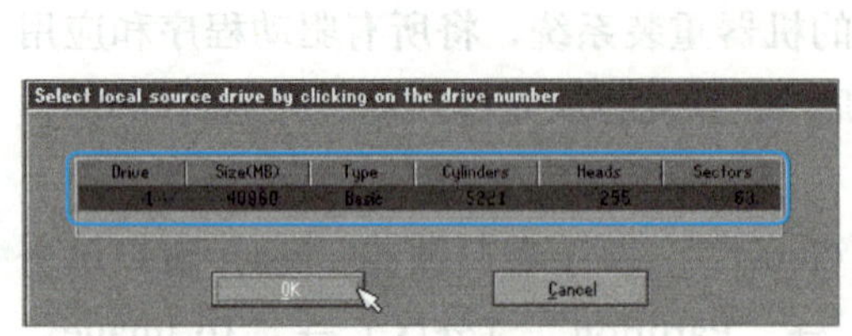

图3-22 选择克隆源驱动器

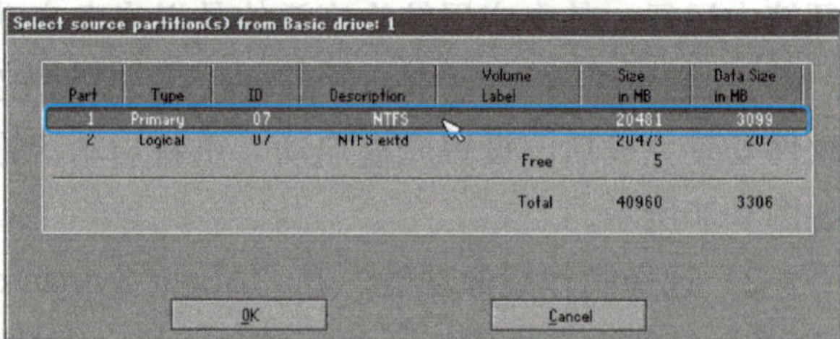

图3-23 选择克隆源分区

5）选择镜像的保存位置。单击“OK”按钮，弹出“File name to copy image to”（镜像位置和文件名）对话框，从“Look in”（列表）下拉列表中选择克隆文件要存放的位置，此处选择“D:\”盘的分区标记“1.2: [] NTFS drive”，在“File name”（文件名）后的文本框中输入镜像文件的文件名“XP130221”，然后单击“Save”按钮确定保存位置，如图3-24所示。

6）选择镜像文件的压缩方式。在弹出的“Compress Image”（压缩镜像文件）对话框中单击“Fast”（快速）按钮进行压缩，如图3-25所示。

经验分享

选择驱动器：在Ghost中，驱动器编号与日常使用的“C:\”盘、“D:\”盘方式不同，按主从顺序以阿拉伯数字方式表示，如图3-24中所示的“1.2: [] NTFS drive”表示第1块硬盘的第2个分区，文件系统格式为NTFS。

驱动器选择错误，克隆时造成克隆目标错误，还原时则造成还原位置的数据丢失。

克隆过程中如果无法确定驱动器的编号，可参考容量“Size(MB)”和驱动器内的分区“Part”。在执行克隆和还原操作之前，均可回到主菜单进行重新选择。

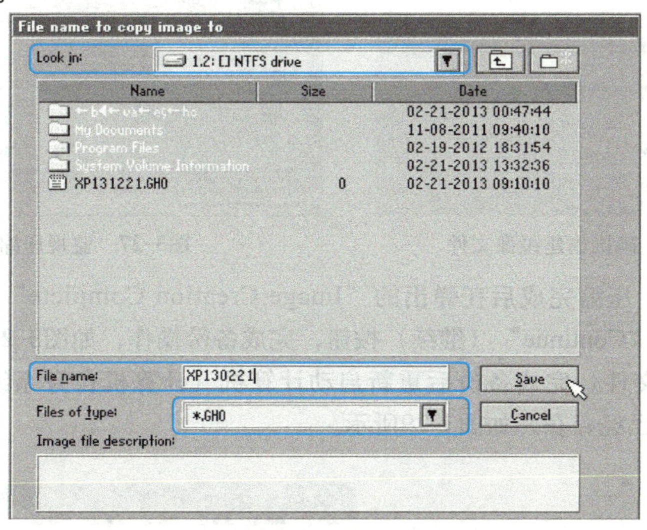

图3-24　选择确定镜像文件的位置和文件名

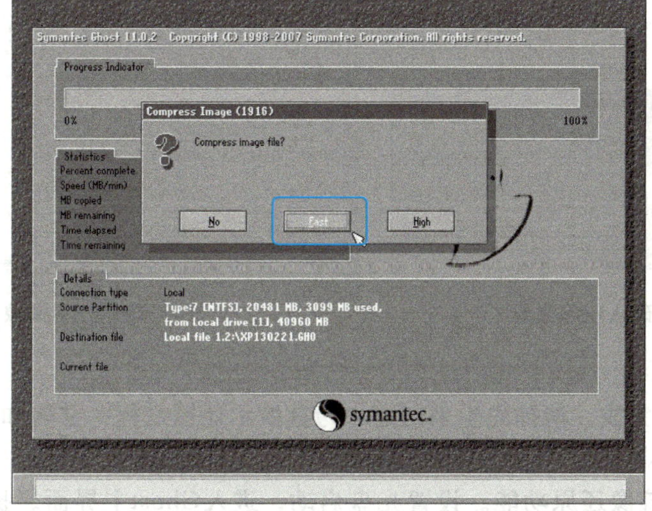

图3-25　选择镜像文件的压缩方式

学习单元3

7）生成镜像文件。在弹出的“Question”（问题）对话框中提示“Proceed with partition image creation?”（是否进行镜像文件的建立？），单击“Yes”按钮确认，开始执行克隆操作并创建分区镜像文件，如图3-26所示。

在此过程中显示如图3-27所示的监视窗口，可以查看“Percent complete”（压缩进度）、“Speed(MB/min)”（压缩速度）、“Time elapsed”（已用时间）、“Time remaining”（剩余时间）等信息。

知识链接

Ghost镜像文件压缩方式：在Ghost提供的三种压缩类型中，“No”表示备份文件不进行压缩，“Fast”表示用较小的压缩比进行压缩，“High”表示用高压缩比进行压缩。压缩比越高，克隆完成后的备份文件越小，但镜像文件压缩的时间也就越长。

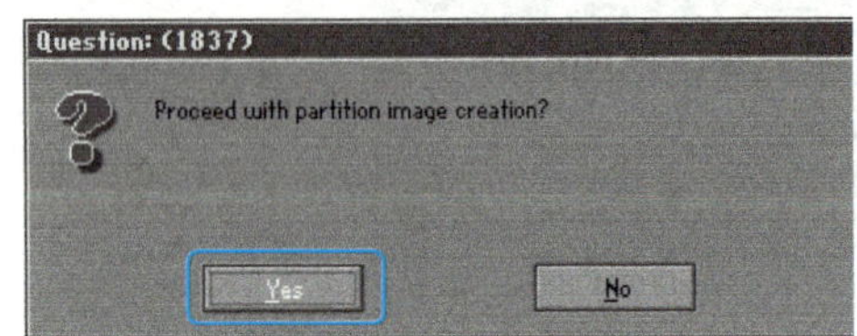

图3-26　确认创建镜像文件

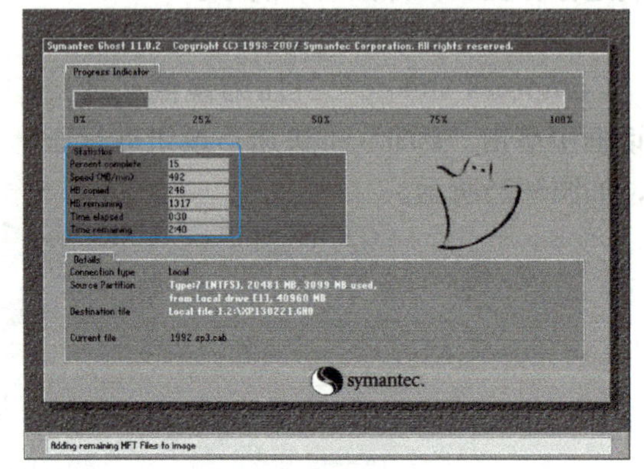

图3-27　监视压缩过程

8）完成压缩。压缩完成后在弹出的“Image Creation Complete”（镜像文件创建完成）对话框中单击“Continue”（继续）按钮，完成备份操作，如图3-28所示。

9）查看镜像文件。完成备份后重新启动计算机（计算机自身系统），进入“D:\”盘，查看镜像文件已经存在，如图3-29所示。

图3-28　确认压缩完成

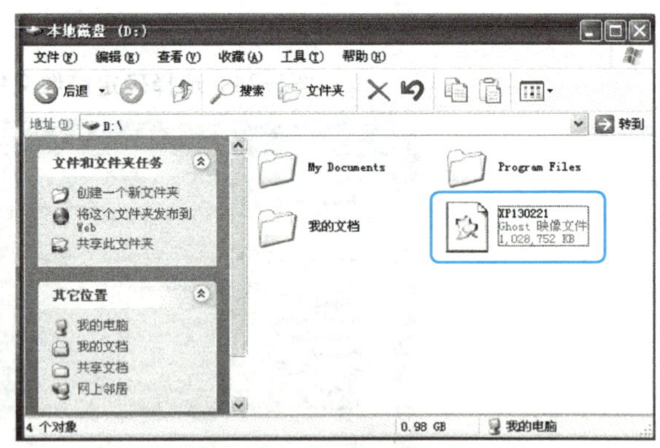

图3-29　查看镜像文件

（2）还原系统

镜像文件制作完成，请孙先生来门店，为其演示还原过程，并告知其计算机的系统镜像文件保存在“D:\”盘。

1）选择使用镜像还原功能。设置光盘启动，进入Ghost主界面。执行“Local”（本地）→“Partition”（分区）→“From image”（从镜像）命令，如图3-30所示。

2）选择镜像文件。在弹出的“Image file name to restore from”（用于还原的镜像文件）对话框中选择镜像文件。孙先生的系统镜像文件保存在“D:\”盘，在对话框中的“Look in”下拉列表中选择“D:\”盘的分区标记“1.2: [] NTFS drive”（请孙先生记住），然后选中要还原的镜像文件“XP130221.GHO”，单击“Open”（打开）按钮，如图3-31所示。

经验分享

镜像文件中的分区标记：Ghost镜像文件可对一个驱动器的多个分区进行克隆，在一个镜像文件中可通过不同标记保存多个分区镜像。

无论是克隆还是还原，镜像文件中标记了驱动器、分区，还原时务必要记清，否则会导致有用的数据被覆盖。

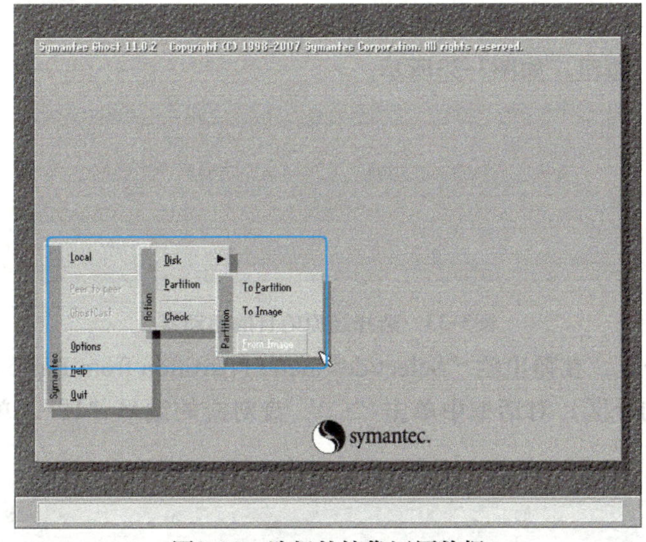

图3-30　选择从镜像还原数据

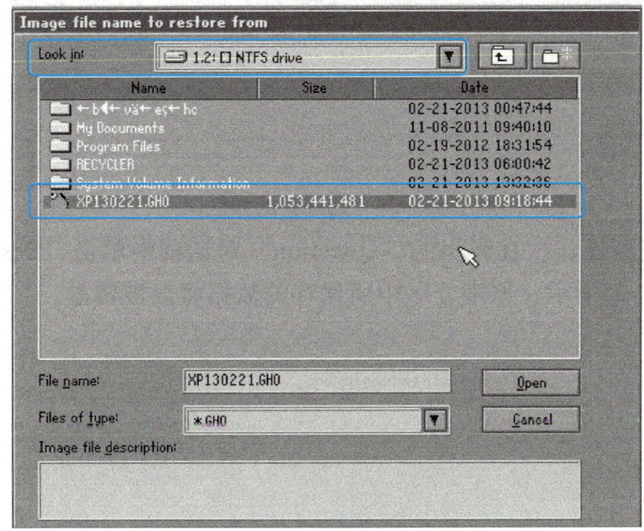

图3-31　选择镜像文件

3）从镜像文件中选择源分区。在弹出的“Select source partition from image file”（从镜像文件中选择源分区）对话框中选择“C:\”盘的分区标记“1”，单击“OK”按钮，如图3-32所示。

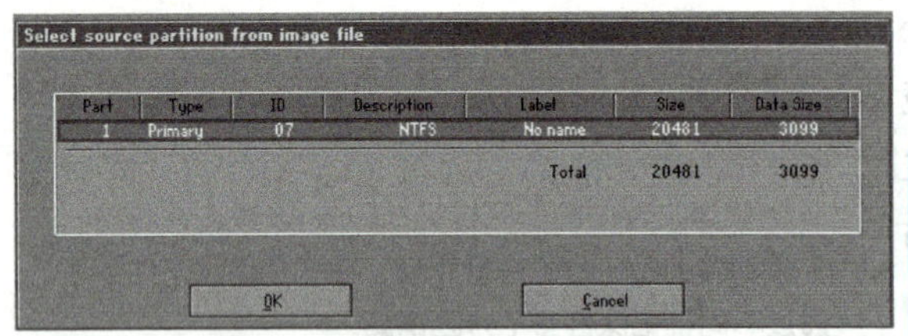

图3-32　从镜像文件中选择源分区

经验分享

抢救原有用户数据：由于Windows系统默认将“我的文档”文件夹放在系统分区，一般是“C:\”盘，许多软件的默认存储位置就在这个文件夹下，这样用户的系统一旦无法进入，则“我的文档”中的数据就会面临丢失的问题。解决这一问题，一般会使用带有引导的光盘或者U盘来启动，进入后使用图形界面或者命令将用户数据备份到可靠位置，然后再为用户还原系统。

4）选择目的驱动器。在弹出的“Select local destination drive by clicking on the drive number”（通过单击驱动器编号选择本地目的驱动器）对话框中单击目的驱动器的编号“1”，单击“OK”按钮，如图3-33所示。

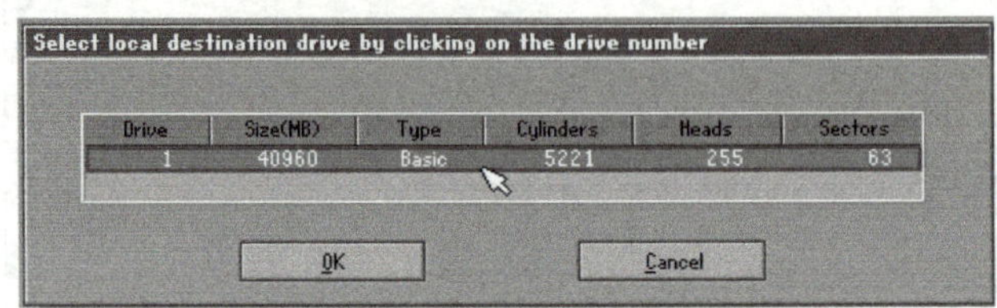

图3-33　选择还原的目的驱动器

5）选择目的分区。在弹出的“Select destination partition from Basic drive: 1”（从基本驱动器1中选择目的分区）对话框中单击“C:\”盘对应的编号“1”，单击“OK”按钮，如图3-34所示。

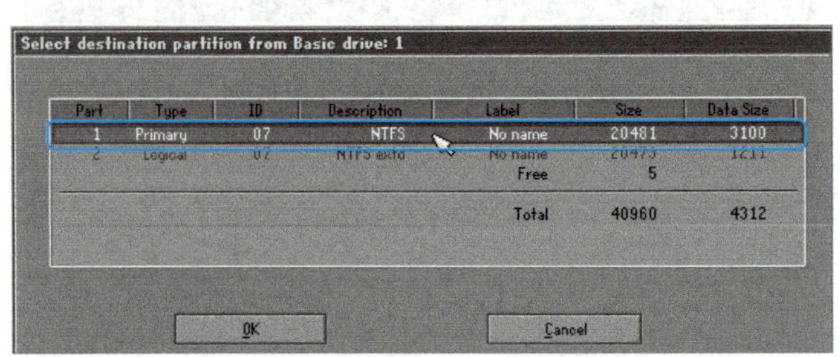

图3-34　选择目的分区

6）确认进行还原操作。在弹出的“Question”对话框中单击“Yes”按钮，开始还原指定的分区，如图3-35所示。原来分区中所保存的数据将会被覆盖。

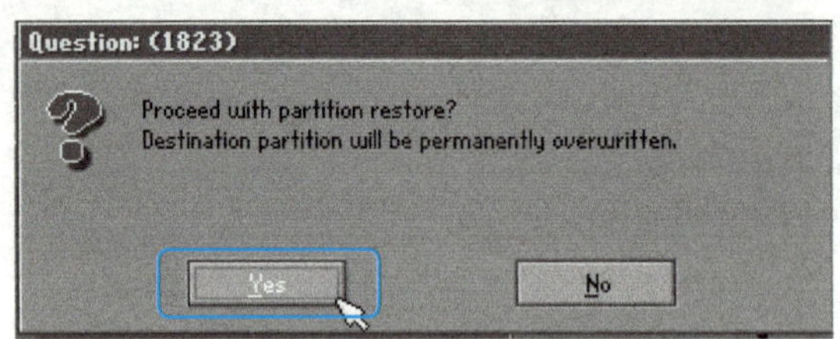

图3-35　确认进行还原操作

7）还原完成，重新启动计算机。当系统还原进度条到100%时，表明系统还原已经完成，此时会弹出“Clone Complete”（克隆完成）对话框，单击“Reset Computer”（重新启动计算机）按钮，重新启动计算机，如图3-36所示。注意取出Ghost启动光盘，让计算机从还原完成的硬盘启动。能进入操作系统，说明系统还原成功。此时可以测试一下各硬件是否已安装驱动，最后确认系统整体还原成功。

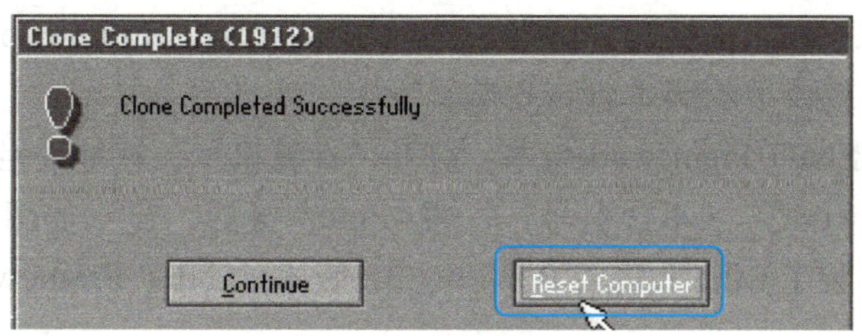

图3-36　确认克隆操作完成

任务拓展

1）使用Ghost为安装Windows 7操作系统的计算机的系统分区“C:\”盘进行克隆，然后尝试还原系统。

2）使用Ghost为客户的计算机的数据分区“D:\”盘进行克隆，然后尝试还原数据。

3）画出使用Ghost还原数据的流程图。

任务3　优化系统

任务描述

客户张女士在本公司购买的计算机使用已有半年。近日她感觉计算机无论是开机速度还是运行软件速度，都比刚买时明显变慢，安装软件Auto CAD 2012时提示安装Microsoft .NET Framework 4.0。她听同事说Windows系统有很多漏洞，怀疑自己的机器变慢是漏洞造成的。张女士带着计算机，来到公司门店。

任务实施

针对张女士所描述的问题，有3项工作要做，第一，感觉速度变慢是需要对系统进行优化；第二，需要安装Microsoft .NET Framework 4.0，才能安装Auto CAD 2012；第三，系统漏洞虽然不是计算机运行速度变慢的原因，但是系统漏洞是安全隐患，容易被病毒、木马侵入，造成不必要的损失，所以应该定期修补。张女士的计算机安装的是Windows 7操作系统，并安装有“360安全卫士”。按操作的时间，安排解决问题的顺序，即先安装Microsoft .NET Framework 4.0，之后用“360安全卫士”在修补漏洞的同时进行系统优化。

（1）升级计算机软件运行环境.NET Framework

张女士在安装Auto CAD 2012时提示要安装Microsoft .NET Framework 4.0的问题，是

由于要安装的Auto CAD 2012是基于Microsoft .NET Framework 4.0环境开发的，如果操作系统中没有，就需要在计算机上安装后才能使用Auto CAD 2012。张女士的计算机安装的是Windows 7操作系统，需查看系统中自带了哪些版本的.NET Framework，然后再按需从微软公司的官方网站下载缺少的版本进行安装。

1）查看系统自带.NET Framework版本：打开“计算机”，在地址栏输入“%systemroot%\Microsoft.NET\Framework”（不含引号），按<Enter>键后，显示如图3-37所示的内容，从中可以看到系统中安装了1.0、1.1、2.0、3.0、3.5版本的.NET Framework，确实没有4.0版本的.NET Framework。

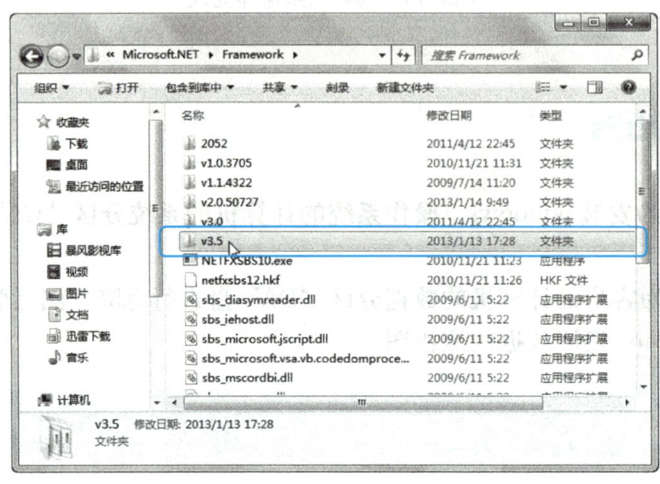

图3-37 查看系统已安装的.NET Framework版本

2）下载对应版本的.NET Framework。到微软公司网站的下载中心（http://www.microsoft.com/zh-cn/download/default.aspx），搜索.NET Framework 4.0，将这个版本的.NET Framework下载到本地计算机中。

3）安装.NET Framework4.0。双击下载的安装文件图标，显示“请接受许可条款，以便继续”对话框，如图3-38所示。选中“我已阅读并接受许可条款”复选框，同意微软公司的许可协议，单击“安装”按钮进行安装。

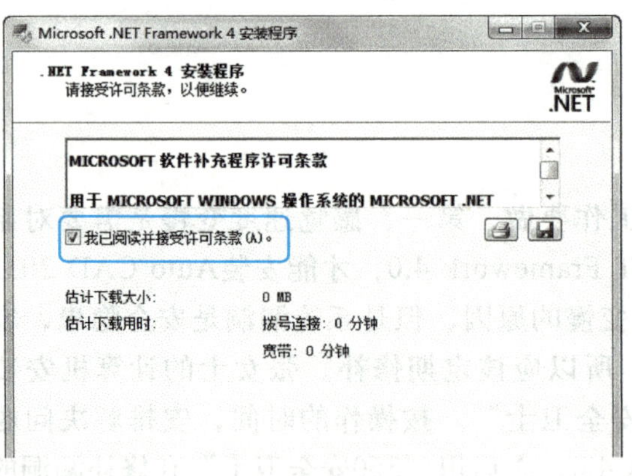

图3-38 安装.NET Framework 4.0

安装完成后，查看系统中已安装的.NET Framework版本，确认已经安装了4.0版，如图3-39所示。

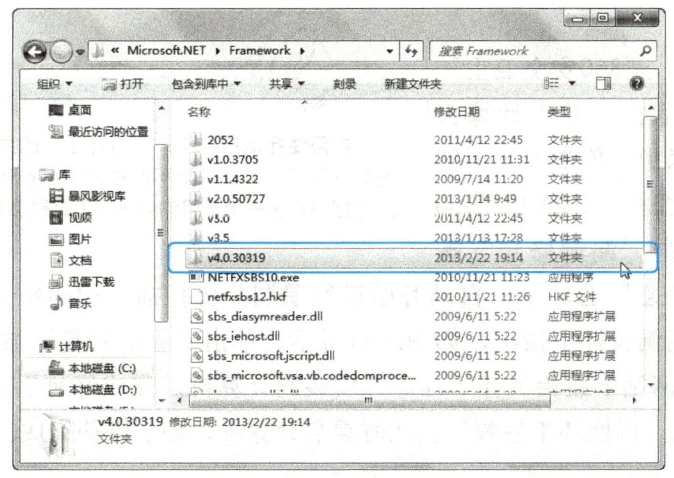

图3-39　确认.NET Framework 4.0已经安装

(2) 修补计算机漏洞

张女士在家几乎不上网，而且她也不懂什么是修补漏洞，因此，她的计算机从未进行过更新。为计算机漏洞安装相应的补丁程序或更新程序，俗称“打补丁”。Windows系统中已经集成了Windows Update软件。执行“开始”→“控制面板”→“系统和安全”命令，展开“系统和安全”选项，单击其中“Windows Update”下的“启用或禁用自动更新”，进入“更改设置”窗口。一般对于“重要更新”默认选择是“自动安装更新”，如图3-40所示。除“自动安装更新”外还有3个选项供用户选择。

什么是漏洞和补丁：漏洞是指可被非法用户利用来破坏计算机硬件、数据的软件或硬件缺陷。

补丁程序是指为解决或修复某软件漏洞问题而推出的对应修复的程序。

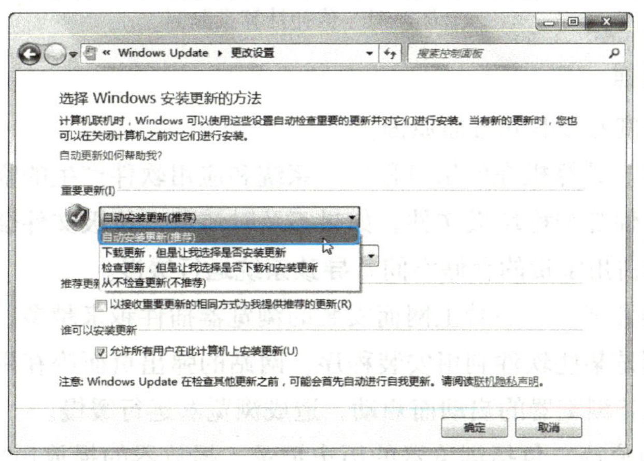

图3-40　查看Windows Update的默认设置

除计算机操作系统自带的更新软件外，还有许多第三方的优化软件也可以帮助用户修补漏洞和更新系统，比较常用的免费系统修复和优化软件有“360安全卫士”“腾讯电脑管家”等。

1）升级“360安全卫士”。张女士的计算机里已安装有“360安全卫士”，将其升级到最新版本。

2）漏洞修复。“360安全卫士”在开机后会自动运行，并对计算机系统进行多方面保护。单击通知区域“360安全卫士”图标，打开“360安全卫士”，单击“漏洞修复”按钮，进入“漏洞修复”选项卡，自动开始进行漏洞分析扫描，扫描结束列出了当前系统需要进行修复的漏洞及补丁情况，如图3-41所示。单击“立即修复”按钮，“360安全卫士”自动连接360网站下载相关补丁程序并安装到计算机。完成修复后，一般会提示用户“重新启动计算机，以使补丁生效”。此时重启计算机，补丁修补完成。

温馨提示

如何便捷地打补丁：“打补丁”的操作并非一劳永逸，随着软件新的漏洞或缺陷不断被发现，补丁程序也随之产生，因此为客户安装一个常用的第三方工具是必要的。

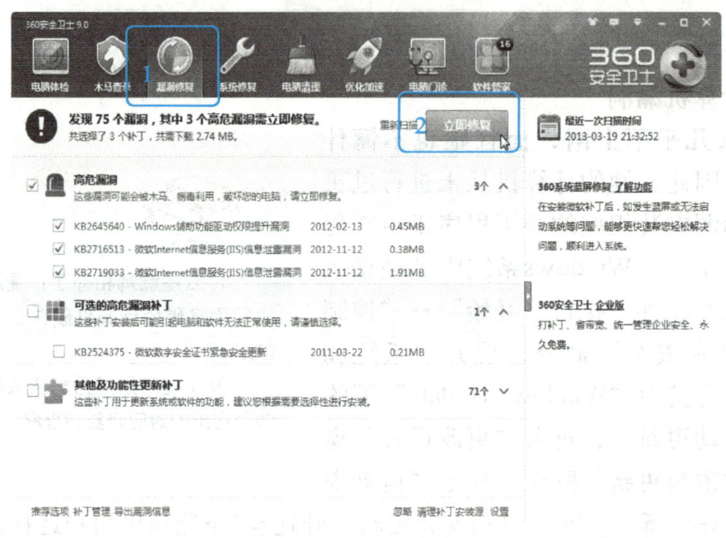

图3-41　修补计算机漏洞

（3）计算机清理

计算机运行速度变慢有几方面原因。

- 垃圾文件。计算机在使用过程中，系统和应用软件产生的临时文件、应用程序卸载后残留的无用文件等统称垃圾文件。如果不及时清理，垃圾文件会随着计算机的使用变得越来越多，进而占用宝贵的存储空间，导致系统运行缓慢。
- 非法及差评插件。随着上网而安装的浏览器插件越来越多，其中有一些是用户安装的，另外一些则是某些软件利用安装程序、网站的弹出页面等在用户不知情的情况下非法安装的，插件随着浏览器的启动而启动，造成浏览器运行缓慢。
- 用户使用痕迹。包括浏览器的历史记录、播放器的播放历史、Office软件的最近打开文件记录等，这些痕迹不仅都存在泄露用户隐私的危险，时间长了，还会占用许多空间，使计算机运行速度变慢。

1）清理垃圾文件。打开“360安全卫士”，单击“电脑清理”按钮，可以看到“电脑清理”窗口，如图3-42所示。进入“清理垃圾”选项卡，第一次使用需选择要清理的垃圾文件项目，单击“开始扫描”按钮，“360安全卫士”即按用户设定的清理项目进行全盘扫描。扫描完成后提示各扫描项目的垃圾文件数及所占磁盘空间，此时“开始扫描”按钮变换为“立即清理”按钮，单击“立即清理”按钮即可对垃圾文件进行清理。

图3-42　清理垃圾文件

2）清理插件。在“360安全卫士”的“电脑清理”窗口，在“清理插件”选项卡中，单击“开始扫描”按钮，进行插件的扫描，扫描完成后会列出所有的插件，如图3-43所示。从图3-43中可以看出“共检测到35款插件”，但“未发现建议清理的插件”，可以“暂不清理”，因此，“立即清理”按钮显示为灰色。如果发现建议清理的插件，或选中了要清除的不再使用的插件前的复选框，“立即清理”按钮会变为彩色，单击该按钮，即可将建议清理的插件或选中的插件清理掉。

图3-43　清理插件

3）清理痕迹。在“360安全卫士”的“电脑清理”窗口，在“清理痕迹”选项卡中，单击“开始扫描”按钮，便开始扫描软件使用痕迹，扫描完成后显示扫描结果，如图3-44所示。单击“立即清理”按钮即可清除这些使用痕迹。

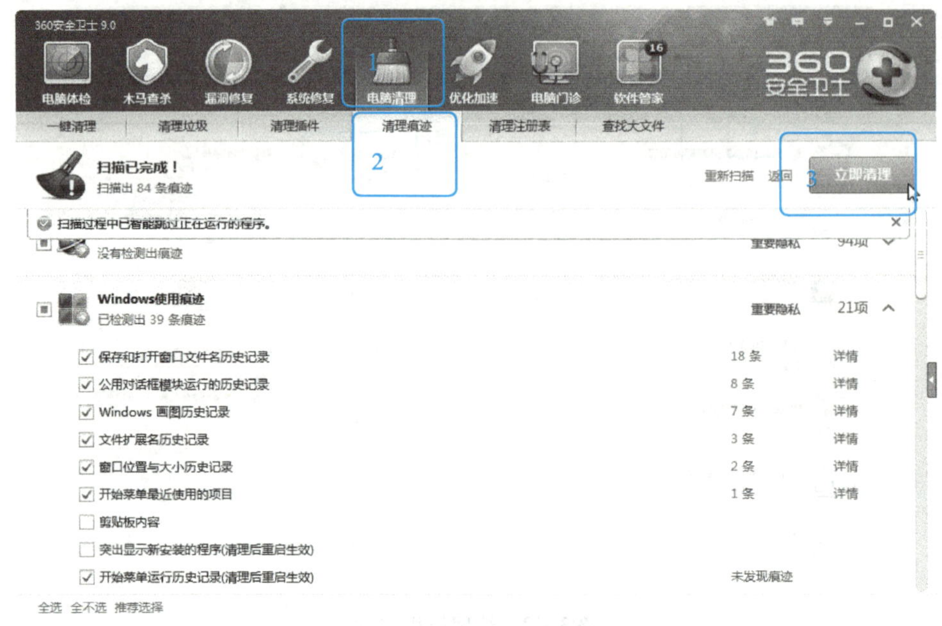

图3-44 清理痕迹

(4) 优化系统启动项

系统启动项是指在操作系统启动时系统或用户设定的自动启动的程序项目，其目的是为了加快某些软件的运行或为用户自动打开某些程序。过多的系统启动项，会导致开机速度变慢。优化系统启动项有以下2种方法。

方法一，使用系统自带的配置程序进行优化。单击“开始”按钮，运行“msconfig.exe”，打开“系统配置”程序窗口，在“启动”选项卡中，单击取消某启动项前复选框中的“✓”即可关闭该启动项，如图3-45所示。设置完成后，单击“确定”按钮完成启动项的设置。

图3-45 使用“系统配置”设置启动项

方法二，使用“360安全卫士”优化启动项。在“360安全卫士”主窗口单击“优化加速”按钮，进入“优化加速”窗口，在“启动项”选项卡中，单击“开始扫描”按钮，扫描结束后列出所有的启动项目，单击要禁止的启动项后的“禁止启动”按钮即可完成对启动项的关闭，如图3-46所示。被禁止启动的启动项目后的“禁止启动”按钮变为“恢复启动”。单击“恢复启动”按钮，即可打开该启动项。

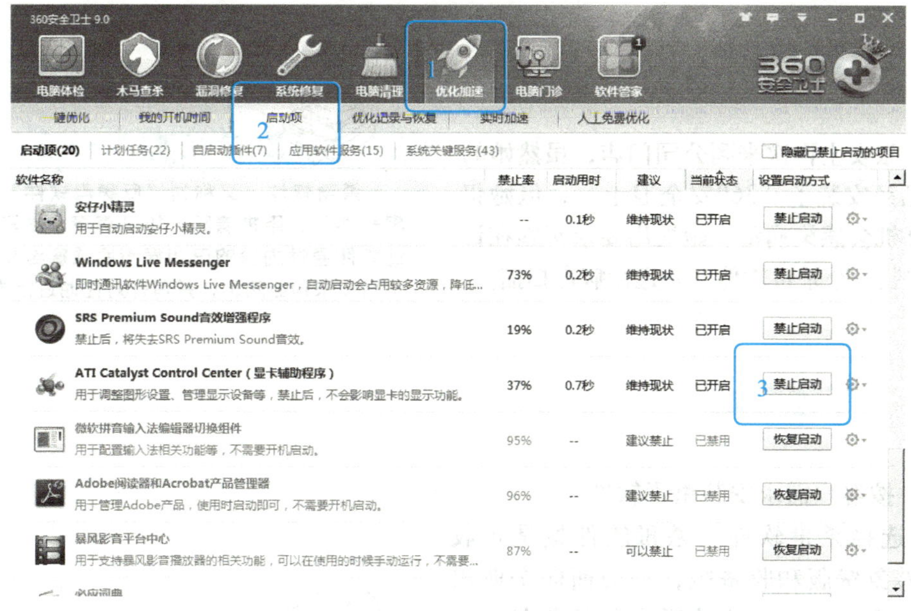

图3-46　设置启动项

任务拓展

1）如果某一软件需要应用.NET Framework 4.5，尝试添加。
2）用户侯先生家的计算机不能上网，如何修复系统漏洞。
3）使用Internet Explorer浏览器自带的工具清理使用痕迹、历史记录。
4）总结常见的.NET Framework版本，填写下面的默认安装统计表。

版　本	发行日期	默认自带此版本的Visual Studio	默认安装此版本的系统
1.0			
1.1			
2.0			
3.0			
3.5			
4.0			
4.5			

任务4　查杀计算机病毒

任务描述

客户张女士再次来到公司门店，虽然她的计算机已经安装了“360安全卫士”，但她仍担心计算机会感染病毒。她提出要求帮她在计算机中安装一个杀毒软件，并进行病毒扫描。

知识链接

杀毒软件：又称为“反病毒软件”或“防毒软件”，用来清除计算机病毒、木马等。杀毒软件通过内置的已知病毒库或病毒特征识别数据库来判断病毒，并有针对性地进行查杀。

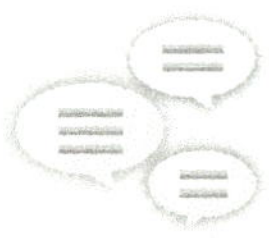

任务实施

（1）按客户需求安装杀毒软件

1）选择杀毒软件。杀毒软件按是否收费可分为免费版和收费版，一般面向企业用户收费，面向个人用户的版本则是免费的。国外的杀毒软件品牌大多需要付费使用，例如，卡巴斯基、EAST NOD32、诺顿等，一般是按年进行付费。免费的杀毒软件厂商也有很多，如国内的瑞星、360等厂商。为张女士的计算机安装免费版的杀毒软件即可。

经验分享

杀毒软件之间会有冲突：建议在计算机上只安装一种杀毒软件，防止多种杀毒软件相互冲突甚至互杀，造成运行速度奇慢或系统无法运行。

2）安装杀毒软件。按张女士要求，从瑞星公司官网下载瑞星杀毒软件V16，并进行安装。双击下载的安装包文件图标进行安装，如图3-47所示。单击“开始安装”按钮，即开始安装瑞星杀毒软件。

安装完成后显示如图3-48所示的对话框，单击“完成”按钮结束安装。瑞星杀毒软件开始启动，并显示注册向导，按向导指示注册即可开始使用。

图3-47　开始安装杀毒软件

图3-48　安装完成，单击“完成”按钮启动杀毒软件

（2）查杀计算机病毒

1）升级病毒库。首次启动杀毒软件，需要对杀毒软件进行更新，升级病毒库到最新，如图3-49所示。

单击“立即更新”按钮，瑞星会自动连接到其网站，下载并更新病毒库。升级完成后显示如图3-50所示的窗口。单击“升级完成”按钮，结束病毒库的升级。

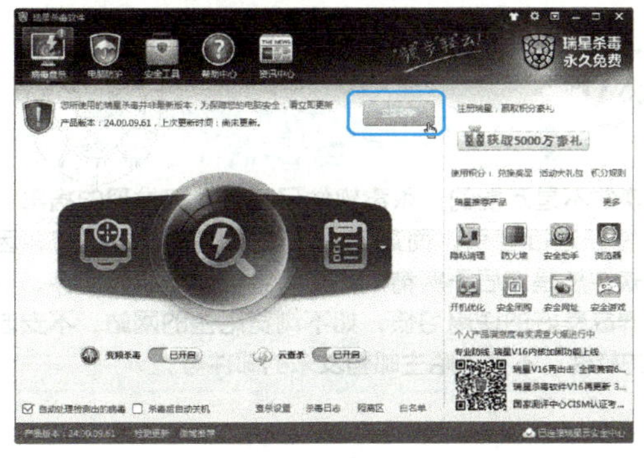

图3-49　更新杀毒软件病毒库

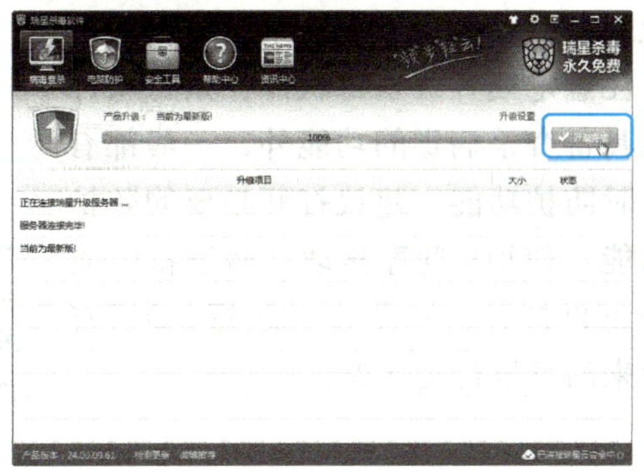

图3-50　病毒库升级完成

2）全盘查杀计算机病毒。初次运行杀毒软件，单击“全盘查杀”按钮，对计算机的数据进行全盘的病毒扫描，如图3-51所示。

全盘查杀病毒的时间视用户硬盘的容量而定，如果硬盘内容较多，则时间会较长，需要耐心等待。如需终止则可按 ■ 按钮停止全盘杀毒，如图3-52所示。

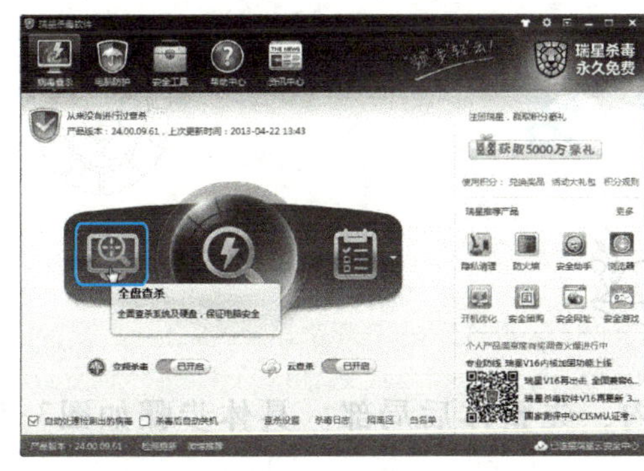

图3-51　首次运行杀毒软件需使用“全盘杀毒”功能

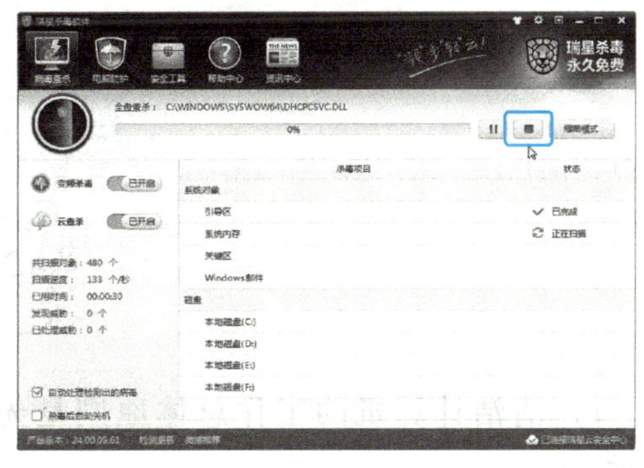

图3-52　全盘杀毒开始和停止按钮位置

全盘查杀完毕之后，计算机中如果有病毒则应该已被清除了。在张女士的计算机中并未发现有病毒，是安全的。但病毒在不断变化，会出现新的变种和新的病毒，所以要提醒用户除了定期升级杀毒软件的病毒库之外，还要定期进行全盘查杀（因为全盘查杀耗时很长，所以不必每天进行全盘查杀，1个月进行一次即可）。

3）对关键区域进行快速查杀。计算机病毒主要针对计算机的系统引导区、启动项、内存关键区域等进行破坏，植入木马。如果平时总是使用“全盘查杀”，则会占用大量宝贵的时间。为方便日常查杀，避免病毒突发破坏系统，提高查杀效率，瑞星杀毒软件设计有针对主要系统关键区域进行的“快速查杀”功能。单击“快速查杀”按钮，即可进行关键区域的快速查杀，如图3-53所示。

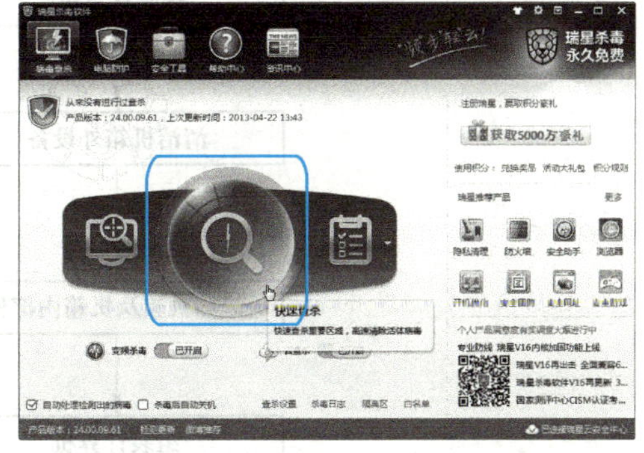

图3-53　使用“快速查杀”扫描关键区域

(3) 向用户讲解计算机病毒防护知识

关机，将计算机交还张女士，并向张女士宣传病毒防护知识，即安装了杀毒软件并不能保证计算机就不会感染病毒，还需要注意定期升级杀毒软件；杀毒软件除具备查杀病毒的功能外，一般都有实时防护功能，建议打开必要的防护功能；使用U盘等移动存储设备时先查毒再打开；不要盲目运行QQ好友发来的可执行文件等。

温馨提示

杀毒软件不是万能的：杀毒软件只能针对已发现的病毒、木马按其特征进行查杀。而病毒是变化多端，层出不穷，因此，杀毒软件总是滞后于病毒。不要完全依赖于杀毒软件，更重要的是养成良好的使用习惯，如不浏览陌生的网站，不安装不明来历的软件，不打开陌生邮箱发来的邮件等。

任务拓展

1）请教会张女士使用瑞星设置“电脑防护”。

2）客户赵先生在本公司门店购买了一台计算机，要求为其安装360杀毒软件，为其设置每天9:00升级病毒库，9:10开启自动扫描。

实 习 总 结

1）清洁计算机的工作总体原则是先外后内、先整体后局部。具体步骤如图3-54所示。

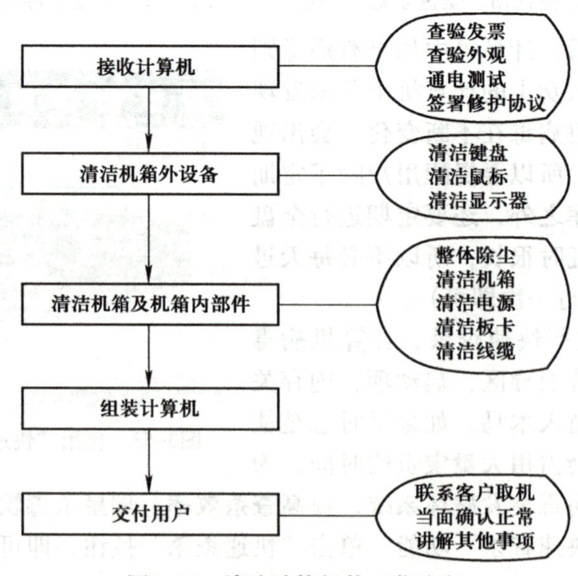

图3-54 清洁计算机的工作流程

2）备份与恢复数据的流程如下。

Ghost有DOS、Windows等版本，Windows版本要在系统中安装，因此，日常工作中通常选择独立于Windows系统的DOS版本。可将DOS、Windows PE、Ghost等工具软件集成到一张带有启动功能的光盘（或U盘）中，这样遇到用户系统出现问题，使用启动盘进入系统，使用Ghost完成对系统或数据的克隆和还原，方便快捷。

通过使用Symantec Ghost软件可以方便地完成系统的备份和还原操作。Ghost最大的优势是不仅完成了对用户文件的复制，而且将分区、引导文件等数据进行了克隆。使用Ghost进行克隆与还原的流程如图3-55所示。

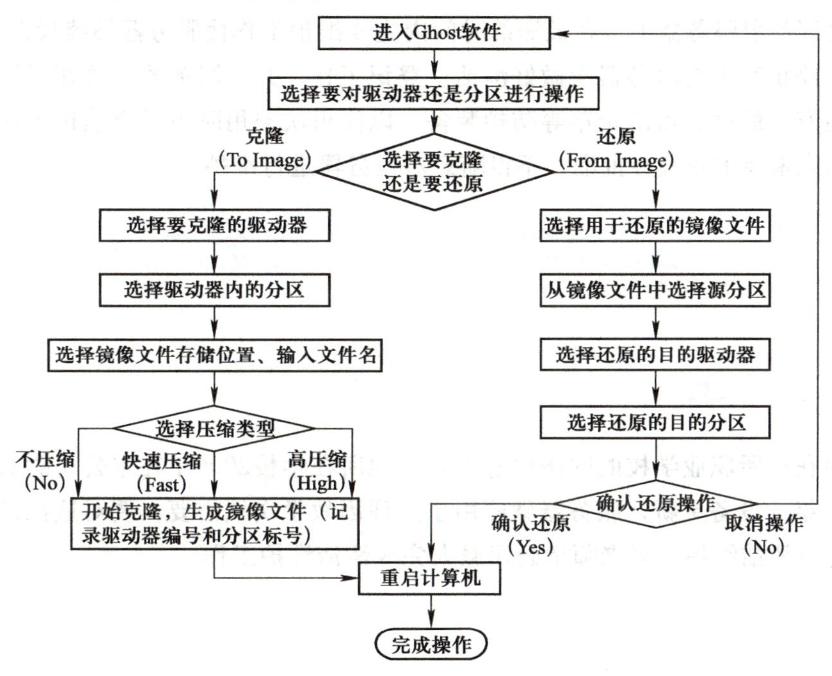

图3-55　使用Ghost进行克隆与还原的流程

3）优化计算机的主要工作及技巧如下。

① 修补计算机漏洞。可使用第三方软件修复计算机漏洞，还可开启系统自带的“Windows Update”功能。

② 升级运行环境。可按需要到相应网站下载升级计算机软件运行环境，如.NET Framework、Java等。

③ 清理计算机。可使用第三方软件清理系统垃圾文件。对于IE历史文件等可通过IE自带的临时文件、历史记录管理工具进行清理。

④ 优化系统。可使用第三方软件对系统进行优化，采用其推荐的优化策略。

4）查杀计算机病毒的注意事项如下。

按照客户的要求安装指定的杀毒软件，如条件允许尽量推荐用户购买付费的杀毒软件以便获得更好的防毒、杀毒服务。

许多客户片面地认为要想增强杀毒效果需安装多个杀毒软件。安装多个杀毒软件不仅会影响计算机的运行速度，还有可能造成杀毒软件之间的未知冲突。

无论使用哪款杀毒软件，都要定期更新病毒库。

平时注意计算机的使用习惯以预防为主，再定期查杀病毒，能避免大多数病毒的入侵。

项目2　维护服务器

因为服务器的功能是在网络中提供各种服务，通常需要长期开机，所以其维护工作与计算机有不同之处。正在使用的服务器如需维护，需以公告的形式通知用户，然后将在线服务器切换到备用服务器上，在最短的时间内完成维护工作使服务器继续投入使用。

对已经停止使用的服务器应做好清洁、登记工作，并将服务器存放在干燥、少尘、温度适宜的地方，最好加盖防尘罩等防护装备，以便再次启用时可以迅速投入使用。非服务器的管理员或未经主管领导批准，不得随意对服务器进行维护。

任务1　清洁服务器

任务描述

周老师在一所职业学校的网络中心工作，他所在学校2006年在本公司购买过机架式服务器，2010年，设备更新，服务器就停用了。现因教学实训需要，要对这批已经停止使用的服务器进行清洁维护。周老师请公司派人完成清洁维护工作。

任务实施

（1）清洁服务器机箱

1）从机架上拆下服务器。使用螺钉旋具将服务器从机架上拆下，机架式服务器一般由4条或2条螺栓固定在机架上，螺栓位于机箱前面板两侧，如图3-56所示。使用螺钉旋具拆下固定螺栓。

图3-56　拆下的机架式服务器

2）使用工具清洁服务器机箱。清洁服务器机箱和清洁计算机机箱的方法基本相同，可以使用洗耳球或者吹吸风机来清除表面灰尘，然后使用毛刷清除服务器机箱前后面板处的灰尘。

（2）清洁服务器硬盘扩展槽

服务器中有多个硬盘扩展槽，有的已安装硬盘，同时会预留一些硬盘扩展槽用于扩充服务器的存储，因此，未安装硬盘。无论是否安装有硬盘，扩展槽均有前挡板，清洁时均需打开挡板。

1）打开扩展槽挡板。用手捏住硬盘扩展槽挡板的卡扣，向外拉开挡板，如图3-57所示。

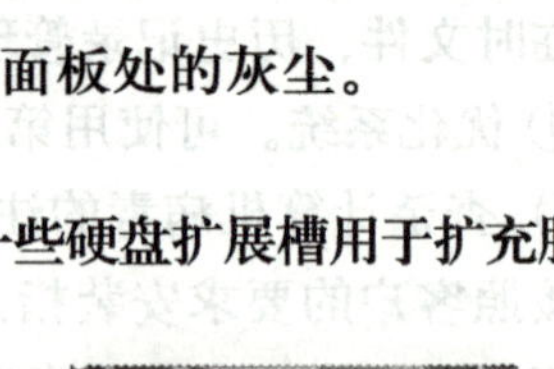

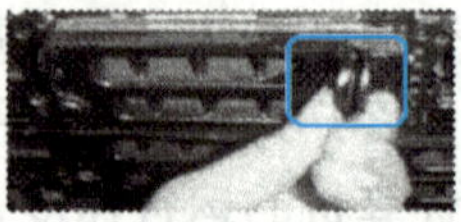

图3-57　拆开热插拔硬盘扩展槽挡板

2）清洁空扩展槽。打开挡板后可使用吹吸风机等设备直接清洁。

3）清洁热插拔硬盘。对于已经安装有硬盘的扩展槽，需要拆下硬盘架，然后进行清洁，如图3-58所示。

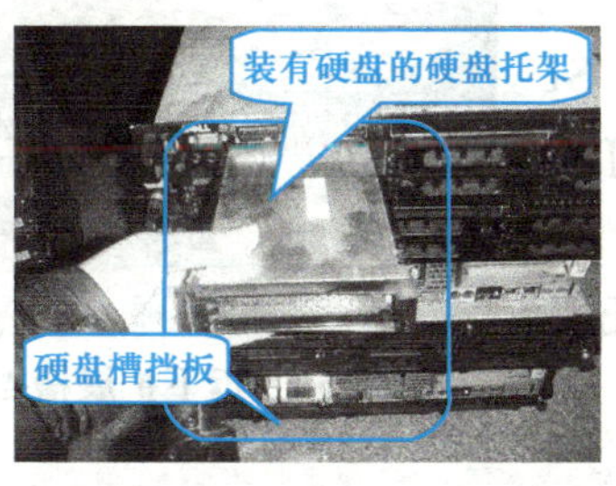

图3-58　拆下硬盘托架进行清洁

> **知识链接**
>
> 热插拔：热插拔即带电插拔。带有热插拔功能的计算机允许用户在不关闭系统、不切断电源的情况下取出或更换硬盘、电源等部件。这个功能提高了系统的容灾能力和扩展能力。

（3）将扩展设备装回，并进行服务器上架

清洁硬盘扩展槽后，要及时装回，以免遗忘，具体步骤可参照拆下硬盘托架的步骤，进行逆向操作。清洁完成的服务器要及时上架，接通电源进行测试，确保维护操作没有损坏硬件，然后交由客户验收，完成服务器的清洁工作。

任务拓展

1）讲解塔式服务器、机架式服务器、刀片式服务器、机柜式服务器的区别。

2）告知用户在质保期内的清洁工作需由专业售后人员进行。向用户介绍服务器使用的注意事项，并向用户提出这批服务器的升级建议。

任务2　扩充存储设备

任务描述

由于所购服务器的存储容量较小，客户周老师要求为现有的服务器扩充存储，将服务器的热插拔硬盘由现在的3块扩充到6块，组成磁盘阵列。

> **知识链接**
>
> 服务器硬盘：服务器硬盘具有高速、稳定、安全的特点，其接口有SCSI、SAS等类型。这类硬盘工作时的转数一般为10 000～15 000r/min。

任务实施

（1）查看原硬盘的型号和容量

服务器上的数据是宝贵的，因此，服务器上使用的硬盘要具有很高的可靠性，同时为了提升数据读取速度，要求服务器硬盘的速度也要非常快。如果是做RAID等磁盘阵列，则要求硬盘的接口、容量、速度尽量相同，最好选择同一型号的硬盘进行扩容。

（2）添加新硬盘

1）拆开热插拔扩展槽挡板，取出硬盘托架，如图3-59所示。

2）将硬盘安装到硬盘架中，安装时对准硬盘的SCSI接口，确保硬盘和硬盘架的数据接口接好后，再用螺钉将硬盘固定在托架上，如图3-60所示。

3）将硬盘架装入服务器，如图3-61所示。将硬盘托架的卡扣推入，听到“咔”的一声，表示已经固定。

图3-59　拆下扩展槽挡板

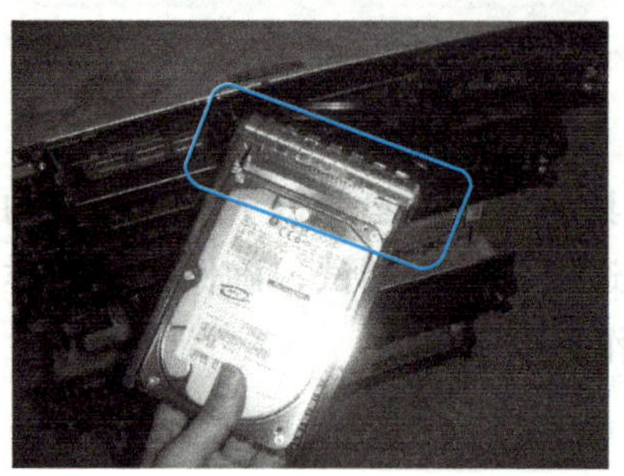

图3-60　将硬盘安装到硬盘架中

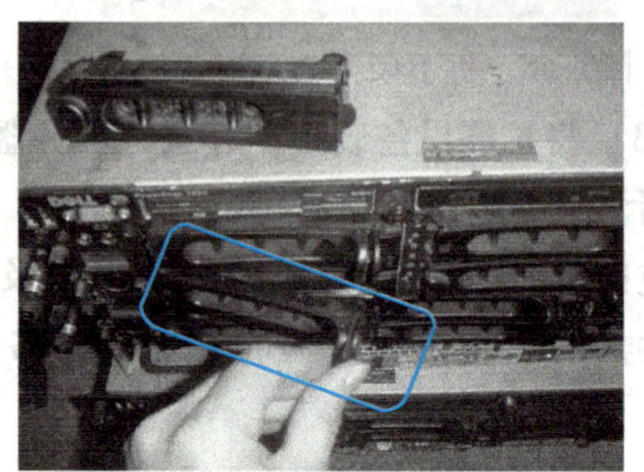

图3-61　将硬盘架装入服务器

任务拓展

1）上网查找服务器硬盘的接口类型，向客户介绍其区别及购买注意事项。

2）客户周老师有个疑问“为什么一般单块服务器硬盘比个人计算机硬盘容量要小”，请向客户说明原因。

3）分析清洁个人台式计算机和清洁服务器的不同之处。

学习单元3

任务3　更换与添加服务器电源

任务描述

客户林先生要求为其服务器增加1个电源，在其中1路电源出现故障时，另外一路电源仍可供电，通过这种方式将原来的单路电源，变成双路冗余电源，提高服务器的可靠性。

任务实施

（1）查看电源的型号

添加的电源须与原电源的型号一致，要查看原有服务器电源的型号并记录下来，同时要记录输出的最大功率等参数，如图3-62所示。

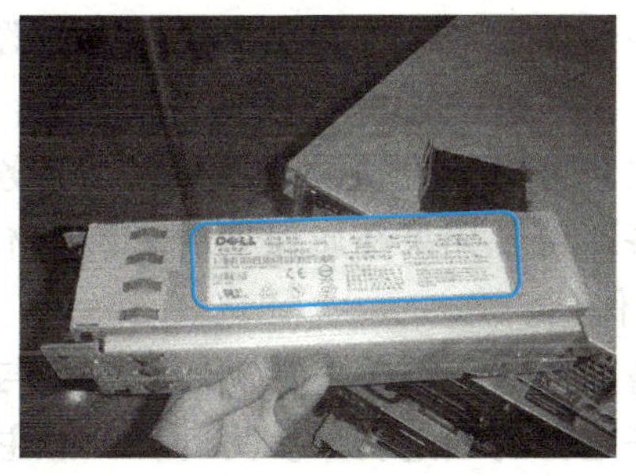

图3-62 查看原有服务器电源的型号

知识链接

UPS：即不间断电源，主要用于给计算机或其他电子设备提供不间断的电力供应。当市电输入时，UPS起到稳压的作用，同时对其所带的电池进行充电；当市电中断时，UPS将使用电池通过直流到交流电的转换，继续给计算机进行供电，直到电量用完。

（2）安装冗余电源

1）打开冗余电源扩展槽挡板，挡板下部有一个扳手，向上45°角方向搬动即可打开，如图3-63所示。

2）装入冗余电源，将电源推入扩展槽，插到底，用手按压电源固定卡扣即完成电源的安装，如图3-64所示。

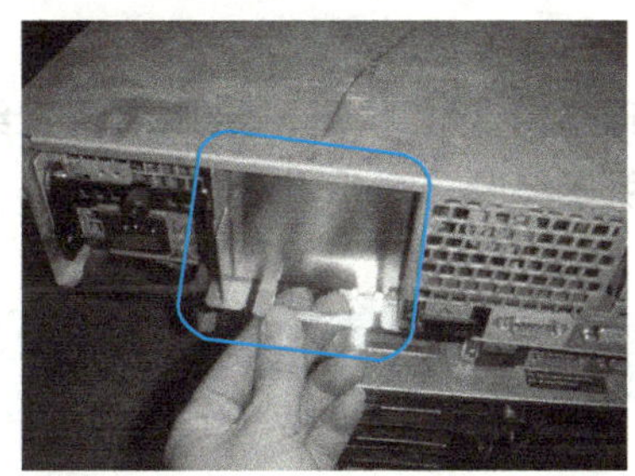

图3-63 打开冗余电源扩展槽挡板

图3-64 装入冗余电源

（3）交付用户

开机运行服务器，并断开一路电源的供电进行测试，服务器仍在继续工作，双路冗余电源添加成功。

温馨提示

更换服务器电源安排：

1）停机维护。通知用户服务器停机时间，停机断电后维护更换电源。

2）不停机维护。先安装同型号冗余电源，待冗余电源通电后，拆下主电源进行维护检修。检修完毕后，将主电源装回。

任务拓展

周老师所在学校的服务器供电只有一路，目前虽然安装了双路冗余电源，但市电停电仍会造成服务器突然停止工作，造成服务器的损坏。为此学校购买了UPS（不间断电源），请向客户介绍购买UPS后，服务器电源应如何连接。

实习总结

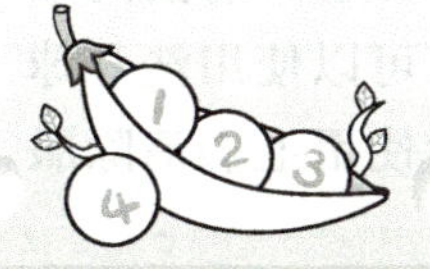

维护服务器工作和维护计算机有所不同，不同厂商的服务器、不同型号的服务器结构

都不同。维护时要尽量获得当前服务器的用户使用手册，仔细阅读手册，关注服务器维护过程中的注意事项，逐步进行维护工作。

服务器内部硬件的更换需由设备厂商来完成，清洁服务器机箱时尽量不打开服务器机箱，防止更多的灰尘进入服务器，清洁到热插拔设备即可。如果在质保期内，则更不能打开服务器机箱，并注意保护机箱盖处的防伪一次性质保贴。

扩充存储设备时尽量选择同品牌、同型号的设备，以免出现兼容性问题。更换与添加服务器电源时要仔细阅读服务器用户使用手册，保证电源的额定功率。另外，注意主电源和备用电源不要装反，否则会导致服务器故障。

项目3　维护常用网络设备

不同用途的网络设备要注意其工作环境，平时要注意其状态，定期清洁、维护。万一出现故障，注意记录故障现象和导致原因，不断积累经验，争取防患于未然。

任务1　清洁网络设备

任务描述

客户王先生所在的单位曾在本公司购买过一些交换机、路由器。近期公司回访时，发现这些设备放在机柜中，无人管理，如图3-65所示。不仅布满灰尘，而且走线不规范，电源线还有从前面板经过的。向王先生反映这一情况后，单位决定对这些网络设备进行一次清洁维护。

任务实施

（1）清洁网络设备外部灰尘

1）从机架上拆下网络设备。每个设备一般在前面板两侧各有两个螺栓固定，使用螺钉旋具将网络设备从机架上拆下，拆卸螺钉按照对角顺序进行。

2）使用工具清洁网络设备外部灰尘。清洁网络设备和清洁服务器的方法基本相同，可以使用洗耳球或者吹吸风机来清除表面灰尘，然后使用毛刷清除服务器机箱前后面板处的灰尘。

（2）清洁接口

如果网络设备不在正规的设备间或机房中使

图3-65　待维护的网络设备

用，接口中就会堆积灰尘，甚至会挂上杂物。

1）清除接口上的灰尘。由于网络接口一般较小，使用吹吸风机来清除灰尘并不能达到理想的效果，此时适合使用洗耳球（气吹）来进行除尘。

2）清除接口上的杂物。网络设备的接口上都会有金属外壳，网络管理员在接线过程中如不注意就会造成线头、毛发等丝状物体卡在接口的金属外壳上，从而影响设备的正常使用，如图3-66所示。可以使用镊子将其清除。

3）将保护胶塞插入光纤接口。由于灰尘会影响光纤传输的质量，所以大多数厂商在网络设备出厂时都为光纤接口配备了保护胶塞。对于已经停止使用的光纤接口，需将保护塞装回，以免光纤接口进入灰尘，影响以后使用，如图3-67所示。

网络功能模块：大多数中高端的网络设备都可以安装模块接口卡，用以添加功能模块或接口模块。管理员可按需求购买模块接口卡来扩展网络设备的功能，以适应不断改变的网络需要。

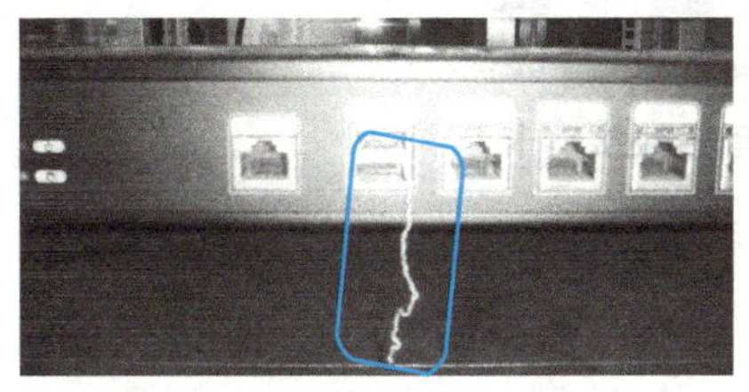

图3-66 接口上悬挂的线头

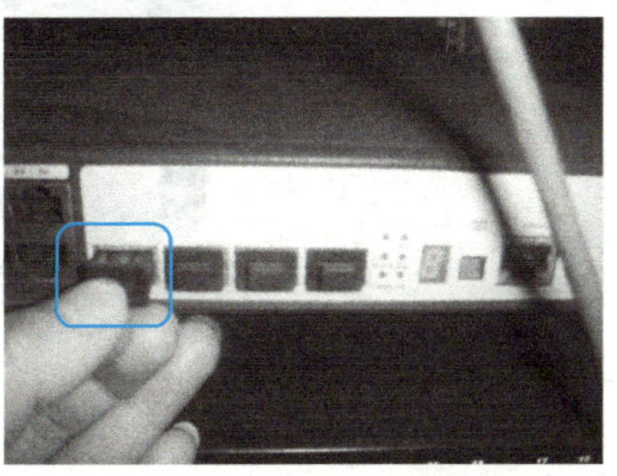

图3-67 安装光纤接口保护胶塞

（3）清洁网络设备模块接口卡

1）从网络设备上拆下模块接口卡。首先，用手或者螺钉旋具将模块接口卡两侧的螺钉拧开，如图3-68所示。向两侧拉开模块接口卡扳手，如图3-69所示。

图3-68 逆时针拧模块接口卡上的螺钉

图3-69 向两侧拉开模块接口卡扳手

将扳手拉至与面板升起位置后向外拉动，如图3-70所示。将模块接口卡水平取出，如图3-71所示。

2）清洁模块接口卡。使用洗耳球（气吹）或毛刷将模块接口卡上的灰尘清理干净，如图3-72所示。

（4）清理完毕

将网络设备装回机架，将模块接口卡装回扩展槽中。至此，网络设备清理完毕。

图3-70　向外拉动扳手

图3-71　取出网络模块接口卡

图3-72　使用毛刷清理模块接口卡

任务拓展

上网查找专业资料，向客户讲解交换机、路由器、防火墙、Modem的功能、使用场合和主要生产厂商。

任务2　记录网络设备异常问题

任务描述

网络设备维护完成后，周老师接到其他同事反映笔记本计算机无法上网，所有校园网的资源都不能访问，而这些笔记本计算机，带回家后使用上网均没有问题。经周老师核查，发现这些出现网络问题的计算机在学校都连接在同一台交换机上。周老师向本公司求助。

任务实施

(1) 查看网络运行状况

网络出现问题后，首先要查看是否是由客户计算机感染病毒导致的网络攻击等现象造成的。网络中感染ARP病毒会导致上网变慢甚至无法上网，首先要查看网络中是否存在该病毒。

方法一，可以使用“彩影”“360ARP防火墙”等第三方ARP检测软件查看无法上网的计算机是否感染计算机病毒。

方法二，使用抓包软件查看ARP回应包中的网关MAC地址是否与真实的一致。

方法三，查看交换机ARP表和端口流量情况。

运用3种方法检测，结果表明没有发现ARP病毒攻击。检测结果见表3-1。

知识链接

ARP：ARP（地址解析协议）在局域网中使用，它是将IP地址转换为计算机间使用的MAC（物理）地址的一个网络协议。

ARP病毒和攻击就是利用伪造其他计算机的IP与MAC地址对应关系进行欺骗的一种网络攻击手段。

表3-1　检测结果

检测方法	检测结果	您的工作
彩影/360ARP防火墙	无ARP病毒	抽样测试
Sniffer/科来协议分析软件	无异常ARP报文	协助网管员完成
查看交换机ARP表	对应表项正常	协助网管员完成

（2）观察并记录网络设备异常问题

检查出现网络问题的计算机所连接的交换机，发现交换机所有连接网线的接口指示灯均在以橙色指示灯不断闪烁，如图3-73所示。查看交换机使用手册，可判定是由广播风暴导致的网络拥塞。记录该现象。

图3-73　交换机橙色指示灯在不断闪烁

知识链接

形成广播风暴的常见原因和快速处理方法：

网线短路。因双绞线破损等引发了网线短路。此问题可使用软件或在交换机上查看接口，或逐一断开接口排查。

接入层环路。由于接入层的交换机经常插拔网线，容易形成环路（即一条网线的两端均插在同一交换机上）。此问题可在交换机上启用生成树协议查看或逐一断开网线，直到网络正常。

病毒和攻击。对于蠕虫病毒和ARP攻击可以安装ARP防火墙软件或在交换机上启用IP地址和MAC地址的绑定。

局域网中网络拥塞表现为交换机在不断处理大量数据，会导致上网速度过慢，甚至无法上网。随着各种第三方网络防护软件和杀毒软件的普及，由ARP病毒、蠕虫病毒引起的网络广播风暴问题已经非常少见。因此，解决此问题可以尝试重新启动交换机，重启后网络问题再次出现，并且依据指示灯状态可判定是由于链路之间的环路造成的。

经检查，连接这台交换机的网线中有一根的两端均插在了这一台交换机上，形成了环路，进而产生了广播风暴，影响了网络的正常使用。断开形成环路的网线，问题解决。将此网络广播风暴问题记录，并汇报给网管主任。问题记录见表3-2。

表3-2 问题记录

检查项目	记录结果	推断网络问题	建议解决方法
个人计算机到交换机线缆连接	正常	环路造成的网络拥塞	断开环路网线
交换机端口指示灯	快速闪烁为黄色指示灯		
链路是否存在环路	存在		

任务拓展

有些厂商的交换机没有橙色指示灯，只有绿色指示灯，如果使用该设备的网络中出现网络广播风暴问题，应该如何根据指示灯的状态来判定。向客户讲述此类问题的预防、判定和解决思路。

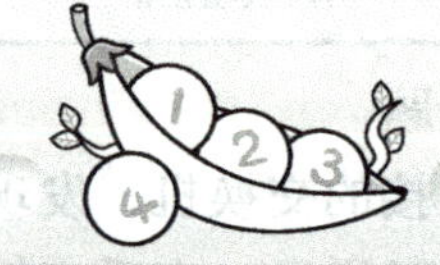

维护常用网络设备的主要工作就是对网络设备的清洁，并进行定期的巡检、记录网络设备的使用情况和异常现象。

对于带有网络模块接口卡的网络设备，清洁时要注意不要用手去触摸模块接口卡的金手指，装回模块接口卡时要水平对正插槽，然后两侧均匀用力，匀速插入。

对于常用网络设备出现的问题，应及时进行记录并报告，必要时请设备厂商的专业人员上门调试。

考核内容	评价标准
维护计算机	1）维护工具的选取、使用正确规范 2）清洁计算机的步骤清晰 3）清洁完成组装计算机规范安全 4）清洁过程中佩戴防护工装齐全 5）向用户讲解计算机维护知识简单明确 6）备份与还原数据操作熟练 7）操作系统优化工作有针对性，有实效
维护服务器	1）完成服务器清洁工作有序、规范 2）服务器硬盘型号识别正确 3）装卸服务器硬盘规范安全 4）装卸服务器电源规范安全
维护常用网络设备	1）对常见网络设备硬件进行清洁规范有序 2）网络问题的记录及时、准确

单元知识总结与提炼

（1）维护计算机工作的性质

维护计算机的工作是琐碎的，对计算机进行合理的维护，不但能够延长计算机及网络设备的使用寿命，而且还能给予用户更高的使用体验。为了尽可能地做好这项工作，需要售后人员和用户的共同努力，售后人员在进行维护的同时，要为用户讲解一些日常的操作规范、维护常识，促使用户养成正确良好的使用习惯和维护习惯。

（2）个人计算机日常维护小知识

1）主机日常维护。

①保持良好的工作环境。

②形成良好的计算机使用习惯。

③维护、清洁计算机的注意事项。

a）品牌计算机一般不允许用户私自打开机箱，未过保修期的配件不要打开清理，以免失去保修权利。

b）清洁前要断开所有电源。

c）采取有效的防静电措施。

d）使用吹风机、吸尘器一类电器时应接好地线。

e）不随意删除未知的文件，特别是系统文件，否则有可能因误删除导致系统无法启动。

2）硬盘日常维护。

①养成正确关机的习惯。

②正确移动硬盘，注意防震、防静电。

③用户不能自行拆开硬盘盖。

④注意防高温、防潮、防电磁干扰。

⑤要定期整理硬盘。

⑥注意预防病毒和木马程序。

⑦让硬盘智能休息。

3）光驱的日常维护与保养。

光驱是一个非常“娇贵”的部件，因使用频率高，寿命比较有限。因此，很多商家对光驱部件的保修时间要远短于其他部件。影响光驱寿命的主要因素是激光头，激光头的寿命实际上就是光驱的寿命。为了延长光驱的使用寿命，请注意以下几点。

①保持光驱与光盘清洁。

②定期清洁保养激光头。

③保持光驱水平放置。

④养成关机前及时取盘的习惯。

⑤减少光驱的工作时间。

⑥使用正版光盘。

⑦正确开关盘盒。

⑧谨慎小心维修。

⑨尽量少放电影光碟。

4）液晶显示器日常维护。

液晶面板主要是由两块无钠玻璃夹着一个由偏光板、液晶层和彩色虑光片构成的夹层所组成。液晶屏幕的表面看似一片坚固的黑色屏幕，其实在这层屏幕上厂商都会加上一层特殊的涂层。这层特殊涂层的主要功能就在于防止使用者在使用时受到其他光源的反光以及炫光，同时加强液晶屏幕本身的色彩对比效果。

①避免LCD受潮。

②改正以下不正确的使用习惯。

a）用硬物、手指在LCD上“指指点点”。

b）用手掌或者手指直接擦试LCD屏幕。

c）用较粗糙的毛巾擦试LCD屏幕。

d）使用带酒精等有机溶剂的清洁剂清洁LCD屏幕。

（3）常见维护项目及工具，见表3-3

表3-3　常见维护项目及工具

维护项目	工　具	优　点
清理机箱外部灰尘	吹吸风机	可快速进行整体清洁
清理机箱内部灰尘	毛刷	购买携带方便
清理机箱内部灰尘	洗耳球	局部清洁彻底
清理板卡金手指氧化物	橡皮	去除氧化物简单快速
清洁键盘缝隙	清洁泥	能够深入缝隙
清洁显示器	擦镜纸、软布	简单快速
清洁鼠标透镜	棉签	易于购买和使用
升级系统补丁程序（修复漏洞）	“360安全卫士”等软件	操作简单，适于初学者
清理垃圾文件	“360安全卫士”等软件	操作简单，适于初学者
设置启动项	msconfig工具 或“360安全卫士”等软件	操作简单，清晰明了
备份和还原数据	Ghost等软件	能够对系统进行备份和还原
检测ARP网络攻击	彩影防火墙等软件	适用于初步判断网络问题

（4）常见服务器、网络设备电源保障方式，见表3-4

表3-4 常见服务器、网络设备电源保障方式

保障方式	需要设备	连接方式	设备作用
外接持续供电设备	UPS（不间断电源）	市电-UPS-设备电源	稳压+存电： 当有市电输入时，市电给UPS充电，UPS起到稳压作用，并给服务器或网络设备供电 当市电中断时，UPS利用电池所存电量给设备供电
配备冗余电源	RPS（冗余电源）	市电-电源1、电源2 市电-UPS-电源1、电源2	电源负载均衡+故障转移 如果是两个一样的电源组成，则由芯片控制电源进行负载均衡，两个电源协同工作 当其中一个电源出现故障时，另一个电源马上可以接管其工作。当故障电源修复后安装到位，自动恢复两个电源协同工作

（5）依据网络设备现象判断故障的方法，见表3-5

表3-5 依据网络设备现象判断故障的方法

指示灯状态	网络状态或网络问题
灭	网络连接断开、设备没有供电或某项功能不工作
绿色常亮	网络连接正常或设备某项功能正常
绿色闪烁	网络接口正在工作或某项功能正在运行
琥珀色闪烁	网络数据发生错误或设备工作异常

学习单元 4

UNIT 4

维修计算机故障

实习员工经过门店的实习，掌握了组装技能，学会了维护方法与技能，取得了可喜的成绩。公司决定从现在开始实习员工可以在门店接待前来维修计算机的客户，进行维修工作。

WEIXIU JISUANJI GUZHANG

单元情境

实习员工经过门店的实习，掌握了组装技能，学会了维护方法与技能，取得了可喜的成绩。公司决定从现在开始实习员工可以在门店接待前来维修计算机的客户，进行维修工作。

单元概要

本单元学习计算机维修行业核心岗位的知识与技能。前3个学习单元是本单元的基础，通过本单元的学习与实践，综合运用所学技能，进一步理解所学知识。操作人员通过实践掌握维修流程、熟知行业操作规范、总结故障检测方法、积累故障维修经验，提高综合能力。在故障检测与排除过程中，操作者要逐步养成善于观察、乐于分析的习惯，通过分析故障现象，制订检测计划，并按计划进行检测。在检测过程中详细记录检测过程，通过检测最终确定故障点，排除故障。故障排除后要能进行总结，积累维修经验，从而更好地服务客户，树立良好的公司形象。

1）故障排除过程中，关注故障维修的整个流程，如图4-1所示。

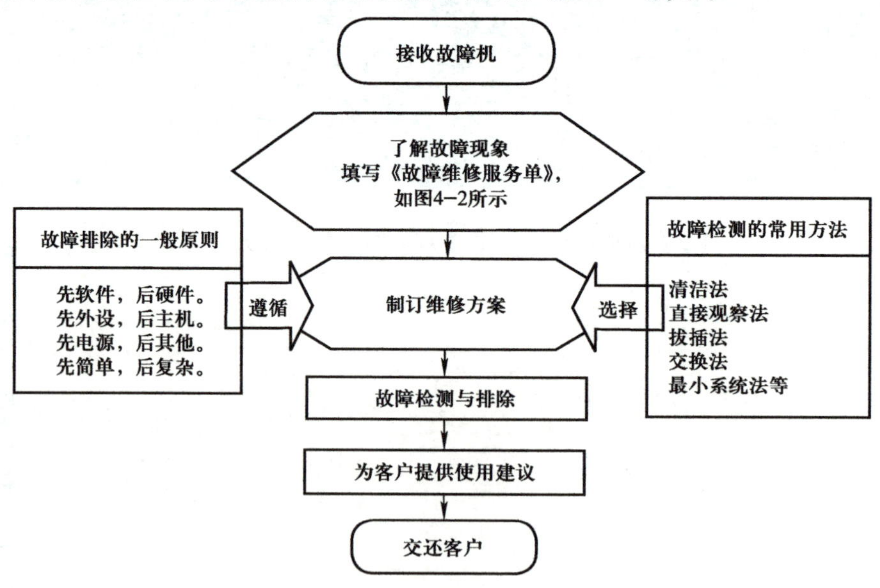

图4-1　维修计算机的流程

2）根据故障的具体情况，按照故障排除的原则，进行具体分析，选择适当的方法进行故障检测。

3）故障排除过程要善于总结、积累经验，在故障排除过程中善于运用经验，更好地解决实际问题，高效率地排除故障。故障维修服务单如图4-2所示。

4）处理实际问题时要善于透过现象看本质，灵活对待。

迪艾威公司故障维修服务单

客户信息（客户填写）

客户名称：＿＿＿＿＿＿＿＿ 电话号码:＿＿＿＿＿＿＿＿ 传真：＿＿＿＿＿＿＿＿

客户类型：　　　E-mail：　　　通信地址：

机器配置（维修机构填写）：　□整机　□部件

机器品牌＿＿＿＿ □内存＿＿＿＿ □硬盘＿＿＿＿ □开机密码＿＿＿＿

机器型号＿＿＿＿ □电源＿＿＿＿ □电池＿＿＿＿ □包、附件＿＿＿＿

机器序号＿＿＿＿ □光驱＿＿＿＿ □屏＿＿＿＿ □其他＿＿＿＿

客户自述故障现象：＿＿＿＿＿＿＿＿＿＿＿＿＿＿＿＿

接机检测故障现象：

机器外观情况：＿＿＿＿＿＿＿＿＿＿＿＿＿＿＿＿

※请客户确认：1）已认真阅读并完全了解服务单背面维修声明条款。2）故障现象描述内容与实际看到一致。

※用户签字：＿＿＿＿＿＿＿＿ 接机人签字：＿＿＿＿＿＿＿＿ 日期：＿＿＿＿＿＿＿＿

- -

故障及维修信息（维修机构填写）

维修性质：□硬件　□软件　□保内　□保外＿＿＿＿＿＿＿＿

维修类型：□主板维修　□附件维修　□BGA维修　□换件维修　□批量维修

故障处理过程：＿＿＿＿＿＿＿＿＿＿＿＿＿＿＿＿ 开始时间：＿＿＿＿＿＿

＿＿＿＿＿＿＿＿＿＿＿＿＿＿＿＿ 结束时间：＿＿＿＿＿＿

备注：＿＿＿＿＿＿＿＿＿＿＿＿＿＿＿＿ 工程师签字：＿＿＿＿＿＿

备件更换名称	备件型号	出库单号	出库日期	旧件返回
※＿＿＿＿	＿＿＿＿	＿＿＿＿	＿＿＿＿	＿＿＿＿
※＿＿＿＿	＿＿＿＿	＿＿＿＿	＿＿＿＿	＿＿＿＿
※＿＿＿＿	＿＿＿＿	＿＿＿＿	＿＿＿＿	＿＿＿＿

日期：＿＿＿＿ 测试开始时间：＿＿＿＿＿＿ 测试结束时间：＿＿＿＿＿＿ 检验员：＿＿＿＿

测试结果：□已修复　□未修复　备注：＿＿＿＿＿＿＿＿＿＿＿＿＿＿＿＿

收费金额：＿＿＿＿＿＿ 维修站经理签字：＿＿＿＿ 备注：＿＿＿＿＿＿＿＿

- -

客户反馈信息（客户填写）

客户满意度调查：

感谢您成为迪艾威客户！

您对本次维修服务的满意度：□非常满意　□满意　□不满意　□非常不满意

您的建议：＿＿＿＿＿＿＿＿＿＿＿＿＿＿＿＿＿＿＿＿

联机人签字：＿＿＿＿ 日期：＿＿＿＿＿＿ 备注：＿＿＿＿＿＿＿＿＿＿＿＿

- -

存根联（白）　维修联（蓝）　业务联（绿）　客户联（粉）

迪艾威技术电话：6848××××　　　　盖章处

图4-2 《故障维修服务单》

单元学习目标

1）能够与客户交流，记录客户描述的故障现象，了解故障发生时的情况。

2）能够正确观察记录故障现象，对故障原因进行初步判断。

3）能够遵循故障检测原则，使用适当的工具，对计算机进行故障检测，并准确记录排查过程及结果。

4）能够根据故障检测结果制订故障排除方案，在硬件更换时具有较强的成本意识，并能与客户沟通确定最终故障排除方案。

5）对于不熟悉的配件、设备能够通过阅读说明书进行工作。

项目1 排除启动自检不通过故障

计算机的启动过程如图4-3所示。

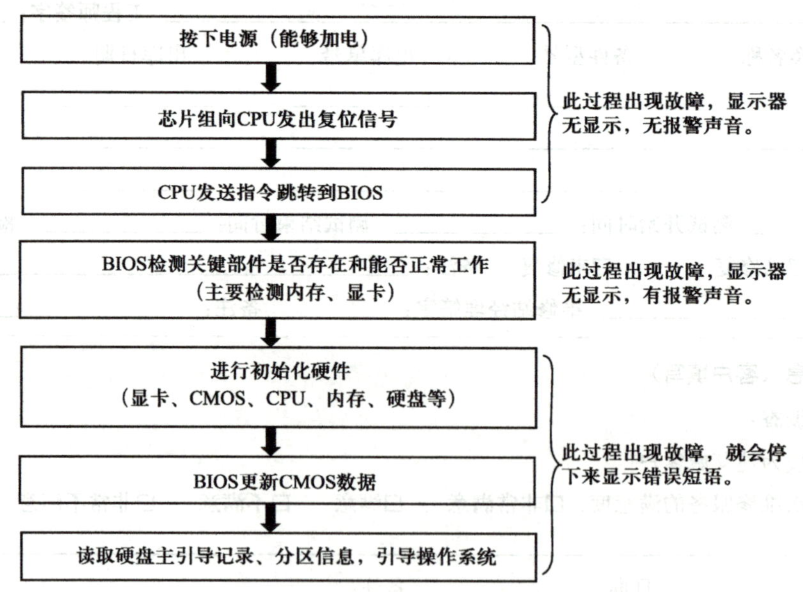

图4-3 计算机的启动过程

根据计算机的启动过程，遵循由易到难的原则，可以把计算机启动过程中出现的问题分为3类。

1）开机有报警提示音的故障。

2）启动过程中显示错误短语的故障。

3）开机显示器无显示，无报警声音的故障，此类故障的处理过程相对复杂些。

任务1　排除开机有报警提示音的故障

任务描述

客户李先生的计算机开机后显示器黑屏，同时主机箱内发出重复的“嘀”的长音，如图4-4所示。李先生将计算机拿到公司进行故障维修。

图4-4　开机黑屏伴有“嘀……”声的报警

任务实施

1）接待客户，如图4-5所示。听取客户自述故障现象，并了解故障发生前后客户使用计算机的详细情况，填写《故障维修服务单》中的“客户信息”和“客户自述故障现象”，如图4-6所示。

温馨提示

沟通重点

1）了解故障计算机的购买时间，是否在保修期。

2）了解故障是如何发生的，发生故障前后用户都做过哪些操作，其间发生过什么情况，有无其他异常等。了解得越细致，对判断故障原因越有利。

对话

实习员工：您好！请问计算机出了什么问题？

客户：我的计算机开机什么也不显示，还总是不停地发出“嘀……”的声音。

实习员工：上次关机有异常吗？中间搬动过机箱没有？

客户：上次关机正常。但中间机箱倒过一次。

图4-5　与客户沟通

迪艾威公司故障维修服务单

客户信息（客户填写）

客户名称：李先生　电话号码：13500007777　传真：XXXXXXXX

客户类型：个人　E-mail：　通信地址：北京市 XXXXXXXX

机器配置（维修机构填写）：　☑整机　☐部件

机器品牌 XXXXXXXX　☑内存 XXXX　☑硬盘　☐开机密码

机器型号 XXXXXXXX　☑电源 XXXX　☑电池　☐包、附件

机器序号 XXXXXXXX　☑光驱 XXXX　☐屏　☐其他

客户自述故障现象：开机黑屏，一直发出“嘀……”的报警声；上次关机正常；中间机箱倒一次。

图4-6 《故障维修服务单》客户信息和客户自述故障现象

2）接机观察确认故障现象。开机听到反复“嘀”的长鸣报警声，显示器没有显示，确认客户的描述。关机后打开机箱，查看确定BIOS厂商，如图4-7所示。

填写《故障维修服务单》中的“接机检测故障现象”及“机器外观情况”，如图4-8所示。

经验分享

“听”什么？

这里用到的检测方法是直接观察法之“听”：听机箱内有无异常声音，除开机时的出错报警声音外，还可通过听电源风扇声音、硬盘转动声音判断故障。

图4-7　Award BIOS

客户自述故障现象：开机黑屏，一直发出“嘀……”的报警声；上次关机正常；中间机箱倒一次。

接机检测故障现象：开机黑屏，计算机 BIOS 反复发出“嘀……”的报警声，AWARD BIOS。

机器外观情况：无破损

※请客户确认：1）已认真阅读并完全了解服务单背面维修声明条款。2）故障现象描述内容与实际看到一致。

※用户签字：李先生　　接机人签字：XXX　　日期：XX-XX-XX

图4-8 《故障维修服务单》确认故障现象及机器外观情况

3）判断故障，如图4-9和图4-10所示。

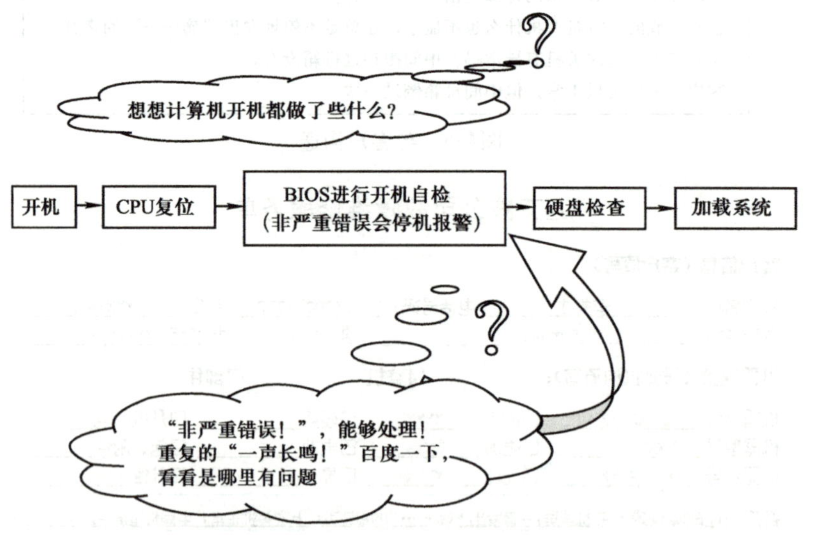

图4-9　判断故障

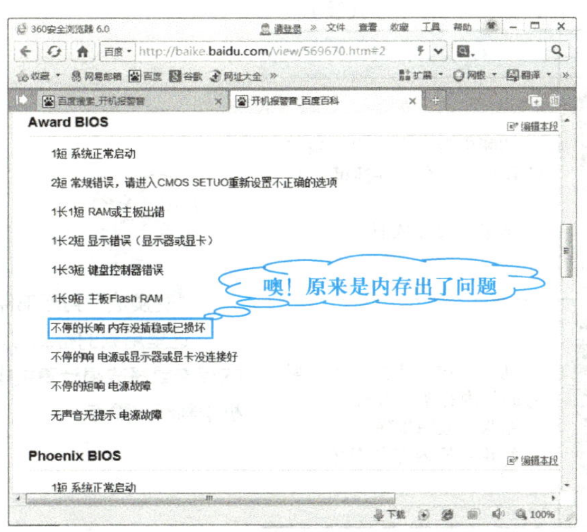

图4-10　开机不断嘀声长鸣报警声含义

4）制订维修方案。

① 检查内存条的金手指是否氧化，造成内存条与主板接触不良。
② 检查内存条安装是否到位。
③ 检查内存插槽是否有问题。
④ 测试内存条是否损坏等原因。

5）检测故障过程，见表4-1。

表4-1　检测故障过程

看图操作	操作步骤
	关机，断电 用十字螺钉旋具打开机箱盖。观察内存条有无松动，与插槽接触是否良好 结论：内存插槽安装位置正确，但有较厚灰尘，须清理
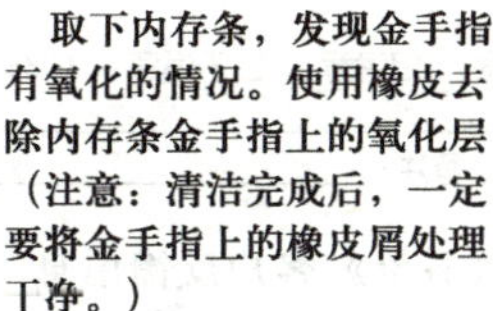	取下内存条，发现金手指有氧化的情况。使用橡皮去除内存条金手指上的氧化层（注意：清洁完成后，一定要将金手指上的橡皮屑处理干净。）
	重新安装到原内存插槽；开机 结果：故障依旧

经验分享

"看"什么？这里用到的检测方法是直接观察法之"看"：除了"看"内存条与内存插槽安装是否到位，"看"内存条金手指是否氧化外，还可以看主机箱内连线情况；看主板上的插头、插座、元器件有无异常状况等；加电后，看CPU风扇运转情况；看显示屏上显示的异常信息；计算机不能工作时，要看有无烧坏的器件等。

经验分享

"清洁法"可以解决一些莫名其妙的故障。

这里用到的检测方法是清洁法：清洁计算机内部灰尘、板卡金手指氧化层后观察故障现象是否消失。

经验分享

"拔插法"主要解决接触不良的故障。

这里用到的检测方法是拔插法：通过拔插板卡或更换槽位观察故障现象是否消失，判断是否接触不良。

（续）

看图操作	操作步骤
	切断电源，取下内存条安装到另外一个内存插槽；开机 结果：故障依旧
	切断电源，更换一条同型号的新内存条；开机 结果：故障排除 结论：原内存条损坏

经验分享

“交换法”判断部件好坏的方法

这里用到的检测方法是交换法：通过更换无故障的板卡或将故障计算机中的板卡插到其他无故障计算机中判断故障点。

6）与客户沟通，向客户简单说明检测结果。因计算机中的灰尘较多，机箱倒下时产生振动使灰尘落入内存条插槽中造成短路，进而造成内存条损坏，需要更换内存条。客户确认后交费，为其更换新内存条。

7）填写《故障维修服务单》中的“故障及维修信息”，如图4-11所示。

故障及维修信息（维修机构填写）

维修性质：☐硬件 ☐软件 ☐保内 ☑保外

维修类型：☐主板维修 ☐附件维修 ☐BGA 维修 ☑换件维修 ☐批量维修

故障处理过程：检查内存条与主板连接情况；检查内存插槽；检查内存条； 开始时间：xx-xx-xx 结束时间：xx-xx-xx

备注：内存条损坏 工程师签字：

	备件更换名称	备件型号	出库单号	出库日期	旧件返回
※	内存条	2GB DDR2 800	XXXX	xx-xx-xx	否
※					
※					

日期：xx-xx-xx 测试开始时间：xx-xx-xx 测试结束时间：xx-xx-xx 检验员：xxx

测试结果：☑已修复 ☐未修复 备注：

收费金额：xxxx 维修站经理签字：xxx 备注：

图4-11 《故障维修服务单》故障维修检测过程及结果

8）将计算机交还客户，填写《故障维修服务单》中的“客户反馈信息”，如图4-12所示。

客户反馈信息（客户填写）

客户满意度调查：

感谢您成为迪艾威客户！

您对本次维修服务的满意度：☑非常满意 ☐满意 ☐不满意 ☐非常不满意

您的建议：无

取机人签字：李先生 日期：xx-xx-xx 备注：

图4-12 《故障维修服务单》客户反馈信息

温馨提示

主人翁意识

向客户通俗地介绍故障发生的原因，并将如何防止再次发生的做法告知客户，可以让客户对公司的服务更加满意，同时树立公司技术一流、服务到位的良好形象。

提醒李先生内存条烧坏的原因是由于长期使用计算机，没有进行清洁，机箱中的尘土在机箱倒地时造成短路，将内存条烧坏，所以要注意日常保养，定期清洁。

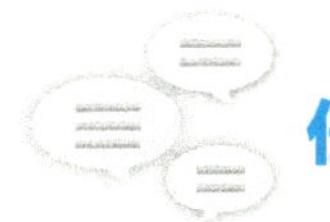

任务拓展

分析故障现象，制订故障检测方案，同时提出今后的使用建议，填写在《故障分析记录》中，见表4-2。

1）计算机主板的BIOS是AWARD公司的，开机后能听到“嘀”的一声，但计算机显示器无法显示。

2）计算机加电无显示，且伴有一长八短报警声；计算机主板采用的是AMI BIOS。

3）计算机加电无显示，且伴有一长三短报警声，计算机主板采用的是AMI BIOS。

表4-2　故障分析记录

故障现象	详细记录
故障分析	结合维修原则进行分析
故障排除	故障检测与排除实施方案
故障总结	给用户的建议

相关知识

（1）计算机故障检测与排除基础知识

1）计算机故障可分为硬件故障和软件故障两类，其中大约80%的故障是软件故障。

①软件故障常见现象：显示器提示出错信息、无法进入系统、无法进入局域网、找不到文件等。

②硬件故障常见现象：主机不能加电、显示器无显示、主机扬声器发出报警声并无法使用、显示器提示出错信息但无法进入系统等。

2）计算机故障排除一般应遵循以下原则。

①先软件，后硬件。

②先外设，后主机。先检查外设与主机连线是否正常；外设驱动程序是否正常；外设自身是否有问题。

③先电源，后其他配件。电源是计算机主机的动力源，电源功率不足、输出电压电流不正常等都会导致各种故障的发生。因此，应该首先排除电源问题，再考虑其他配件。

④先简单，后复杂。

经验分享

简单判别软件故障和硬件故障的方法。

如果开机后见到Windows启动界面，则一般先确定为软件故障。

（2）BIOS报警声音的含义

BIOS的报警声是计算机故障排除的最好诊断工具，可以借助互联网来查看BIOS报警声音的含义，如图4-13。

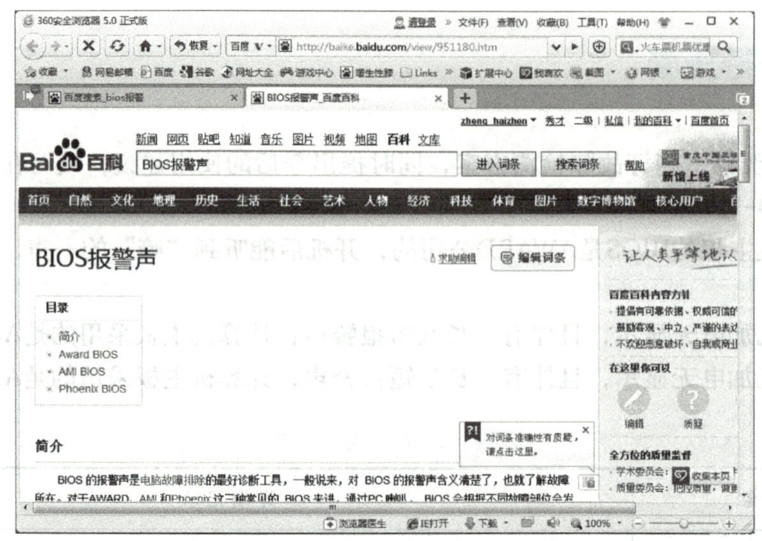

图4-13　BIOS报警声音的含义

任务2　排除启动过程中显示错误短语的故障

任务描述

客户王先生的计算机开机后显示器显示多行英文，不能直接进入系统。王先生将显示器窗口用照相机记录下来，如图4-14所示。然后带着主机来到公司进行故障维修。

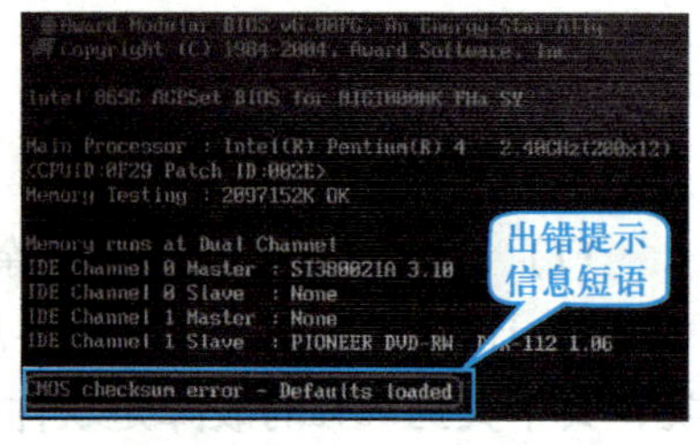

图4-14　显示器显示窗口

任务实施

1）接待客户，如图4-15所示。客户讲述故障现象，实习员工了解故障发生前后客户使用计算机的详细情况，填写《故障维修服务单》中的“客户信息”和“客户自述故障现象”，如图4-16所示。

> 对话
>
> 实习员工：您好！计算机出了什么问题？
>
> 客户：最近我的计算机开机后总是出现一串英语提示，按<F1>键后才能启动操作系统，帮我解决一下。
>
> 实习员工：计算机买了几年了？
>
> 客户：有3年多了，平时也不常使用，下班没事时，上网，玩小游戏。

图4-15　与客户沟通

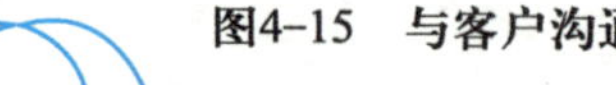

客户自述故障现象：最近开机总是出错误短语，咨询一个朋友，让我按<F1>键；想彻底解决此故障。

图4-16　《故障维修服务单》客户信息和客户自述故障现象

2）接机观察确认故障现象。开机观察故障现象，确认客户的描述，查看BIOS芯片厂商后，填写《故障维修服务单》中的“接机检测故障现象”，如图4-17所示。

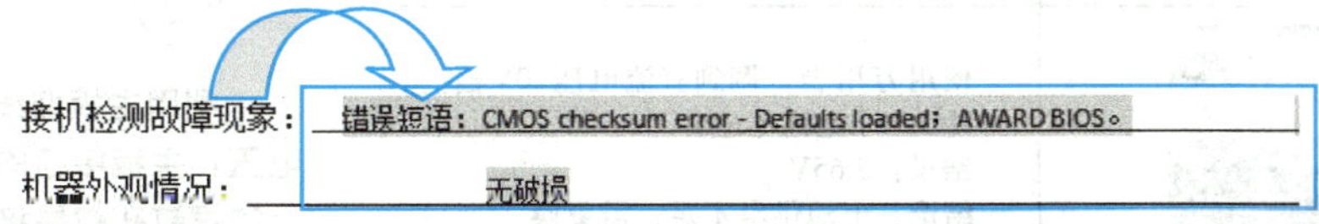
接机检测故障现象：错误短语：CMOS checksum error - Defaults loaded；AWARD BIOS。
机器外观情况：无破损

图4-17 《故障维修服务单》确认故障现象及机器外观情况

3）判断故障。开机时的提示信息如图4-18所示。

图4-18 CMOS错误提示

温馨提示

善于积累：系统错误的提示短语较多，遇到不了解的提示，通过互联网查看其含义，随着经历的增多，逐渐积累起来。

从提示的意思可以看出是CMOS检查出错了，需要重新加载。BIOS设置结果是保存在主板上CMOS芯片中的，由主板上的3V电池供电，即使系统断电信息也不会丢失。而目前这个错误提示表明BIOS设置信息没有被保存下来，系统自动加载了默认设置。可以初步判断是为CMOS芯片供电的电池不能提供电力支持或电池为CMOS供电的电路出了问题，如图4-19所示。

温馨提示

CMOS电池寿命：CMOS电池寿命一般是3～5年，CMOS电池的正常电压是3V，维修行业中如果低于3V，建议更换。

图4-19 CMOS供电

4）制订维修方案。

① 使用万用表测量CMOS电池电压。

② CMOS参数设置——加载默认值。

5）检测故障过程，见表4-3。

表4-3 检测故障过程

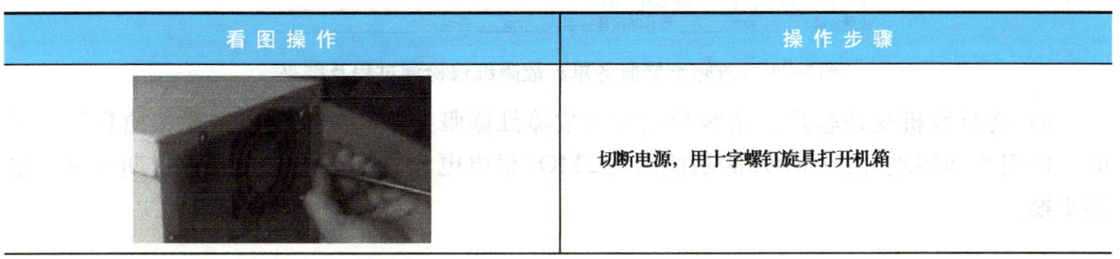

看图操作	操作步骤
	切断电源，用十字螺钉旋具打开机箱

（续）

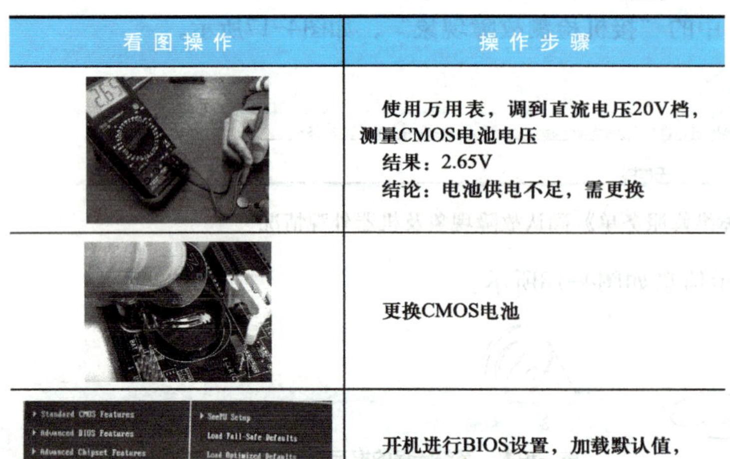

看图操作	操作步骤
	使用万用表，调到直流电压20V档，测量CMOS电池电压 结果：2.65V 结论：电池供电不足，需更换
	更换CMOS电池
	开机进行BIOS设置，加载默认值，保存退出 结果：故障排除

经验分享

利用主板地线直接测量电池电压：主板接口的铁皮处、主板上的螺钉孔都是接地的。在线测量时，将红表笔接触电池正极；黑表笔接触主板上任意地线，即可测出电池的电压值。

建议：最好取下电池进行断路测量。

6）与客户沟通，向客户简单介绍故障原因。主板上为CMOS供电的纽扣电池电量不足，造成计算机断电后，CMOS内信息丢失，每次开机提示加载默认值，建议更换CMOS电池，如图4-20所示。

图4-20　纽扣电池

7）确认用户交费后，更换电池，填写《故障维修服务单》中的“故障及维修信息”，如图4-21所示。

故障及维修信息（维修机构填写）

维修性质：☐硬件　☐软件　☐保内　☑保外

维修类型：☐主板维修　☐附件维修　☐BGA 维修　☑换件维修　☐批量维修

故障处理过程：检查 CMOS 电池电压；加载 CMOS 默认值；　开始时间：xx-xx-xx

结束时间：xx-xx-xx

备注：CMOS 电量不足，需要更换　工程师签字：xxx

	备件更换名称	备件型号	出库单号	出库日期	旧件返回
※	CMOS 电池	CR2032	xxxx	xx-xx-xx	否
※					
※					

日期：xx-xx-xx　测试开始时间：xx-xx-xx　测试结束时间：xx-xx-xx　检验员：xxx

测试结果：☑已修复　☐未修复　备注：

收费金额：xxxx　维修站经理签字：xxx　备注：

图4-21 《故障维修服务单》故障维修检测过程及结果

8）将计算机交还客户，请客户填写《故障维修服务单》中的“客户反馈信息”。同时，向用户通俗地介绍CMOS的功能及为CMOS供电电池的使用寿命，建议定期测量，定期更换。

任务拓展

1）利用翻译软件，翻译表4-4中显示器显示的错误短语的含义。

表4-4 显示信息及其含义

显示信息	含义
Keyboard error or no keyboard present	
CPU Fan Error! Press F1 to Resume	
Realtek Phy LAN Cable not ready, enter setup for detail. Press F1 to Resume	
Press F8 to Enable System Configuration Press F9 to Select Booting Device after POST Press F1 to continue, DEL to enter SETUP 03/06/2007-MF-CK801-6A61FB09C-00	
New CPU installed! Please enter Setup to configure your system. Press F1 to Run SETUP Press F2 to load default values and continue	
Memory runs at Single Channel	
CMOS Settings Wrong CMOS Date/Time Not Set Press F1 to Run SETUP Press F2 to load default values and continue	
Detecting IDE drives	

2）记录用于测量主板电池电压的数字万用表的型号，如图4-22所示。借助互联网或说明书，简述使用万用表测量直流电压前的注意事项。

3）分析故障现象，制订故障检测方案，同时提出今后的使用建议，填写在《故障分析记录》中，见表4-5。

①开机后，显示器上显示“CMOS battery failed”。

②开机后，显示器上显示“Keyboard error or no keyboard present”。

③开机后，显示器上显示“Press F1 to continue, DEL to enter setup”。

图4-22 数字万用表

表4-5 故障分析记录

故障现象	详细记录
故障分析	结合维修原则进行分析
故障排除	故障检测与排除实施方案
故障总结	给用户的建议

相关知识

启动过程常见错误信息积累。

开机自检时出现问题后，会出现各种各样的英文提示短语，短语中包含了非常重要的信息，读懂这些信息可以自己解决一些小问题，下面是一些常见的BIOS提示信息的解释，仅供参考。

1）CMOS battery failed。

中文：CMOS电池失效。

处理方案：这说明CMOS电池已经快没电了，需要更换新电池。

2）CMOS check sum error-Defaults loaded。

中文：CMOS执行全部检查时发现错误——载入系统预设值。

处理方案：一般出现这句话都说明电池快没电了，可以先换个电池试一试，如果问题还是没有解决，那么说明CMOS RAM可能有问题。如果在主板保修期内，则可以到经销商处更换主板，若保修期已过，则只能通过经销商联系生产厂家进行维修了。

3）Press ESC to skip memory test。

中文：正在进行内存检查，可按<ESC>键跳过。

处理方案：这是因为在BIOS内没有设定跳过存储器的第二、三、四次测试，开机就会执行四次内存测试，可以按<ESC>键结束内存检查。进入BIOS设置后将“BIOS FEATURS SETUP”窗口中的“Quick Power On Self Test”设为“Enabled”，保存后重新启动即可使计算机启动时进行快速自检，就不会再出现这一提示了。

4）Keyboard error or no keyboard present。

中文：键盘错误或者未连接键盘。

处理方案：检查键盘的连线是否松动或者损坏。

5）Hard Disk install failure。

中文：硬盘安装失败。

处理方案：这是因为硬盘的电源线或数据线可能未接好或者硬盘跳线设置不当。应该检查硬盘的两条连接线是否插好；如果是在同一根数据线上连接了两个硬盘（IDE），则要检查两块硬盘的跳线设置是否一样。如果一样，则一定要将两个硬盘的跳线设置为一主（Master）一从（Slave）。

6）Secondary slave hard fail。

中文：检测从盘失败。

处理方案：可能是BIOS设置不当，比如说没有从盘，但在BIOS里设为有从盘，那么就会出现错误，这时可以进入BIOS设置选择“IDE HDD AUTO DETECTION”进行硬盘自动侦测。也可能是硬盘的电源线、数据线未接好或者硬盘跳线设置不当，解决方法参照第5）条。

7）Floppy Disk(s) fail或Floppy Disk(s) fail(80)或Floppy Disk(s) fail(40)。

中文：无法驱动软盘驱动器。

处理方案：系统提示找不到软驱，查看软驱的电源线和数据线是否松动或者接错，或者把软驱换到另一台计算机上试一试。如果这些方法都不行，则说明软驱有问题。

8）Hard disk(s) diagnosis fail。

中文：执行硬盘诊断时发生错误。

处理方案：出现这个问题一般是硬盘本身出现了故障，可以把硬盘放到另一台计算机上试一试，如果现象依旧，则说明硬盘确有问题，需要修理。

9）Memory test fail。

中文：内存检测失败。

处理方案：重新插拔一下内存条，查看是否为接触问题；另外出现这种问题还有可能是因为内存条之间互相不兼容，需要换一条。

10）Override enable–Defaults loaded。

中文：当前BIOS设定无法启动系统——载入BIOS中的预设值。

处理方案：一般是BIOS的设定出现错误，只要进入BIOS设置选择“LOAD SETUP DEFAULTS”载入系统原来的设定值然后重新启动即可。

11）Press TAB to show POST screen。

中文：按<TAB>键可以切换屏幕显示。

处理方案：有的OEM厂商会以自己设计的显示画面来取代BIOS预设的开机显示画面，可以按<TAB>键在BIOS预设的开机画面与厂商的自定义画面之间进行切换。

12）Resuming from disk，Press TAB to show POST screen。

中文：从硬盘恢复开机，按<TAB>键显示开机自检画面。

处理方案：这是因为有的主板的BIOS提供了“Suspend to disk”（将硬盘挂起）的功能，如果用“Suspend to disk”的方式来关机，那么在下次开机时就会显示此提示信息。

任务3　排除开机显示器无显示、无报警声音的故障

任务描述

客户郝女士的计算机开机后显示器无显示，也没有报警提示音，如图4–23所示。郝女士束手无策，将计算机拿到公司进行故障维修。

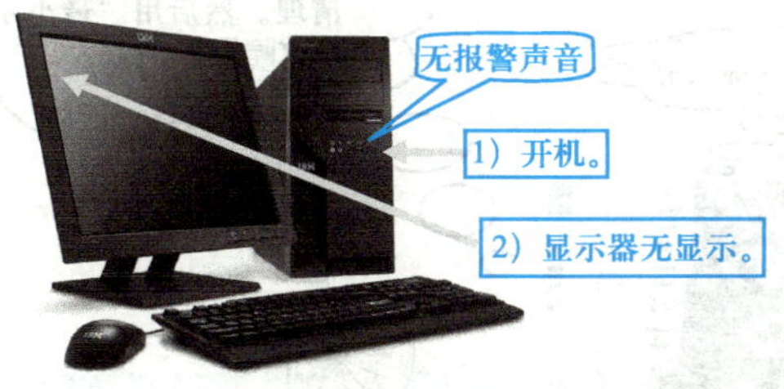

图4–23　开机显示器无显示，无报警声音

任务实施

1）接待客户，如图4–24所示。客户自述故障现象，了解故障发生前后客户使用计算机的详细情况，填写《故障维修服务单》中的“客户信息”和“客户自述故障现象”，如

学习单元4

图4-25所示。

对话

实习员工：您好！计算机出了什么问题？

客户：今天早上开计算机，计算机黑屏了，帮忙检查一下！

实习员工：出现故障之前您用计算机都做什么了？

客户：最近使用一直感觉速度很慢，昨晚上网下载了一些资料，最后死机了，我关机就睡觉了，今早开机就黑屏没反应了。

图4-24 与客户沟通

客户自述故障现象：最近使用计算机感觉很慢，昨天下载时计算机死机，关机；今天加电后黑屏无声音。

图4-25 《故障维修服务单》客户信息和客户自述故障现象

2）接机观察确认故障现象。实习员工开机观察故障现象，确认并非开机黑屏，断电后打开机箱发现机箱内灰尘较多，进一步开机确认故障现象不是开机黑屏，是按下电源开关后计算机没有任何反应，电源风扇和CPU风扇都不转。填写《故障维修服务单》中的“接机检测故障现象”，如图4-26所示。

温馨提示

行业规定：客户对于计算机并不了解，所以他们所观察到的故障现象不一定正确，一定要进行当面开机确认，并做好记录。

接机检测故障现象：开机通电，显示器、机箱内均无反应，CPU风扇不转。

机器外观情况：无破损

图4-26 《故障维修服务单》确认故障现象及机器外观情况

3）判断故障，如图4-27所示。

这么多灰尘，看来要先清理一下

既然这么多灰尘，就拆开来彻底清理。然后用“最小系统法”检测故障原因。

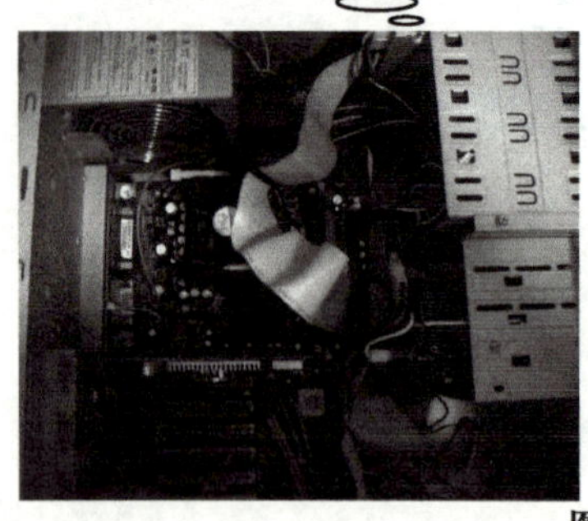

经验分享

最小系统法：保留系统能够加电的最小配置，保留电源、CPU、主板，依次添加内存、显卡、硬盘等部件，通过故障声音，判断故障原因。

图4-27 判断故障

4）制订维修方案。

① 清洁机箱内各部件灰尘。

② 快速检查电源、CPU是否有故障。

③ 采用“最小系统法”查找故障原因。

5）检测故障过程，见表4-6。

表4-6　检测故障过程

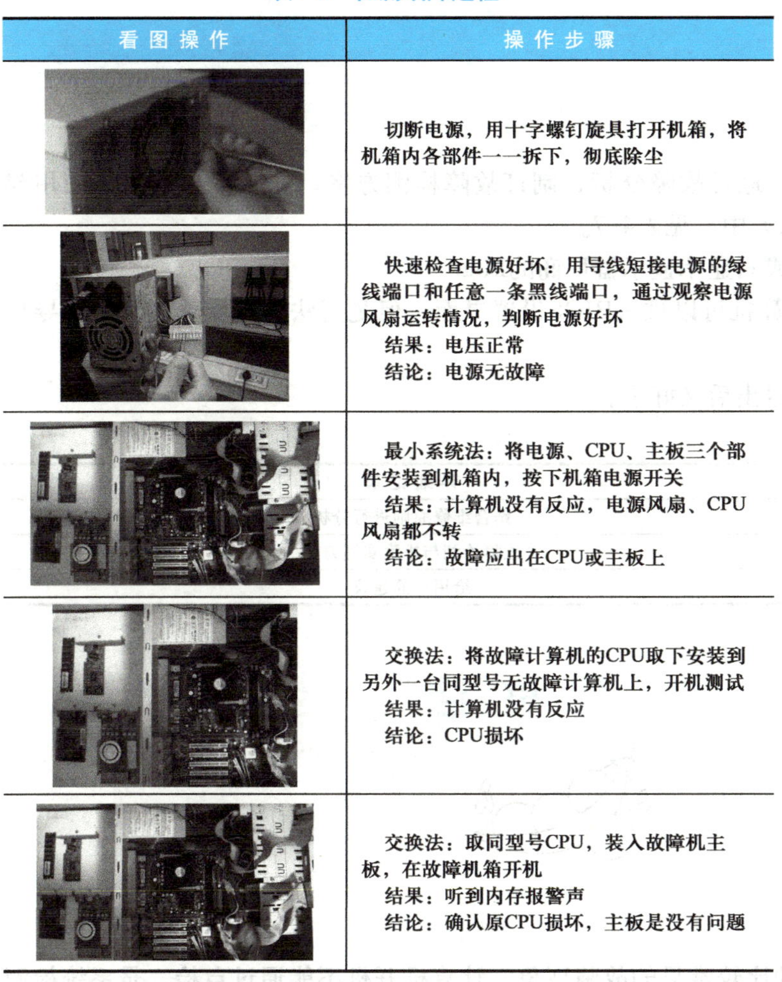

看图操作	操作步骤
	切断电源，用十字螺钉旋具打开机箱，将机箱内各部件一一拆下，彻底除尘
	快速检查电源好坏：用导线短接电源的绿线端口和任意一条黑线端口，通过观察电源风扇运转情况，判断电源好坏 结果：电压正常 结论：电源无故障
	最小系统法：将电源、CPU、主板三个部件安装到机箱内，按下机箱电源开关 结果：计算机没有反应，电源风扇、CPU风扇都不转 结论：故障应出在CPU或主板上
	交换法：将故障计算机的CPU取下安装到另外一台同型号无故障计算机上，开机测试 结果：计算机没有反应 结论：CPU损坏
	交换法：取同型号CPU，装入故障机主板，在故障机箱开机 结果：听到内存报警声 结论：确认原CPU损坏，主板是没有问题

知识链接

万用表判断电源好坏：使用万用表直流20V电压档，测量20针或24针电源接口中的绿线与黑线端口，正常电压为5V。

6）与客户沟通，向客户说明CPU损坏，需要更换，简单介绍故障出现的原因。计算机使用久了，内部积下很多灰尘，影响风扇运行，降低散热片散热效率，造成CPU损坏。

7）确认用户交费后，为客户更换CPU，开机检查，故障已排除。填写《故障维修服务单》中的“故障及维修信息”，如图4-28所示。

故障及维修信息（维修机构填写）

维修性质：□硬件　□软件　□保内　☑保外

维修类型：□主板维修　□附件维修　□BGA维修　☑换件维修　□批量维修

故障处理过程：除尘后检查各个部件的好坏；CPU损坏，其他部件正常；开始时间：XX-XX-XX

结束时间：XX-XX-XX

备注：CPU损坏，需要更换　工程师签字：XXX

	备件更换名称	备件型号	出库单号	出库日期	旧件返回
※	CPU	INTEL奔腾双核E5200	XXXX	XX-XX-XX	是
※					
※					

日期：XX-XX-XX　测试开始时间：XX-XX-XX　测试结束时间：XX-XX-XX　检验员：XXX

测试结果：☑已修复　□未修复　备注：

收费金额：XXXX　维修站经理签字：XXX　备注：

图4-28　《故障维修服务单》故障维修检测过程及结果

8）将计算机交还客户，填写《故障维修服务单》中的“客户反馈信息”，同时向用户介绍计算机维护常识。计算机要想稳定工作，需要防灰尘、防静电、防振动、防潮湿，要定期清理计算机内的灰尘。

任务拓展

根据黑屏的故障现象，进行故障分析，制订故障检测方案，同时提出今后的使用建议，填写在《故障分析记录》中，见表4-7。

1）开机显示器无信号或只显示显示器厂商的Logo。

2）可以开机，并且计算机可以进入BIOS设置界面，但是无法进入操作系统，引导操作系统就黑屏。

3）进入游戏就黑屏，退出后又好了。

表4-7　故障分析记录

故障现象	详细记录
故障分析	结合维修原则进行分析
故障排除	故障检测与排除实施方案
故障总结	给用户的建议

实习总结

（1）维修思路

启动自检不通过是一种比较常见的故障现象。计算机开机不能通过自检，是系统检测到一些关键部件不存在或者存在而不能正常工作时，出现报警音、报警提示或开机没有反应的现象，如CPU、主板、内存、显卡、电源等部件出现问题。

遇到“启动自检不通过故障”，根据具体的故障现象，选择相应处理的方案。

开机显示器无显示，有报警声音排查维修思路如图4-29所示。

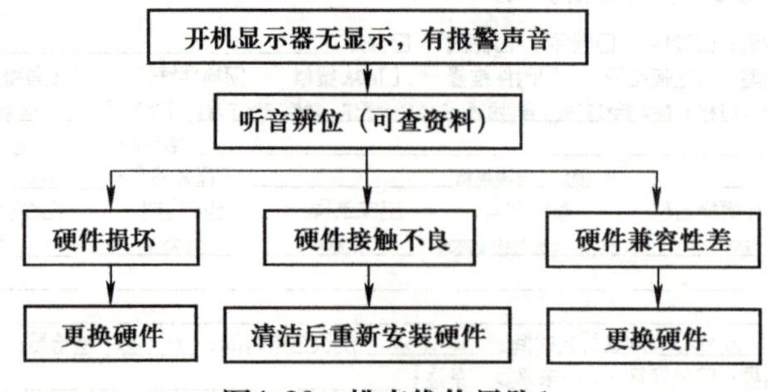

图4-29　排查维修思路1

启动过程中出现错误短语排查维修思路如图4-30所示。

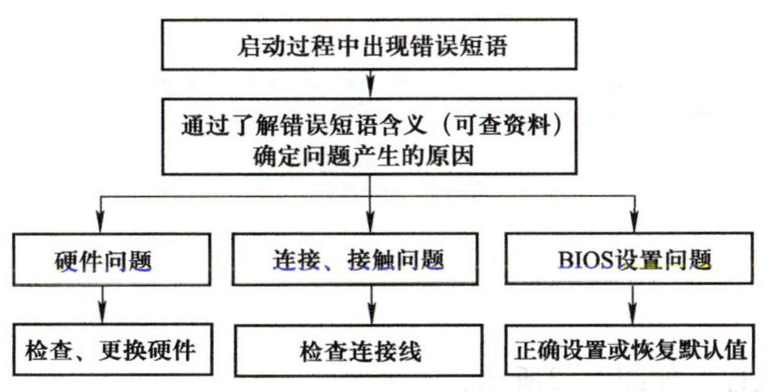

图4-30　排查维修思路2

开机显示器无显示，无报警声音排查维修思路如图4-31所示。

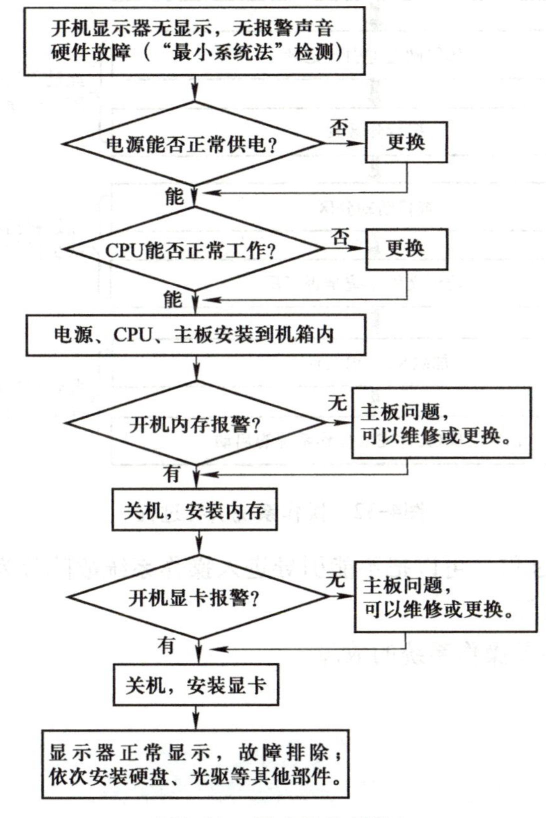

图4-31　排查维修思路3

（2）维修基础

1）维修人员要了解行业维修流程、维修原则，熟悉常见的故障报警音、错误提示短语，掌握多种检测、维修方法，才能够对故障进行检测与排除。

2）维修人员要了解计算机的启动过程，有助于故障检测与排除。

3）维修人员应备有各种BIOS报警的相关资料，如果没有则要善于查找相关资料。

4）维修人员要善于积累维修经验，以便更好地进行故障分析，进而更快更准确地进行故障的检测与排除。

（3）延伸方向

查阅资料，学习主板维修相关的知识，即主板维修思路。

项目2 排除不能引导进入操作系统故障

操作系统引导过程，如图4-32所示。

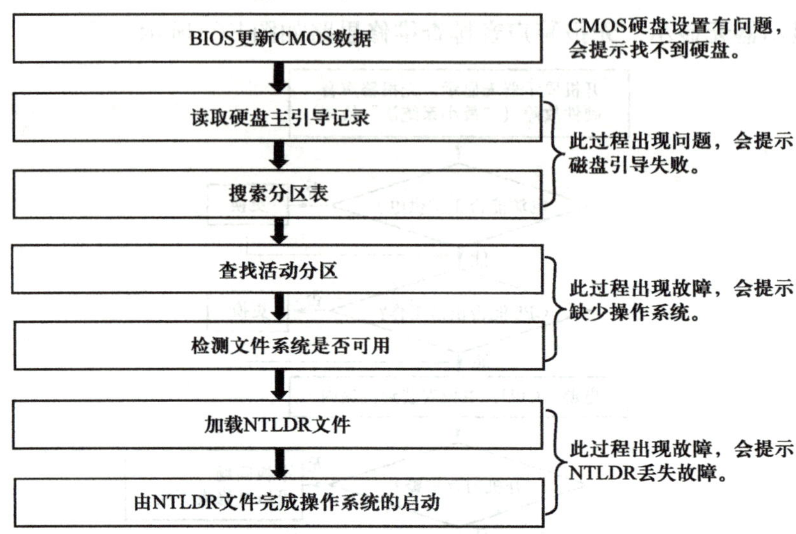

图4-32 操作系统引导过程

根据操作系统引导过程，可以把不能引导进入操作系统故障分为两类。

1）找不到硬盘的故障。

2）硬盘不能正常引导操作系统的故障。

任务1 排除找不到硬盘的故障

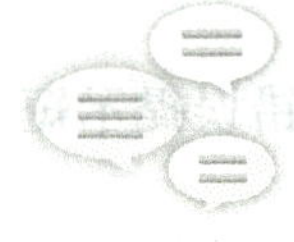

任务描述

客户张先生的计算机开机后检测不到硬盘，提示如图4-33所示。张先生将计算机拿到公司进行故障维修。

```
Verifying DMI Pool Data ............
Boot from CD :
DISK BOOT FAILURE, INSERT SYSTEM DISK AND PRESS ENTER
```

图4-33 开机故障提示

任务实施

1）接待客户，如图4-34所示。客户自述故障现象，了解故障发生前后客户使用计算机的详细情况，填写《故障维修服务单》中的“客户信息”和“客户自述故障现象”，如图4-35所示。

对话

实习员工：您好！计算机出了什么问题？

客户：进不了系统了！

实习员工：出现故障之前您用计算机都做什么了？

客户：连续打了两个通宵“魔兽世界”之后，突然停电了。来电重新启动，就不能进入系统了。

图4-34　与客户沟通

客户自述故障现象：连续打了两个晚上“魔兽世界”，计算机突然断电，恢复电力后，开机找不到硬盘。

图4-35　《故障维修服务单》客户信息和客户自述故障现象

2）接机观察确认故障现象。开机观察故障现象，通过显示器，发现开机自检只检测到光驱，没检测到硬盘，如图4-36所示。确认客户描述后，填写《故障维修服务单》中的“接机检测故障现象”，如图4-37所示。

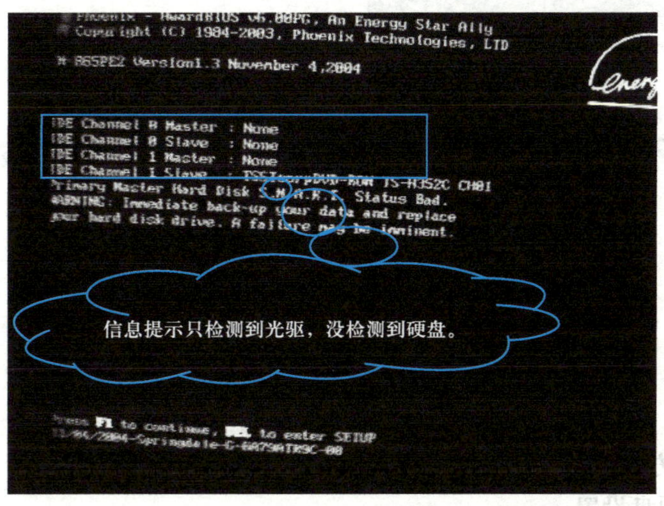

图4-36　开机自检信息

接机检测故障现象：开机自检只检测到光驱，没检测到硬盘。

机器外观情况：无破损

图4-37　《故障维修服务单》确认故障现象及机器外观情况

学习单元4

3）判断故障，如图4-38所示。突然停电有可能导致硬盘划伤；长时间使用，数据线连接处可能出现问题；突然停电，部分主板会启动保护状态，需要解除保护方能开机。

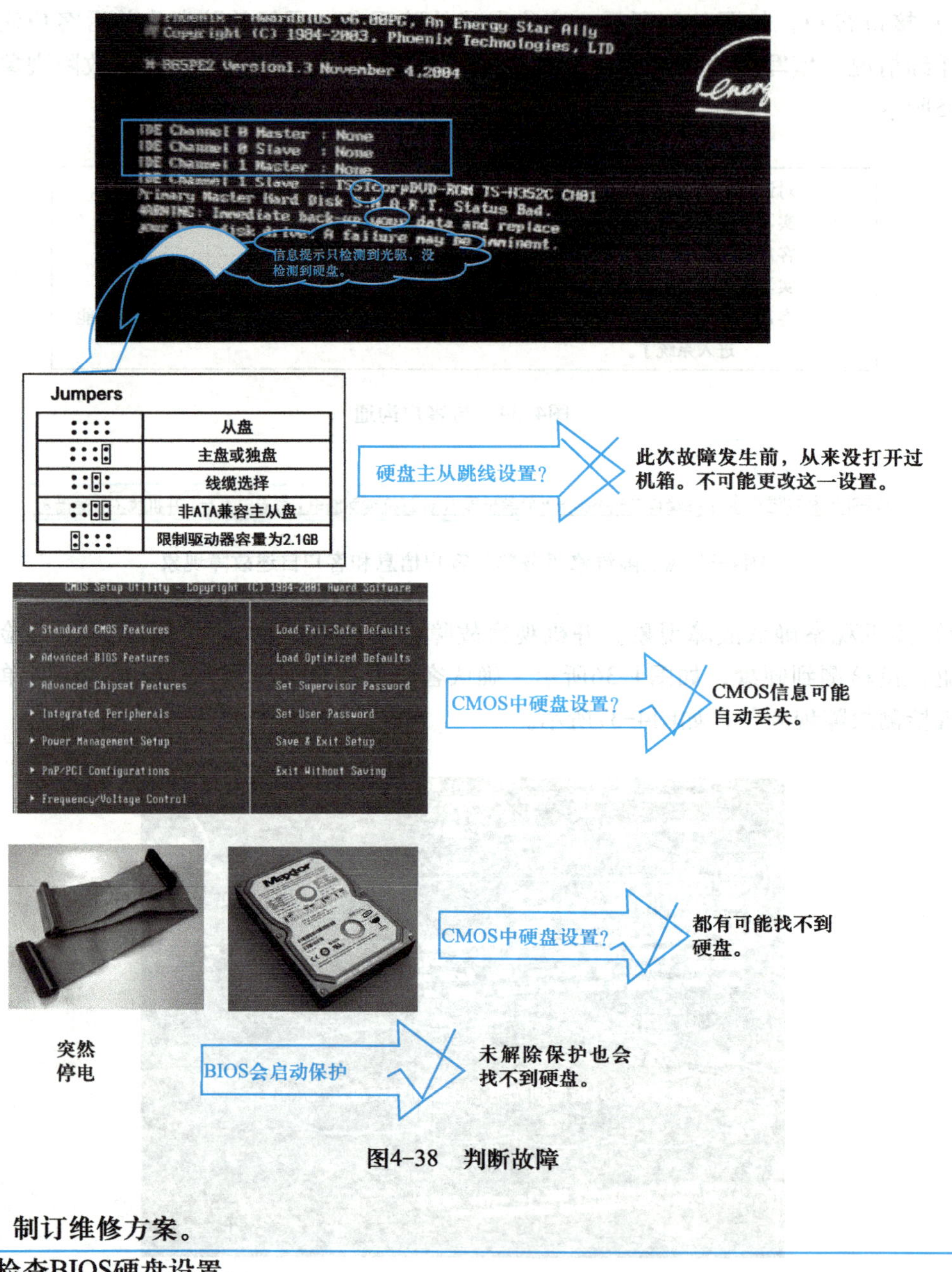

图4-38　判断故障

4）制订维修方案。

① 检查BIOS硬盘设置。

② 查看硬盘跳线。

③ 检查硬盘连线。

④ 检查硬盘好坏。

⑤ 检查主板是否进入保护状态。

5）检测故障过程，见表4-8。

表4-8　检测故障过程

看图操作	操作步骤
Standard CMOS Features IDE Primary Master　Maxtor 6Y080L0 IDE Primary Slave　None IDE Secondary Master　None IDE Secondary Slave　None IDE HDD Auto-Detection　Press Enter IDE Primary Master　Auto Access Mode　Auto	开机进入BIOS查看硬盘设置，将硬盘参数设置为“AUTO”，保存退出 结果：故障未排除 结论：不是BIOS设置问题
	切断电源，打开机箱，清洁IDE接口，更换IDE数据线，开机 结果：故障未排除 结论：不是IDE数据线问题
	交换法：切断电源，取下硬盘，通过硬盘主从跳线将其设置为主盘，安装到另外一台计算机中，开机 结果：正常 结论：硬盘没问题
1-2：Normal 2-3：Clear CMOS	切断电源，将CMOS跳线短接2-3，清除CMOS设置，过一段时间后，再短接1-2，开机 结果：启动自检时找到硬件，故障排除 结论：BIOS启动了硬盘保护

经验分享

清除CMOS：出现突然断电情况后，主板BIOS会检测并启动保护功能，导致一些设备处于保护锁定状态。可通过CMOS放电，或重新安装各硬件的方法解决。

6）与客户沟通，向客户简单介绍故障原因。突然断电，计算机处于保护状态，出现找不到硬盘的故障，解除保护即可。

7）确认客户已交检测费后，填写《故障维修服务单》中的“故障及维修信息”，如图4-39所示。

8）将计算机交还客户，填写《故障维修服务单》中的“客户反馈信息”，同时向客户简单说明故障产生原因，原因是主板突然断电，在极短的时间内可能会产生巨大高压，主板自动进入保护状态。

建议客户如果有条件配备一台小型家用UPS不间断电源，如图4-40所示。当市电输入正常时，UPS起到稳压的作用，为计算机提供稳定的电力；如果发生停电，则UPS就是一台蓄电池，能够为计算机继续供电一段时间，让用户可以正常关机，以减少因突然停电带来的损失，也可以减少市电不稳时造成的计算机故障。

故障及维修信息（维修机构填写）

维修性质：□硬件　□软件　□保内　☑保外 ______

维修类型：□主板维修　□附件维修　□BGA 维修　☑换件维修　□批量维修

故障处理过程：检查 BIOS 硬盘设置、IDE 线、硬盘及硬盘跳线；　开始时间：XX-XX-XX

清除 CMOS 设置后，故障排除；　结束时间：XX-XX-XX

备注：建议购买 UPS　工程师签字：XXX

备件更换名称	备件型号	出库单号	出库日期	旧件返回
※				
※				
※				

日期：XX-XX-XX　测试开始时间：XX-XX-XX　测试结束时间：XX-XX-XX　检验员：XXX

测试结果：☑已修复　□未修复　备注：______

收费金额：XXXX　维修站经理签字：XXX　备注：______

图4-39　《故障维修服务单》故障维修检测过程及结果

图4-40　UPS电源正面板、背面板

学习单元4

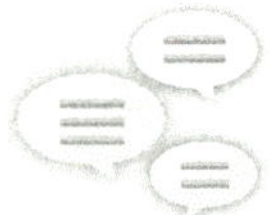

任务拓展

分析故障现象，制订故障检测方案，同时提出今后的使用建议，填写在《故障分析记录》中，见表4-9。

1）计算机不能识别硬盘的故障首先应如何处理？

2）计算机BIOS检测不到硬盘（没有突然停电情况），并且用任何分区软件都无法识别硬盘，初步检测排除了数据线和硬盘的故障，下一步应该如何处理？

3）开机后能显示显示卡和主板的相关信息但检测完内存后系统停止，计算机没有安装光驱，经初步检测排除了内存和主板的故障，下一步应该检测哪个部件？

表4-9　故障分析记录

故障现象	详细记录
故障分析	结合维修原则进行分析
故障排除	故障检测与排除实施方案
故障总结	给用户的建议

相关知识

串口硬盘（SATA）与并口硬盘（PATA，IDE）接口的区别。

随着串口技术的成熟以及串口硬盘和支持串口硬盘主板价格的不断走低，目前，多数用户在装机时首选使用传输速率更快、缓存更大、安装更加方便的SATA硬盘。IDE数据接口使用40线的排线，而SATA使用7线的数据线，电源接口也完全不同，如图4-41所示。

a)

b)

图4-41　硬盘接线方法

a) PATA　b) SATA

任务2　排除硬盘不能正常引导操作系统的故障

任务描述

客户赵女士早晨到办公室，打开计算机要进行办公，计算机开机提示“DISK BOOT FAILURE, INSERT SYSTEM DISK AND PRESS ENTER”错误信息，不能进入操作系统，而且硬盘中有些重要资料，如图4-42所示。赵女士将计算机送到公司进行故障维修。

图4-42　开机错误提示

任务实施

1）接待客户，如图4-43所示。客户自述故障现象，了解故障发生前后客户使用计算机的详细情况，填写《故障维修服务单》中的“客户信息”和“客户自述故障现象”，如图4-44所示。

对话

实习员工：您好！计算机出了什么问题？

客户：不能进入系统，提示“磁盘启动失败”。

实习员工：看来您是内行啊！上次关机前，您用计算机都做了哪些操作，关机正常吗？

客户：我昨天在网上查了些资料，也下载了一些文件，还看了公司的文件。正常关机。

实习员工：硬盘上有重要资料吗？

客户：有，工作中的资料都存在“D:/”盘，个人的一些资料存在“E:/”盘，桌面上有些有用的文档。

图4-43　与客户沟通

客户自述故障现象：昨天上网查资料，下载文件，看公司文件；今天早上开机出现故障，硬盘中有有用的资料。

图4-44　《故障维修服务单》客户信息和客户自述故障现象

2）接机观察确认故障现象。开机观察故障现象，确认提示的错误信息后，填写《故障维修服务单》中的“接机检测故障现象”，如图4-45所示。

接机检测故障现象：开机后提示错误短语：DISK BOOT FAILURE, INSERT SYSTEM DISK AND PRESS ENTER

机器外观情况：无破损

图4-45　《故障维修服务单》确认故障现象及机器外观情况

3）判断故障，如图4-46所示。提示信息说明能够找到硬盘，但找不到启动分区。

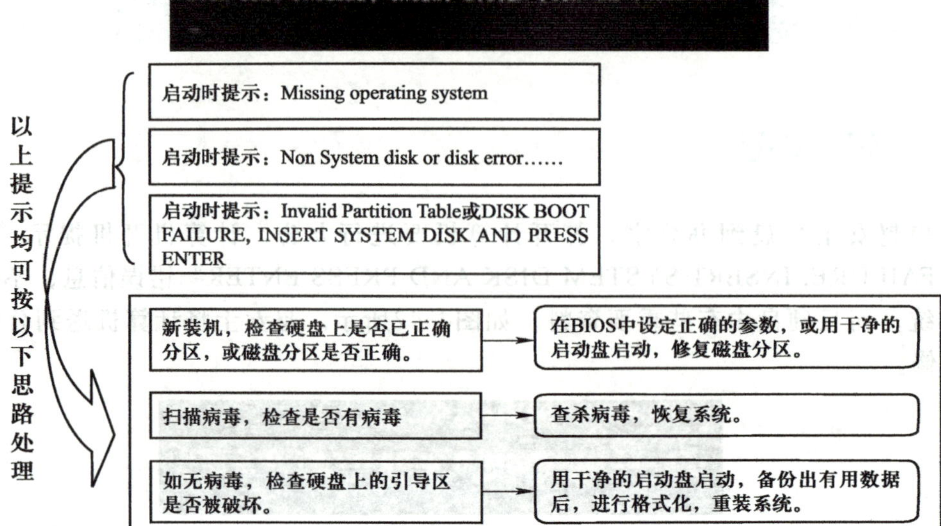

图4-46　判断故障

如果硬盘没有重要数据，则可以直接分区格式化，按如图4-47所示的流程进行修复。

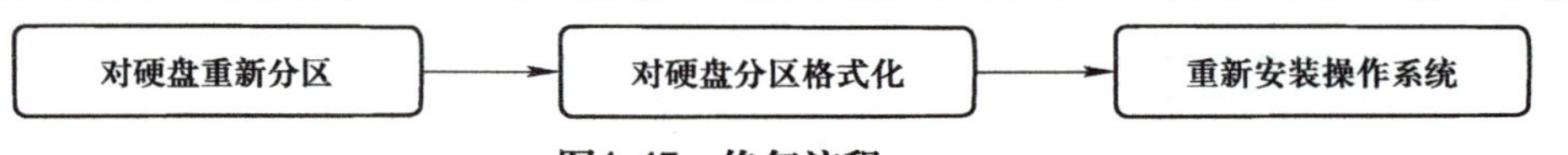

图4-47　修复流程

4）制订维修方案。

① 查看硬盘分区、格式化情况。

② 修复或重新安装操作系统。

5）检测故障过程，见表4-10。

表4-10　检测故障过程

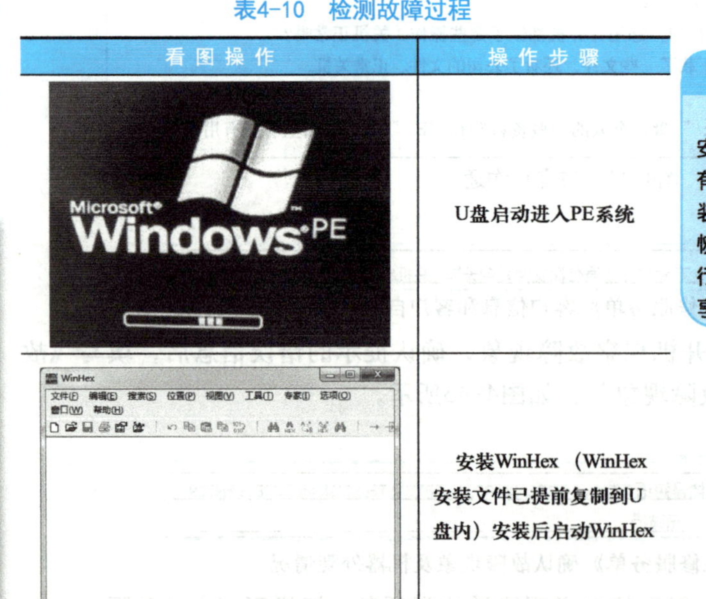

看图操作	操作步骤
Microsoft® Windows® PE	U盘启动进入PE系统
WinHex	安装WinHex（WinHex安装文件已提前复制到U盘内）安装后启动WinHex

知识链接

Windows PE：Windows PE（Windows 预安装环境）是在Windows内核上构建的具有有限服务的最小 Win32 子系统。用于正式安装 Windows 前的准备或系统无法启动时的恢复处理。通过Windows PE启动，可以运行安装程序或其他恢复程序、连接网络共享以及执行硬件验证。

（续）

看图操作	操作步骤
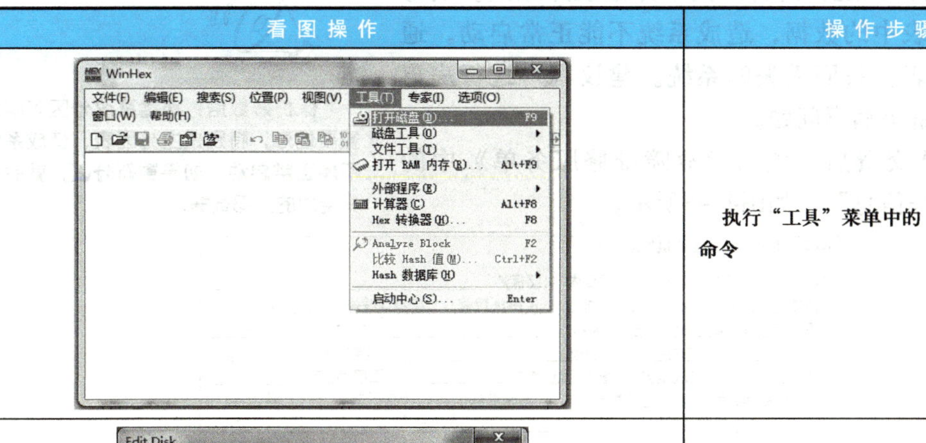	执行“工具”菜单中的“打开磁盘”命令
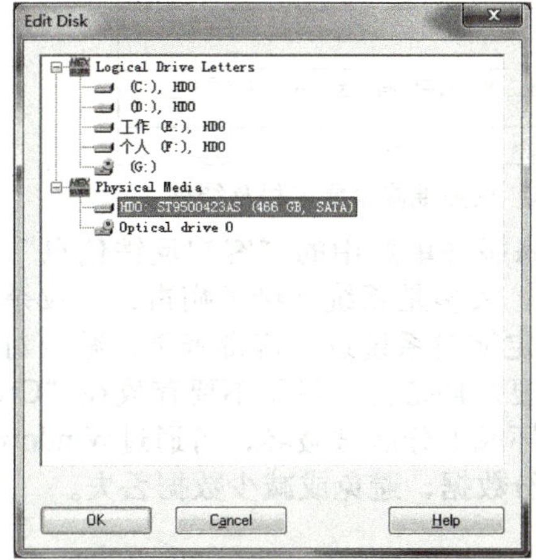	在“Edit Disk”对话框中选择待修复的物理硬盘，单击“OK”按钮
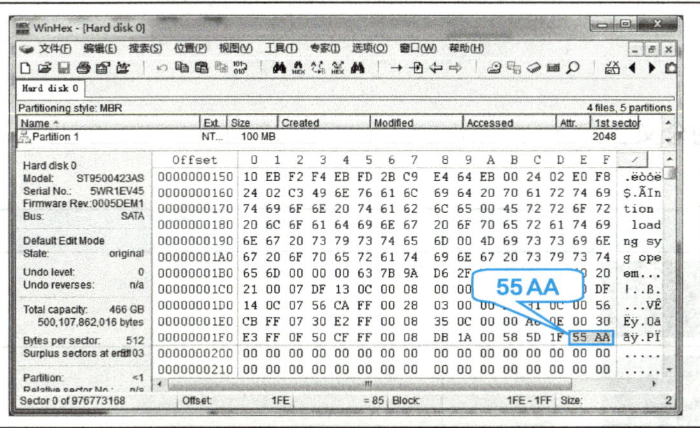	将第一个扇区最后两个字节改为“55AA”，保存后，退出WinHex
	重新启动计算机，正常进入Windows XP操作系统，故障排除。

6）与客户沟通，向客户简单介绍故障原因。病毒篡改了分区表中的数据，造成系统不能正常启动。通过修改分区表，找回丢失的系统。建议客户进行病毒查杀，彻底解决病毒问题。

7）确认交费后，填写《故障维修服务单》中的“故障及维修信息”，如图4-48所示。

温馨提示

保护好数据：病毒篡改分区表中的重要信息，特别是主分区表，造成系统不能正常启动，如果重新分区，就会丢失用户的全部数据。

故障及维修信息（维修机构填写）

维修性质：☐硬件　☐软件　☐保内　☑保外

维修类型：☐主板维修　☐附件维修　☐BGA 维修　☑换件维修　☐批量维修

故障处理过程：查杀病毒，修复分区表。　开始时间：xx-xx-xx

修复分区表后，故障排除！　结束时间：xx-xx-xx

备注：建议定期查杀病毒，备份数据　工程师签字：xxx

备件更换名称	备件型号	出库单号	出库日期	旧件返回
※				
※				
※				

日期：xx-xx-xx　测试开始时间：xx-xx-xx　测试结束时间：xx-xx-xx　检验员：xxx

测试结果：☑已修复　☐未修复　备注：

收费金额：xxxx　维修站经理签字：xxx　备注：

图4-48 《故障维修服务单》故障维修检测过程及结果

8）将计算机交还客户，填写《故障维修服务单》中的“客户反馈信息”，同时向客户说明原因并提出建议。分区表数据被改写，大多是系统感染了病毒，建议杀毒软件要及时更新病毒库，使查杀病毒效果更好，还要定期对系统进行病毒查杀，减少对系统破坏的几率。此外养成良好的习惯，对于重要数据要定期备份，尽量不要存放在“C:\”盘，更不要为了方便存放在桌面。这样，一旦系统损坏或主分区被破坏，可通过Windows PE进入系统修复。即使硬盘损坏，在其他盘中也有备份数据，避免或减少数据丢失。

任务拓展

1）翻译表4-11中错误短语的含义。

表4-11　显示信息及其含义

显示信息	含　义
NTLDR is missing Press Ctrl+Alt+Del to restart	
Loading Operating System ... BOOTMGR is missing Press Ctrl+Alt+Del to restart	
Error loading operating system_	
Non-System disk or disk error Replace and press any key when ready	
Missing operating system_	

2）分析故障现象，制订故障检测方案，同时提出今后的使用建议，填写在《故障分析记录》中，见表4-12。

① 计算机安装的是Windows XP操作系统，在启动时提示“NTLDR is missing，press any key to restart ”。

② 计算机感染了病毒，系统分区损坏，开机时提示“TRACK 0 BAD，DISK UNUSABLE”，要保留硬盘的数据。

③ 计算机开机后不能正常进入操作系统，屏幕上出现提示“Invalid Drive Specification”并要求保存硬盘资料。

④ 计算机开机后，出现“Invalid System Configuration Data”错误提示。

表4-12　故障分析记录

故障现象	详细记录
故障分析	结合维修原则进行分析
故障排除	故障检测与排除实施方案
故障总结	给用户的建议

相关知识

（1）硬盘结构

个人计算机使用的硬盘，从物理结构上看，都属于“温彻斯特（Winchester）”硬盘，都具有“温彻斯特”硬盘的技术结构特点，即部件全部密封、内部磁片固定并高速旋转、磁片表面光滑、使用时磁头不与磁片直接接触等。内部结构如图4-49所示。硬盘在读写数据时，要避免振动造成的磁头损坏。

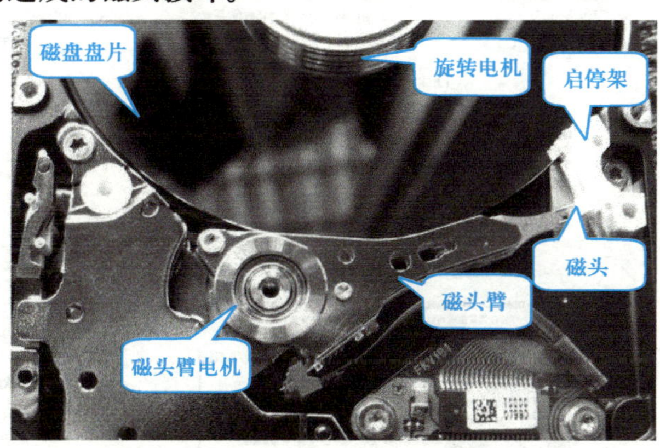

图4-49　磁头不工作时停留在启停架

（2）处理硬盘分区损坏故障的方法

1）病毒引发故障。病毒导致分区表损坏是最为典型的故障之一。如CIH病毒的变种，除了攻击主板的BIOS之外，同时也破坏分区表。此外，其他引导区病毒也会对分区表进行破坏。

急救方法一：可以借助杀毒软件提供的引导盘启动计算机，在DOS环境中对系统进行病毒查杀操作，之后对分区表进行修复操作。

急救方法二：用Windows PE启动计算机，执行Fdisk命令进行分区表修复。Fdisk不仅可以分区，还可以恢复主引导扇区功能；Fdisk只修复主引导扇区，对其他扇区不进行写操作。操作方法为用启动盘启动系统，在DOS提示符下输入“fdisk /mbr”。注意，该命令并不能清除所有引导型病毒。

2）环境问题导致故障。Windows XP、Windows 7、Windows 8都支持NTFS文件格式，程序默认采用这种文件格式安装系统。如果对硬盘进行分区转换或是划分NTFS分区时意外断电或死机，则可能导致分区表损坏；使用PQMagic（分区魔术师）等第三方分区软件调整硬盘分区容量、转换分区格式时，如果死机或断电则也会导致分区表损坏，甚至导致硬盘中的数据丢失。

急救策略：使用第三方软件对分区表进行恢复，如Disk Genius、WinHex等。

3）操作不当。如果一块硬盘上安装了多个操作系统，则在卸载时可能出现分区表故障。另外，在删除分区的时候如果没有先删除扩展分区，而直接删除主分区，则也会出现分区表故障。

急救策略：使用第三方软件对分区表进行恢复，如Disk Genius、WinHex等。

(3) Disk Genius软件

Disk Genius提供建立、激活、删除、隐藏分区等基本硬盘分区管理功能，还具有分区表备份和恢复、分区参数修改、硬盘主引导记录修复、重建分区表等强大的分区维护功能。此外，Disk Genius还具有分区格式化、分区无损调整、硬盘表面扫描、扇区复制、彻底清除扇区数据等功能，具体操作可到互联网查找教程，百度搜索“Disk Genius使用教程”，查看需要的图文教程资料，如图4-50所示。

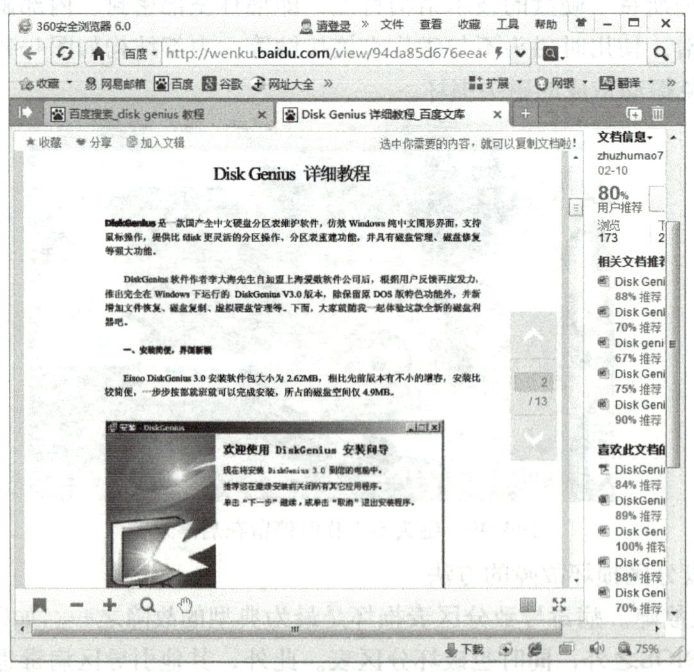

图4-50 “Disk Genius详细教程”网上资料

实习总结

(1) 维修思路

常见的无法引导进入系统故障，可能有多种原因，最常见的原因是缺少系统文件或系统文件损坏。开机时按<F8>键，进入开机模式选择画面，可尝试用“最后一次正确配置”启动。如果不能解决问题，则重装操作系统即可。有时无法正常引导系统，还与硬盘有关。这种情况要先看BIOS是否正确识别了硬盘，然后用DOS版的PQ或DM等工具修复，重新分区，一般都能解决。如果还不能进入系统，则有可能是硬盘的问题了。

遇到“启动自检后，不能引导进入操作系统故障”，根据具体的故障现象，选择相应的处理方案。

“找不到硬盘”排查维修思路如图4-51所示。

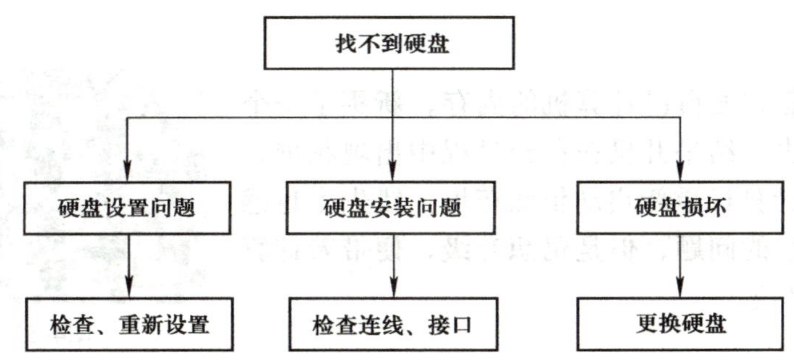

图4-51 排查维修思路4

“硬盘不能正常引导进入操作系统”排查维修思路如图4-52所示。

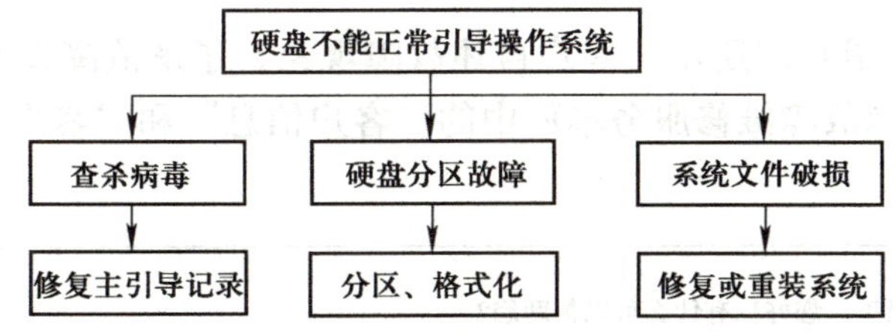

图4-52 排查维修思路5

(2) 维修基础

1）维修人员要了解硬盘的工作原理和操作系统引导过程，有助于故障分析。

2）维修人员要提醒用户养成定期备份硬盘中的数据的习惯，在保护数据的同时方便故障检测与排除。

3）维修人员要掌握两种以上的硬盘分区、格式化、安装操作系统的方法，如PQ或DM等。

4）维修人员应事先准备好启动系统的光盘或U盘，其中要配备相应的维修工具软件。

(3) 延伸方向

查阅资料，学习硬盘数据安全相关的知识，即数据存储原理、数据备份方案。

项目3 排除花屏故障

计算机花屏是一种比较常见的显示故障，引起计算机花屏故障主要是由显卡本身引起的，也可能是驱动问题、内存问题、温度问题、供电问题等。总之软件、硬件都可能会引起花屏故障。本项目根据计算机能否启动分2个任务对花屏故障进行分析。

1）计算机启动过程中显示器花屏故障。

2）计算机使用过程中显示器花屏故障。

任务1 排除计算机启动过程中显示器花屏的故障

任务描述

客户钱先生想扩充自己计算机的内存，新买了一个内存条并安装上去，结果开机在自检过程中出现花屏，如图4-53所示。计算机重新启动依然花屏。钱先生也感觉是新内存条引起的问题，但是仍想升级，便带着计算机来到公司进行解决。

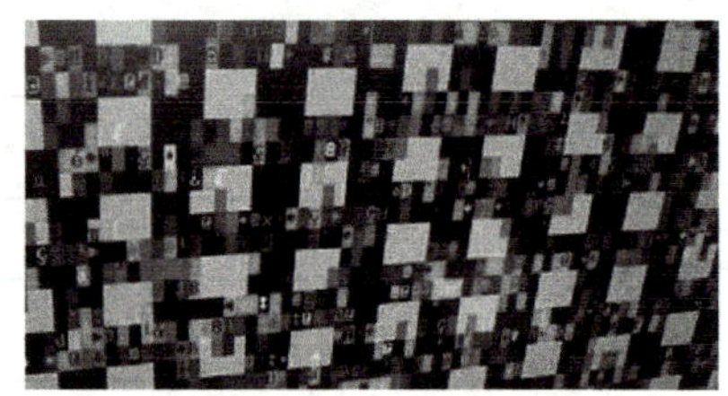

图4-53 开机界面

任务实施

1）接待客户，如图4-54所示。客户自述故障现象，了解故障发生前后客户使用计算机的详细情况，填写《故障维修服务单》中的“客户信息”和“客户自述故障现象”，如图4-55所示。

对话

实习员工：您好！有什么可以帮助您？

客户：我想升级计算机硬件，新买了一个内存条并安装上去，但开机一会儿就花屏，我想是内存出现了问题，但我还是想加内存，您看有办法解决花屏问题吗？

实习员工：噢！请问新加入的内存条与原有内存条是同一品牌吗？

客户：是。

图4-54 与客户沟通

客户自述故障现象：升级硬件，新加一个内存条，结果开机一会儿后花屏，想解决加入内存条后花屏的问题。

图4-55 《故障维修服务单》客户信息和客户自述故障现象

2）接机观察确认故障现象。开机观察故障现象，确认内存条品牌相同，开机自检时花屏，之后填写《故障维修服务单》中的“接机检测故障现象”，如图4-56所示。

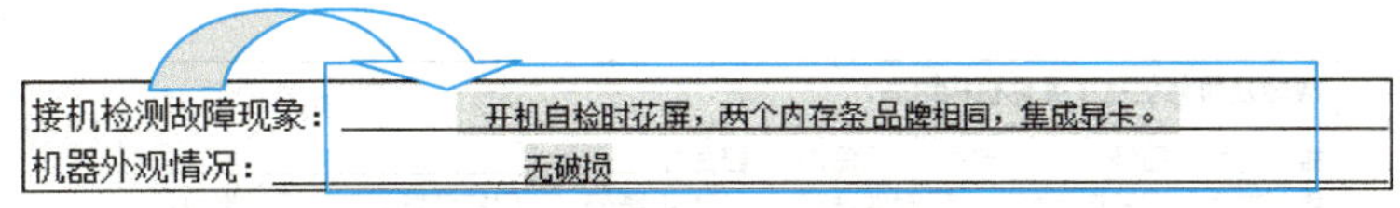
接机检测故障现象：开机自检时花屏，两个内存条品牌相同，集成显卡。
机器外观情况：无破损

图4-56 《故障维修服务单》确认故障现象及机器外观情况

3）判断故障。显示系统主要与显示器、独立显卡、集成显卡（集成在主板上）、连接线有关。引起花屏的部件主要也是这些，另外，内存条和供电系统出现问题也会产生花屏，如图4-57所示。

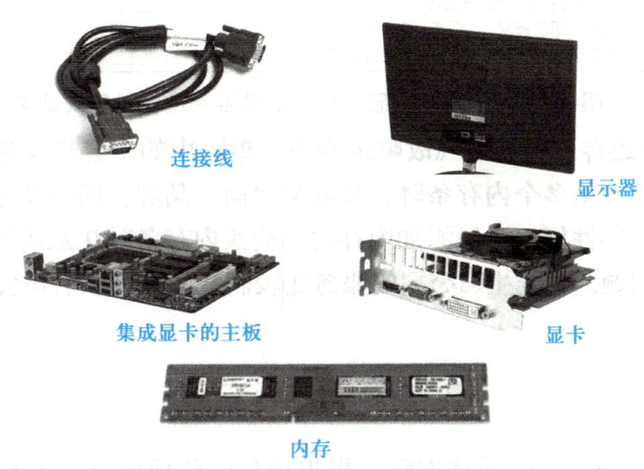

图4-57 与显示相关的一些部件

4）制订维修方案。

① 内存条检查。

② 其他与显示相关的部件检查。

5）检测故障过程。

① 打开主机箱，取下新添加的内存条，开机，结果显示正常，结论为原内存条无问题。

② 关机，断电，取下旧的内存条，安装新添加的内存条，开机，结果显示正常，结论为新内存条无问题。

③ 关机，断电，取下新内存条，清洁主板上的所有内存插槽，换位安装两个内存条，开机，结果故障重现，结论为主板内存插槽无问题。

④ 更换一个新的内存条，替换原添加的新内存条，开机，结果显示正常，结论为新买的内存条与原内存条不兼容。

⑤ 仔细观察客户带来的新内存条，感觉比一般的内存条稍微薄一些，确定是新内存条质量问题，与原内存条不兼容，造成开机花屏。

6）与客户沟通，向客户简单介绍故障原因。花屏是由新买的内存条的质量问题引起的（也有可能是假货）。单独使用两个内存条，显示都正常；用店内内存条替换客户新添加的内存条，两个内存条同时使用显示正常；从外观上看，新添加的内存条稍微薄一些。建议用户到购买新内存条的公司更换同品牌、同型号的真内存条，试好了没有问题再拿走。

7）此次检查没有发生费用，填写《故障维修服务单》中的“故障及维修信息”，如图4-58所示。

故障及维修信息（维修机构填写）

维修性质：☐硬件 ☐软件 ☐保内 ☑保外

维修类型：☐主板维修 ☐附件维修 ☐BGA 维修 ☑换件维修 ☐批量维修

故障处理过程：新旧内存条的查检；其他也显示有关的部件检查。 开始时间：XX-XX-XX

更换同品牌优质内存条，故障排除； 结束时间：XX-XX-XX

备注：使用多条内存时，建议购买同一品牌内存，质量好的内存。 工程师签字：XXX

	备件更换名称	备件型号	出库单号	出库日期	旧件返回
※	内存条	2GB DDR2 800	XXXX	XX-XX-XX	
※					
※					

日期：XX-XX-XX 测试开始时间：XX-XX-XX 测试结束时间：XX-XX-XX 检验员：XXX

测试结果：☑已修复 ☐未修复 备注：

收费金额：XXXX 维修站经理签字：XXX 备注：

图4-58 《故障维修服务单》故障维修检测过程及结果

8）将计算机交还客户，填写《故障维修服务单》中的“客户反馈信息”，同时向客户介绍内存条的知识。使用多个内存条时，最好采用同一品牌、同一型号的内存条，这样内存的工作频率相同，兼容性好；升级添加内存时，购买内存条时注意质量问题，如果硬件不兼容，则经常会出现问题。钱先生对公司的服务比较满意，表示以后还会再来咨询光顾。

任务拓展

分析故障现象，制订故障检测方案，提出今后的使用建议，填写在《故障分析记录》中，见表4-13。

1）一台CPU为闪龙、显示器为唯冠17in纯平显示器的计算机，在上网时只要用鼠标拖动滚动条上下移动时，就会出现严重的花屏，但不上网时使用正常。

2）一个极速品牌的摄像头，安装到计算机后，打开摄像头应用软件，出现花屏现象。

表4-13 故障分析记录

故障现象	详细记录
故障分析	结合维修原则进行分析
故障排除	故障检测与排除实施方案
故障总结	给用户的建议

相关知识

导致计算机开机花屏的原因及分析，见表4-14。

经验分享

直接观察法之“摸”，如图4-59所示：1）用手按压主板上的芯片，看芯片是否松动或接触不良。2）在系统运行时用手触摸或靠近CPU、显示芯片、硬盘等设备的外壳，根据其温度可以判断设备运行是否正常。

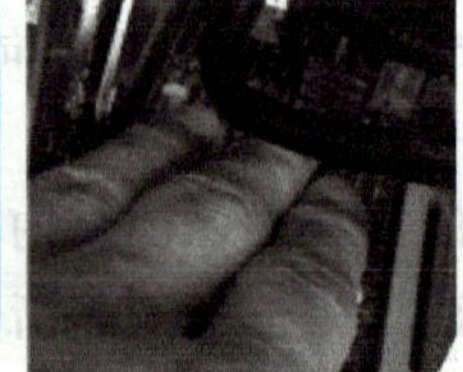

图4-59 直接观察法之“摸”

表4-14　导致计算机开机花屏的原因及分析

<table>
<tr><td></td><td>显卡过热，引起花屏。可以用手触摸显存芯片的温度，或查看风扇运转是否正常，也可使用“鲁大师”等测试软件进行温度检测。显卡供电不足或不稳定，也会引起花屏</td></tr>
<tr><td>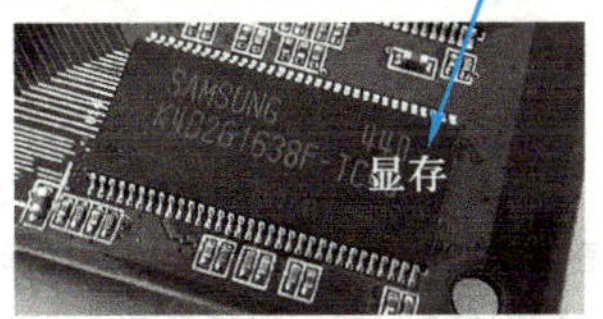</td><td>显存问题，引起花屏。如显存损坏、显存老化、显存虚焊等</td></tr>
<tr><td>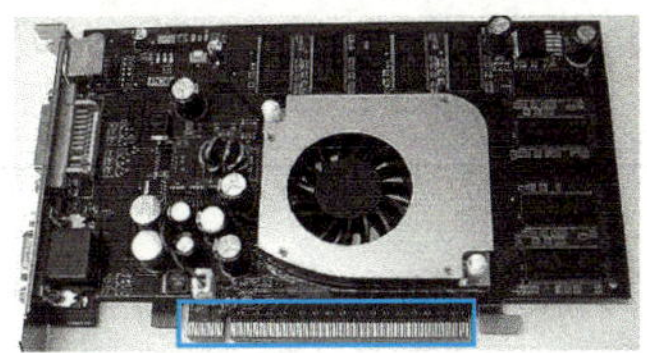
标注部分为“金手指”</td><td>显卡、内存的金手指因损坏或氧化，造成与主板接触不良，引起花屏故障</td></tr>
<tr><td>
显示卡
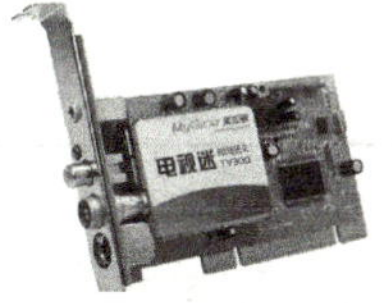
网卡
电视卡</td><td>板卡间冲突，或板卡安装距离太近，相互干扰引起花屏</td></tr>
<tr><td>
显卡

内存条</td><td>无论是独立显卡还是集成显卡，工作时都会调用计算机的物理内存，只是调用多和少的问题。因此，计算机在运行一些游戏或者软件的时候，内存不仅会导致计算机花屏问题，还会引起显示方面一系列的问题，比如色彩偏色、部分画面花屏等</td></tr>
<tr><td>
主板集成了显卡
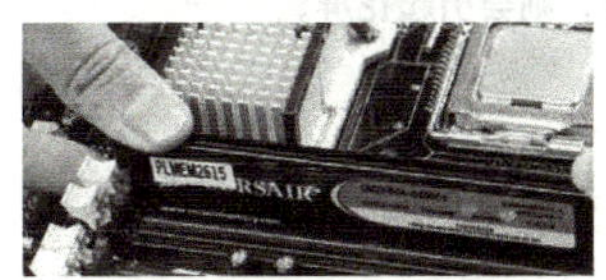
内存要求安装在第一根插槽上</td><td>因为显示系统工作时会调用计算机的物理内存，所以通常集成显卡的主板要求内存要插在第一个插槽上。如果内存不安装在第一个插槽，安装在最后一个插槽上，则可能造成无法通过检测，导致花屏</td></tr>
</table>

（续）

<table>
<tr><td></td><td>CPU温度过高引起主板集成显卡工作不稳定，导致花屏</td></tr>
<tr><td>
</td><td>显卡BIOS有问题，超频引起花屏。超频是计算机发烧友喜欢做的一件事。超频是CPU在超负荷的状态下工作，CPU容易过热，引起花屏</td></tr>
<tr><td>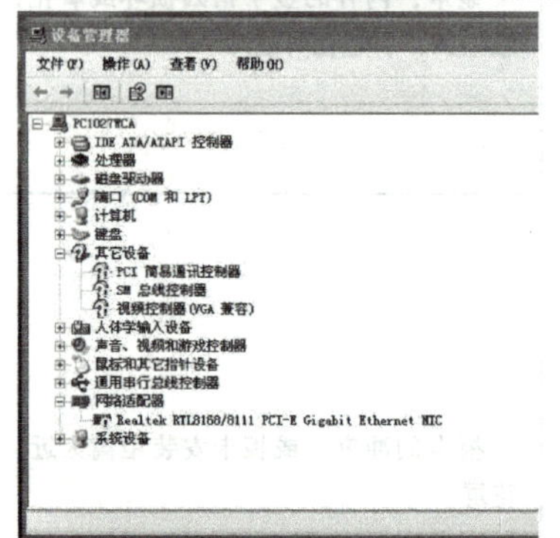
</td><td>显卡驱动程序引起花屏。如驱动程序损坏，或驱动程序版本不匹配，存在漏洞等。可使用驱动精灵更新显卡驱动程序，或直接从显卡厂商的官方网站下载相应驱动程序</td></tr>
<tr><td>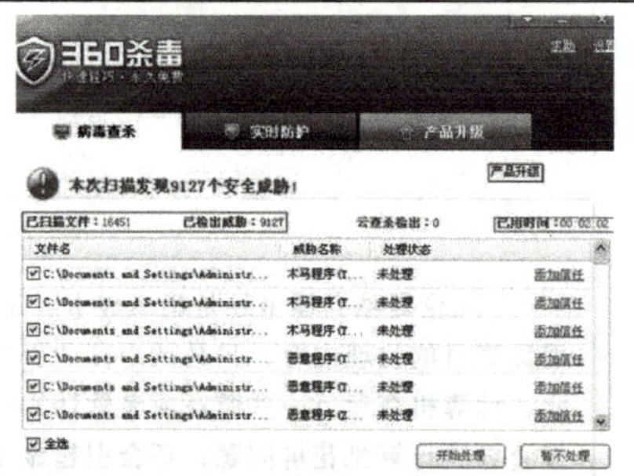
</td><td>病毒引起花屏，要使用杀毒软件进行查杀病毒。病毒会影响计算机协调、有序工作，会出现各种问题，如花屏故障</td></tr>
<tr><td>
</td><td>显示器分辨率设置不当引起花屏。显示系统主要有显示器和显卡，如果在设置上不匹配，出现相互不支持，则会引起花屏。</td></tr>
</table>

任务2　排除计算机使用过程中显示器花屏的故障

任务描述

客户孔先生用计算机玩3D游戏时，经常出现花屏，如图4-60所示。而运行其他程序时正常。孔先生带着计算机来到公司进行故障维修。

图4-60　花屏显示

任务实施

1）接待客户，如图4-61所示。客户自述故障现象，了解故障发生前后客户使用计算机的详细情况，填写《故障维修服务单》中的“客户信息”和“客户自述故障现象”，如图4-62所示。

对话

实习员工：您好！计算机出了什么问题？

客户：您好！我的计算机只要玩3D游戏，就经常出现花屏，而运行其他程序时正常，帮忙看一看是什么原因？解决一下。

实习员工：可以！我先看一下计算机的硬件配置。

图4-61　与客户沟通

客户自述故障现象：　玩 3D 游戏经常花屏，运行其他程序正常。

图4-62　《故障维修服务单》客户信息和客户自述故障现象

2）接机观察确认故障现象。开机观察故障现象，使用“鲁大师”查看配置，如图4-63所示。然后填写《故障维修服务单》中的“接机检测故障现象”，如图4-64所示。

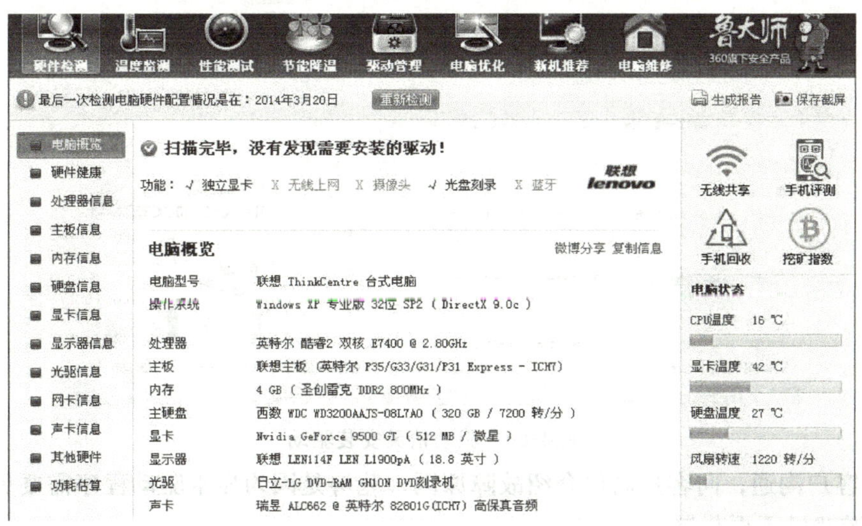

图4-63　“鲁大师”识别硬件

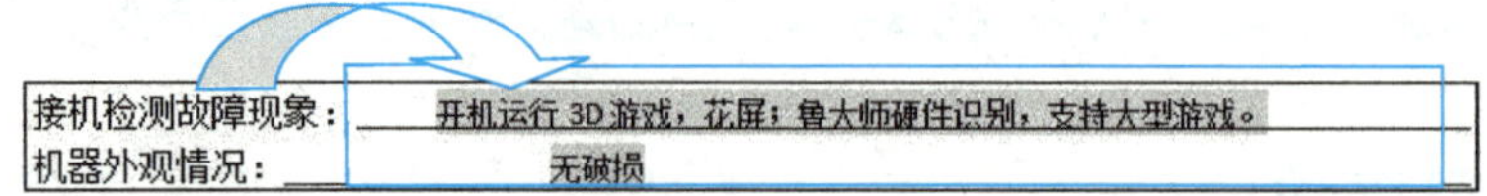

图4-64 《故障维修服务单》确认故障现象及机器外观情况

3）判断故障，如图4-65所示。

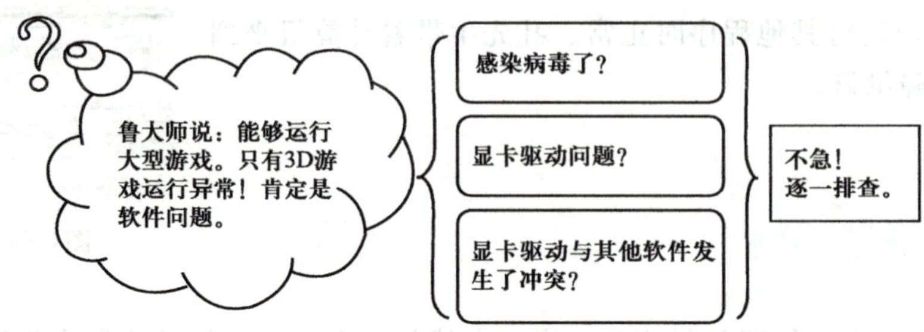

图4-65 判断故障

4）制订维修方案。

① 查杀病毒。

② 更新驱动程序。

③ 查看显卡驱动和其他软件是否有冲突。

5）检测故障过程。

① 使用瑞星查杀计算机病毒，结果未查到病毒，结论为不是病毒问题。

② 使用驱动精灵更新显卡驱动程序，如图4-66所示。结果故障排除，结论为显卡驱动程序需要更新。

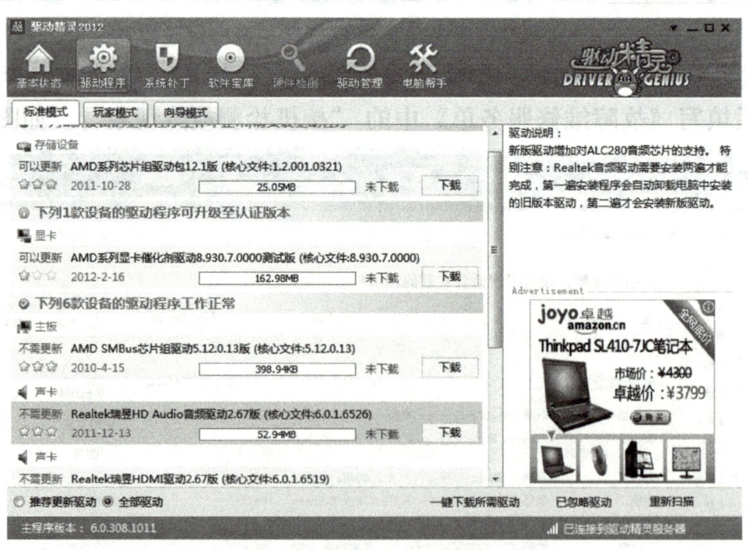

图4-66 驱动精灵安装驱动

6）与客户沟通，向客户简单介绍故障原因。花屏是因为显卡驱动程序需要更新，更新后，玩3D游戏已不再花屏。

7）确认用户交费后，填写《故障维修服务单》中的“故障及维修信息”，如图4-67所示。

故障及维修信息（维修机构填写）

维修性质：☐硬件 ☐软件 ☐保内 ☑保外 ______

维修类型：☐主板维修 ☐附件维修 ☐BGA 维修 ☑换件维修 ☐批量维修

故障处理过程：查杀病毒；更新显卡驱动。 开始时间：xx-xx-xx

更新显卡驱动后，故障排除； 结束时间：xx-xx-xx

备注：______ 工程师签字：xxx

	备件更换名称	备件型号	出库单号	出库日期	旧件返回
※					
※					
※					

日期：xx-xx-xx 测试开始时间：xx-xx-xx 测试结束时间：xx-xx-xx 检验员：xxx

测试结果：☑已修复 ☐未修复 备注：______

收费金额：xxxx 维修站经理签字：xxx 备注：______

图4-67 《故障维修服务单》故障维修检测过程及结果

8）将计算机交还客户，填写《故障维修服务单》中的“客户反馈信息”，同时向客户说明驱动程序损坏、驱动程序版本老旧或驱动程序与硬件不匹配，都会导致花屏的产生。

任务拓展

1）结合对花屏故障的学习与实践，说一说在进行花屏故障处理的过程中，排查的流程如何安排？采用哪些方法？遵循什么原则？

2）试说明两种更新显卡驱动的方法及步骤。

相关知识

在使用过程中，显示器出现花屏是一种比较常见的计算机故障，如表4-15。

表4-15 在使用过程中显示器出现花屏的原因和解决方法

类　别	花屏原因	解决办法
接触不良问题	显卡与主板接口接触不良导致花屏	关机取下显卡，清理显卡金手指和主板显卡插槽的灰尘和异物
	显示器信号线与显示接口接触不良导致花屏	检查信号线，重新连接并将接头上的螺钉拧紧或更换信号线
	显示器信号线问题造成偏色	更换信号线
驱动问题	显卡驱动安装不完整或驱动本身不稳定导致花屏	重新安装或更新驱动程序
电源问题	电源功率不足或电源品质不良导致花屏	尽量使用一些品质优良的品牌电源，以保证系统供电稳定性
超频问题	超频不稳定，对显卡、CPU进行超频后导致花屏	进入主板BIOS设置程序，恢复BIOS默认设置或将CPU和内存恢复为默认值 检查显卡是否已超频使用，恢复为出厂默认频率
显卡温度高	显卡或显存温度过高，导致花屏	使用软件或设备测试，如红外温度探测仪，检测显卡、显存的温度

（续）

类　别	花屏原因	解决办法
不兼容	系统或软件不兼容问题，导致花屏	建议不使用Ghost版系统
	主板与显卡不兼容导致花屏	更换同型号显卡或其他厂商同型号显卡检测
游戏程序问题	运行某一游戏就花屏，退出后正常	从游戏官方网站下载最新的游戏客户端安装并安装游戏补丁，更新显卡驱动
显卡自身问题	显卡核心出现问题导致花屏	更换显卡

实习总结

（1）维修思路

花屏是一种比较常见的显示故障现象，软件、硬件故障都可能会引起花屏。遇到计算机花屏现象故障，根据具体的故障现象，选择相应的处理方案。

软件原因引起花屏的排查维修思路如图4-68所示。

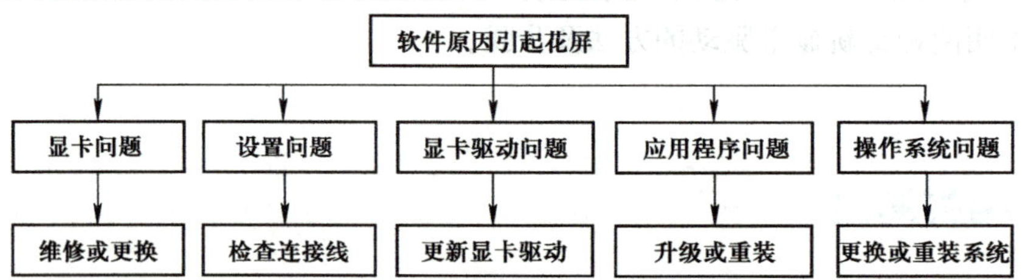

图4-68　排查维修思路6

硬件原因引起花屏的排查维修思路如图4-69所示。

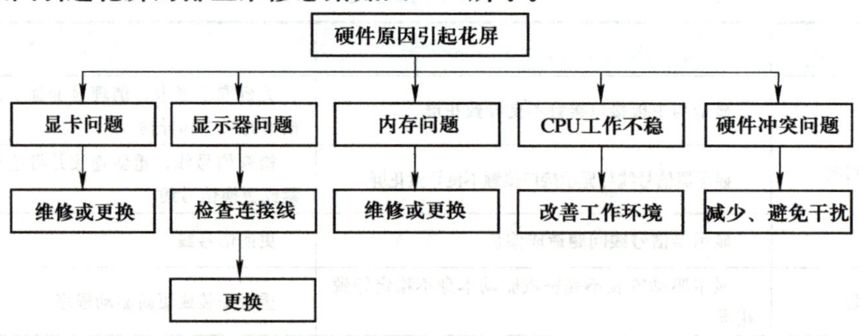

图4-69　排查维修思路7

（2）维修基础

1）维修人员要了解花屏属于显示系统故障，主要是由显卡或显示器引起，除此之外，其他硬件、软件也会引起花屏故障。

2）维修人员要了解安全模式的使用方法。

3）维修人员要了解硬件驱动程序的作用，会两种以上安装、卸载方法。

4）维修人员要了解显示器相关参数的设置方法。

(3) 延伸方向

查阅资料，学习主板维修相关的知识，即开机电路、时钟电路。

项目4 排除蓝屏故障

在Microsoft（微软公司）的 Windows操作系统运行时，可能会突然停止运行，并显示蓝色背景白色文字错误信息窗口，此蓝色背景错误信息窗口一般简称为“蓝屏（Blue Screen）”或“停止屏（Stop Error Screen）”，它可能会长时间停留在显示器上，也可能会在短时间显示之后自动重新启动计算机。蓝屏故障发生后是否自动重新启动计算机取决于“启动与故障恢复”设置。

出现蓝屏，是Windows操作系统产生设置故障、软件故障、硬件故障、驱动程序故障、网络故障等各种类型的故障，致使Windows无法继续维持正常运行时的保护措施。此时，Windows操作系统出于避免用户数据丢失及计算机损坏的考虑，将自动停止运行并在蓝屏中显示相关的错误提示信息。

本项目根据计算机能否启动分2个任务对蓝屏故障进行分析。

1）计算机启动过程中的蓝屏故障。

2）计算机使用过程中的蓝屏故障。

任务1 排除计算机启动过程中蓝屏的故障

任务描述

客户高女士的计算机在运行时突然断电，来电后重新开机，系统启动到一半时出现蓝屏，如图4-70所示。高女士自己重装了系统，启动后还是蓝屏，于是带着计算机来到公司进行解决。

```
A problem has been detected and windows has been shut down to prevent damage
to your computer.

If this is the first time you've seen this Stop error screen,
restart your computer. If this screen appears again, follow
these steps:

Check for viruses on your computer. Remove any newly installed
hard drives or hard drive controllers. Check your hard drive
to make sure it is properly configured and terminated.
Run CHKDSK /F to check for hard drive corruption, and then
restart your computer.

Technical information:

*** STOP: 0x0000007B (0xFFFFF880009A9928,0xFFFFFFFFC0000034,0x0000000000000000,0
x0000000000000000)
```

图4-70 开机蓝屏

任务实施

1）接待客户，如图4-71所示。客户自述故障现象，了解故障发生前后客户使用计算机的详细情况，填写《故障维修服务单》中的“客户信息”和“客户自述故障现象”，如图4-72所示。

对话

实习员工：您好！计算机出了什么问题？

客户：现在我的计算机启动过程中蓝屏，重装系统也不行。

实习员工：您想一想，计算机出现蓝屏故障之前计算机有什么异常情况。

客户：昨天我在使用计算机时，我家突然停电了，等来电后，再打开计算机，计算机就蓝屏了。

实习员工：是不是硬盘出了问题。硬盘里有要保留的文件吗？

客户：没有什么重要的东西。

图4-71　与客户沟通

客户自述故障现象：计算机在运行时突然停电，来电后开机蓝屏。重装过系统，还是蓝屏。

图4-72　《故障维修服务单》客户信息和客户自述故障现象

2）接机观察确认故障现象。开机观察故障现象后，填写《故障维修服务单》中的“接机检测故障现象”，如图4-73所示。

接机检测故障现象：启动过程中蓝屏，重装过系统。

机器外观情况：无破损

图4-73　《故障维修服务单》确认故障现象及机器外观情况

3）判断故障，如图4-74所示。

硬盘在读写数据时，磁头悬浮在高速旋转的盘片上作径向运动，若突然断电，可能会出现磁头损坏、错位或划伤盘片等故障。

图4-74　判断故障

4）制订维修方案。

① 用MHDD进行硬盘坏道检查、修复。

② 重新安装操作系统。

③ 其他硬件检查。

5）检测故障过程，即硬盘坏道检查，见表4-16。

表4-16　检测故障过程

看图操作	操作步骤
 [1]　把系统装到硬盘第一分区　>>> [2]　运行 WINDOWS PE 微型系统 [3]　DOS 增强版及工具集 [4]　DM 9.57 经典分区工具	维修光盘启动到主界面，选择“DOS增强版及工具集”，按<Enter>键进入DOS窗口。
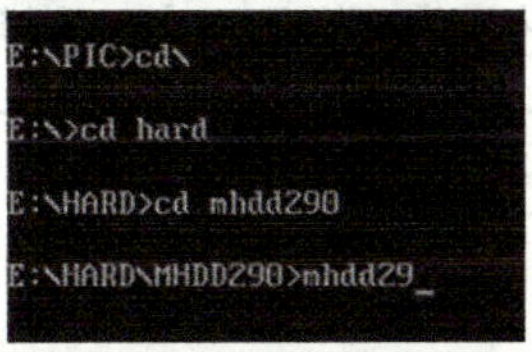 E:\PIC>cd\ E:\>cd hard E:\HARD>cd mhdd290 E:\HARD\MHDD290>mhdd29_	DOS下运行MHDD程序，输入命令“mhdd29”，按<Enter>键，出现主窗口。
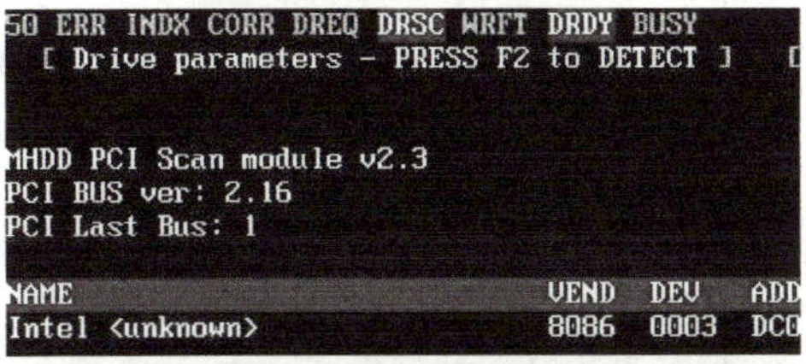 50 ERR INDX CORR DREQ DRSC WRFT DRDY BUSY [Drive parameters - PRESS F2 to DETECT] MHDD PCI Scan module v2.3 PCI BUS ver: 2.16 PCI Last Bus: 1 NAME　VEND　DEV　ADD Intel <unknown>　8086　0003　DC0	第一行为指示灯，通过这些指示灯判断错误类型 BUSY：存储器忙 DRDY：存储器找到 WRFT：存储器写入错误 DRSC：存储器初检通过 DREQ：存储器接受信息交换 ERR：错误
 MHDD>port -=- -=- -=- -=- -=- Device Select -=- -=- -=- -=- -=- -[key]-----[device info]------------------------------ port 1F0h 1.　[WDC WD400EB-00CPF0　] 2.　[　] port 170h 3.　[Maxtor 82160D2　] 4.　[　] port 100h 5.　[　]	输入命令“port”，扫描IDE接口上的所有硬盘 输入“3”，选择要修复的硬盘
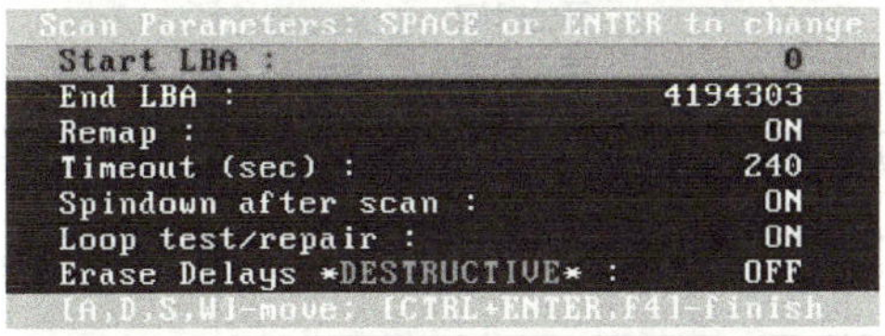 Scan Parameters: SPACE or ENTER to change Start LBA :　0 End LBA :　4194303 Remap :　ON Timeout (sec) :　240 Spindown after scan :　ON Loop test/repair :　ON Erase Delays *DESTRUCTIVE* :　OFF [A,D,S,W]-move; [CTRL+ENTER,F4]-finish	输入命令“SCAN”，进行硬盘扫描 首先进行参数设置。修盘的时候一般将最后一项打开，值改为“ON”可以把逻辑坏道加入P表，但是数据会丢失无法恢复；若此项打开，第5项必须关闭，值改为“OFF”这两项不能同时打开
ERR INDX CORR DREQ DRSC WRFT DRDY BUSY　AMNF TONF ABRT IDNF UNCR BBK C[4092] H[16] S[63] [4124736] [77520]—S[ ]—H[ ] C[76] port 100h 5. [　]　[11475 kb/s] No PCI controllers found.　- 302　- 2 Enter HDD number [3]: 3 Maxtor 82160D2 4092/16/63 SN:L21MM81A FW:NAVXAA21 LBAs:4124736　?=TIME - Support: DLMCode LBA HPA DMA (UDMA2,MWDMA2)　x=UNC - SMART: Enabled　!=ABRT - Size = 2014Mb　S=IDNF - Device Reset... OK　A=AMNF - Setting Drive Parameters... OK.　0=TONF - Recalibrate... OK　*=BBK - Scan...　[1.6M] [1.6M] Start : 22:29:30 Time : 3.32 End : 22:33.05 —> Press the arrow keys for navigate on HDD during scan.　| 22:29:33	参数设置好后，按<F4>键，开始扫描，如果遇到坏的扇区则会记录在右侧状态栏中
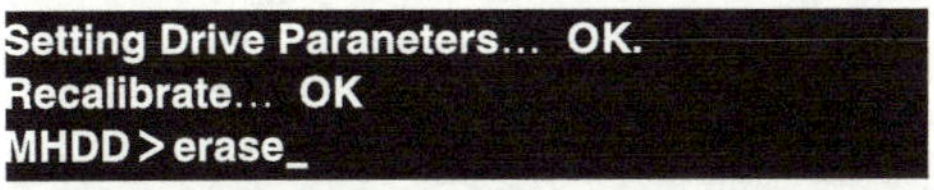 Setting Drive Parameters... OK. Recalibrate... OK MHDD>erase_	扫描结束后，输入命令“erase”，按<Enter>键进行擦除
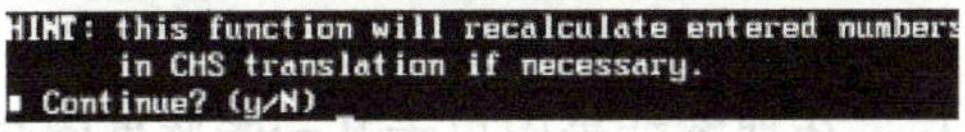 HINT: this function will recalculate entered numbers in CHS translation if necessary. ■ Continue? (y/N) _	是否继续，输入“Y”

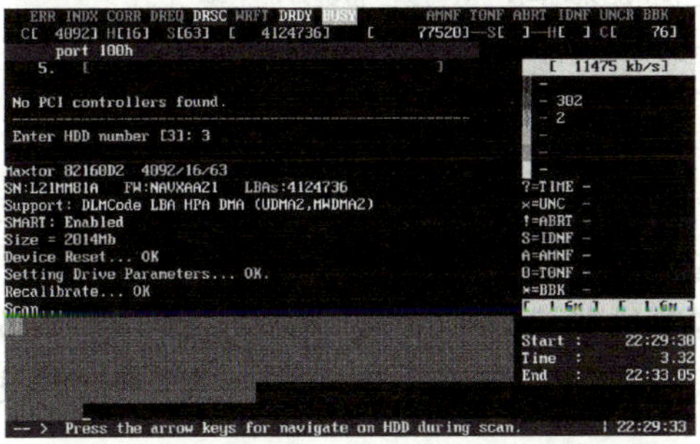

（续）

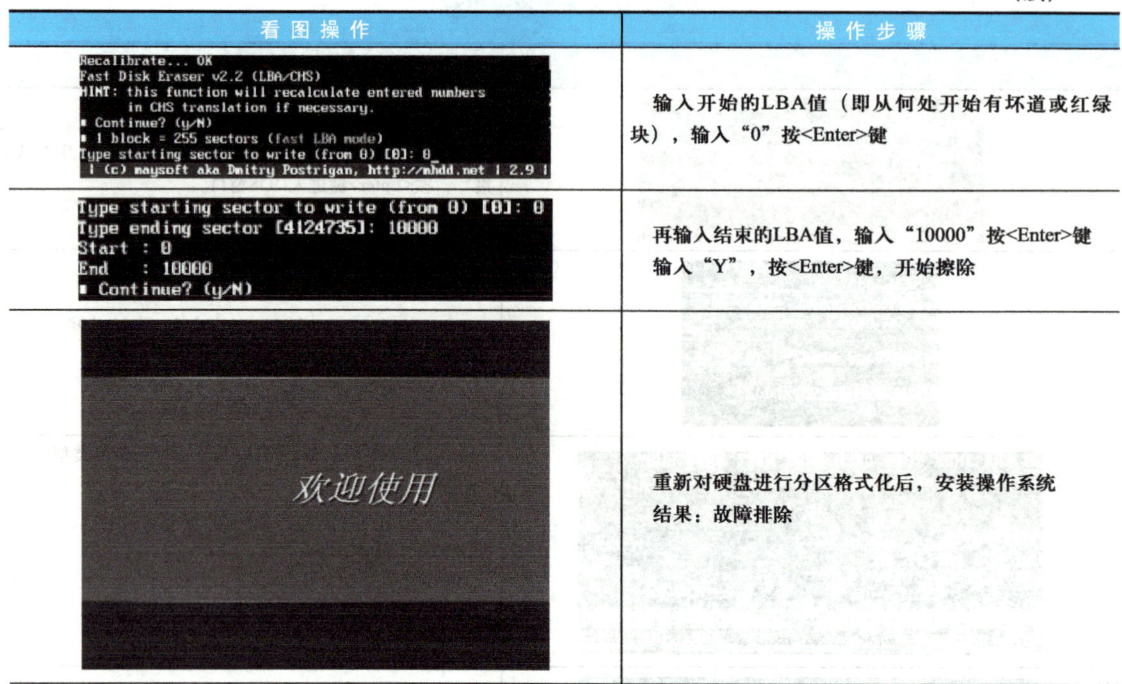

看图操作	操作步骤
Recalibrate... OK Fast Disk Eraser v2.2 (LBA/CHS) HINT: this function will recalculate entered numbers in CHS translation if necessary. • Continue? (y/N) • 1 block = 255 sectors (fast LBA mode) Type starting sector to write (from 0) [0]: 0_ | (c) maysoft aka Dmitry Postrigan, http://mhdd.net | 2.9 |	输入开始的LBA值（即从何处开始有坏道或红绿块），输入“0”按<Enter>键
Type starting sector to write (from 0) [0]: 0 Type ending sector [4124735]: 10000 Start : 0 End : 10000 • Continue? (y/N)	再输入结束的LBA值，输入“10000”按<Enter>键 输入“Y”，按<Enter>键，开始擦除
欢迎使用	重新对硬盘进行分区格式化后，安装操作系统 结果：故障排除

6）与客户沟通，向客户简单介绍故障原因。蓝屏是因为突然断电后，硬盘有划伤造成坏道。建议配备UPS。

7）确认用户交费后，填写《故障维修服务单》中的“故障及维修信息”，如图4-75所示。

故障及维修信息（维修机构填写）

维修性质：☐硬件　☐软件　☐保内　☑保外

维修类型：☐主板维修　☐附件维修　☐BGA 维修　☑换件维修　☐批量维修

故障处理过程：硬盘坏道检查。　开始时间：xx-xx-xx

发现硬盘出现坏道，修复后，故障排除。　结束时间：xx-xx-xx

备注：建议配备 UPS　工程师签字：xxx

备件更换名称	备件型号	出库单号	出库日期	旧件返回
※				
※				
※				

日期：xx-xx-xx　测试开始时间：xx-xx-xx　测试结束时间：xx-xx-xx　检验员：xxx

测试结果：☑已修复　☐未修复　备注：

收费金额：xxxx　维修站经理签字：xxx　备注：

图4-75 《故障维修服务单》故障维修检测过程及结果

8）将计算机交还客户，填写《故障维修服务单》中的“客户反馈信息”，同时提醒客户硬盘已有划伤造成的坏道，以后硬盘的这些坏道有可能扩大，数据就不安全了，关键位置的坏道还有可能引起不能启动等现象。这次虽然修复了，但是已有隐患，建议安装一块新硬盘作为引导硬盘，原硬盘留作数据盘。如果不安装新硬盘，则要对重要文件进行定期备份，即“硬盘有价，数据无价”。

任务拓展

1）日积月累。在百度网站上搜索蓝屏图片，在搜索结果中单击某一张蓝屏图片将其放大，并对图片中的英文进行翻译，要求至少记录5种不同的蓝屏现象，如图4-76所示。

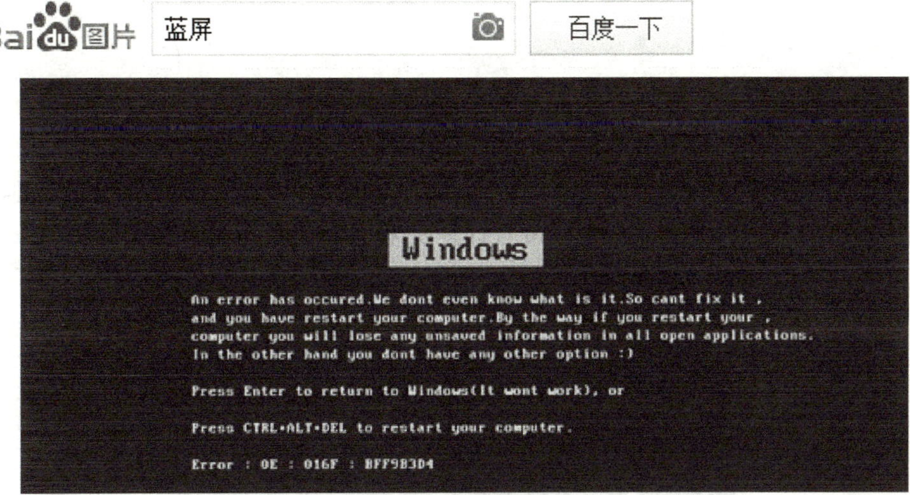

图4-76　百度搜索图片

2）分析蓝屏信息，制订故障检测方案，同时提出今后的使用建议，填写在《故障分析记录》中，见表4-17。

① 0x0000000A: IRQL_NOT_LESS_OR_EQUAL 。

② 0x0000001A: MEMORY_MANAGEMENT。

③ 0x00000044: MULTIPLE_IRP_COMPLIETE_REQUESTS。

表4-17　故障分析记录

故障现象	详细记录
故障分析	结合维修原则进行分析
故障排除	故障检测与排除实施方案
故障总结	给用户的建议

相关知识

蓝屏提示含义如图4-77所示。

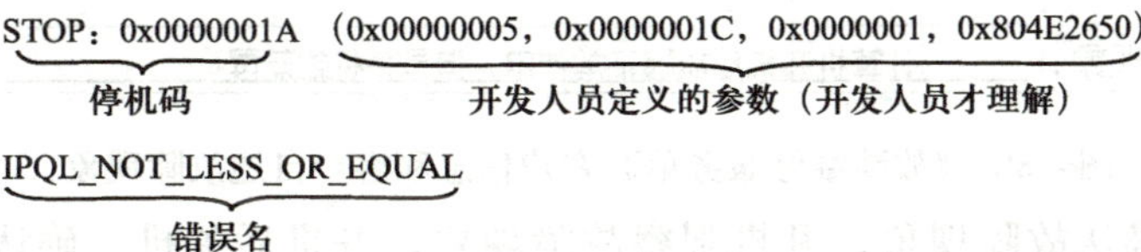

图4-77　蓝屏提示含义

第一部分是停机码（Stop Code），用于识别已发生错误的类型。“停机码”可以作为搜索项在微软知识库和其他技术资料中查询。

第二部分是括号内的四个数字集，是开发人员定义的参数，这个参数只有驱动程序编写者或者微软操作系统的开发人员才理解。

第三部分是错误名，通常用来识别产生错误的软件（驱动程序）或者硬件（设备）。

任务2　排除计算机使用过程中蓝屏的故障

任务描述

客户闫先生的计算机安装的是Windows XP操作系统，启动和使用时正常，但关机时出现蓝屏故障，如图4-78所示。闫先生带着计算机来到公司进行故障维修。

```
A problem has been detected and Windows has shut down to prevent damage
to your computer.

PFN_LIST_CORRUPT

If this is the first time you've seen this Stop error screen,
restart your computer. If this screen appears again, follow
these steps:

Check to make sure any new hardware or software is properly installed.
If this is a new installation, ask your hardware or software manufacturer
for any Windows updates you might need.

If problems continue, disable or remove any newly installed hardware
or software. Disable BIOS memory options such as caching or shadowing.
If you need to use Safe Mode to remove or disable components, restart
your computer, press F8 to select Advanced Startup Options, and then
select Safe Mode.

Technical information:
*** STOP: 0x0000004e (0x00000099, 0x00000000, 0x00000000, 0x00000000)
```

图4-78　关机蓝屏

任务实施

1）接待客户，如图4-79所示。客户自述故障现象，了解故障发生前后客户使用计算机的详细情况，填写《故障维修服务单》中的“客户信息”和“客户自述故障现象”，如图4-80所示。

对话

实习员工：您好！计算机出了什么问题？

客户：我的计算机只要关机就蓝屏，是什么原因？

实习员工：有重要的数据需要保留吗？可能要重装系统。

客户：没有，机器里的数据我都有备份。

图4-79　与客户沟通

客户自述故障现象：计算机开机后能够正常使用，但是关机就蓝屏。

图4-80　《故障维修服务单》客户信息和客户自述故障现象

2）接机观察确认故障现象。开机观察故障现象，开机后关机，确认故障现象，填写《故障维修服务单》中的“接机检测故障现象”，如图4-81所示。

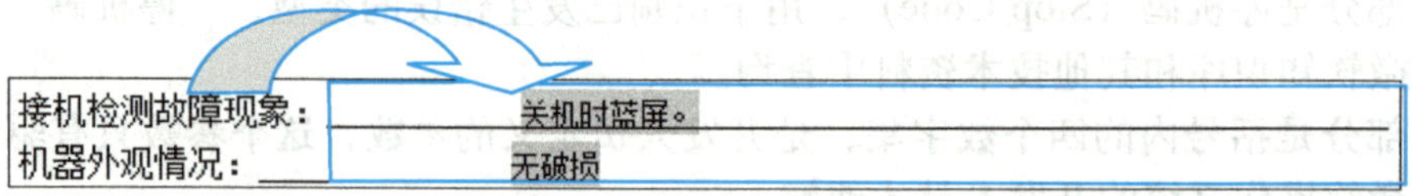

图4-81　《故障维修服务单》确认故障现象及机器外观情况

3）判断故障，如图4-82所示。

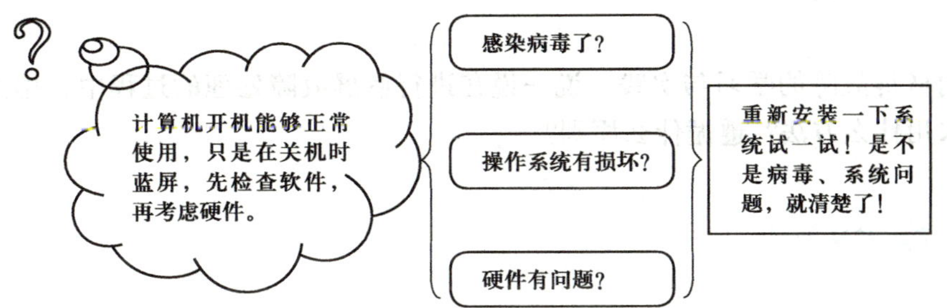

图4-82　判断故障

4）制订维修方案。

① 重新安装操作系统。

② 检查硬件。

5）检测故障过程。

① 重新安装操作系统，运行一些程序。

② 关机，结果未出现蓝屏。

6）与客户沟通，向客户简单介绍故障原因。系统文件出现问题，导致关机时出现蓝屏故障。

温馨提示

软件问题：如果是软件问题引起的故障，最直接的解决办法是重新安装操作系统。但要注意系统分区（活动分区）有无要保留的文件，一定要向客户确认。

7）确认用户交费后，填写《故障维修服务单》中的“故障及维修信息”，如图4-83所示。

故障及维修信息（维修机构填写）

维修性质：□硬件　□软件　□保内　☑保外

维修类型：□主板维修　□附件维修　□BGA 维修　☑换件维修　□批量维修

故障处理过程：重新安装操作系统。　开始时间：XX-XX-XX

重新安装操作系统后，故障排除。　结束时间：XX-XX-XX

备注：　工程师签字：XXX

备件更换名称	备件型号	出库单号	出库日期	旧件返回
※				
※				
※				

日期：XX-XX-XX　测试开始时间：XX-XX-XX　测试结束时间：XX-XX-XX　检验员：XXX

测试结果：☑已修复　□未修复　备注：

收费金额：XXXX　维修站经理签字：XXX　备注：

图4-83　《故障维修服务单》故障维修检测过程及结果

8）将计算机交还客户，填写《故障维修服务单》中的“客户反馈信息”，同时向客户介绍可以将系统进行备份，必要时直接恢复就可以了，不必重新安装系统。另外，重新安装系统只影响系统文件部分，如用户信息、我的文档中的数据，安装在活动分区的应用程序及其他内容，特别是非活动分区的文件都不受影响。

任务拓展

结合对蓝屏故障的学习与实践，说一说在进行蓝屏故障处理的过程中，排查的流程如何安排？采用什么方法？遵循什么原则？

相关知识

导致计算机蓝屏的原因及解决办法见表4-18。

表4-18　导致计算机蓝屏的原因及解决办法

蓝 屏 提 示	原因及解决办法
Technical information: *** STOP: 0x0000007B (0xFFFFF880009A9928, x0000000000000000)	硬盘坏道引发蓝屏，特别是“C:\”盘有坏道。使用MHDD扫描，再用HDDREG修复坏道，排除故障
Technical information: *** STOP: 0x00000050(0xE643F304, 0x00000000, 0xBF	内存引发蓝屏，如内存、不兼容、内存插槽、氧化等。更换或清理内存条、主板内存插槽
Technical information: *** STOP: 0x000000C2(0x00000043, 0xDD4AE000, 0x00000000, 0x00000000)	硬件驱动引发蓝屏。按<F8>键打开启动菜单，进入安全模式，卸载重新安装
STOP: c000021a Unknown Hard Error Unknown Hard Error	操作系统引发蓝屏，如系统文件损坏。建议尝试以“最后一次正确的配置”方式启动Windows；如果故障依旧，则需要重新安装Windows
Technical information: *** STOP: 0x0000009C(0x00000004, 0x8D56DD88, 0xB2000000, 0x00010014)	CPU问题、供电问题、散热问题引起蓝屏，需要清洁计算机或更换配件
Technical information: *** STOP: 0x0000004e(0x00000099, 0x00000000, 0x00000000, 0x00000000)	I/O（输入/输出）驱动程序结构遇到了问题，硬件不兼容。更新驱动程序或更换硬件
Technical information: *** STOP: 0x0000007A(0xC053EB58, 0xC00000A3, 0xA7D6BD2E, 0x387F9860)	病毒损坏系统文件，引发蓝屏。查杀病毒

实 习 总 结

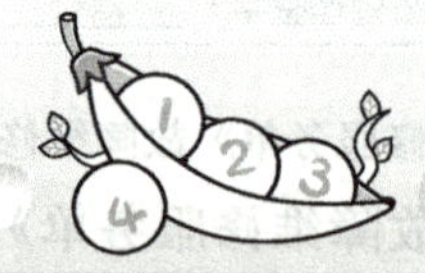

（1）维修思路

蓝屏是系统的一种自我保护，大部分蓝屏现象在重新启动系统之后就会消失，但如果蓝屏后不能再启动系统或经常出现蓝屏，而且蓝屏时所提示的错误代码总是同一个内容时，则说明有一个致命的或固定的错误导致蓝屏，就要进行维修。

遇到计算机蓝屏故障，根据蓝屏故障现象的“停机码”，查看技术资料，初步判断故障原因，选择相应的处理方案。

软件原因引起蓝屏的排查维修思路如图4-84所示。

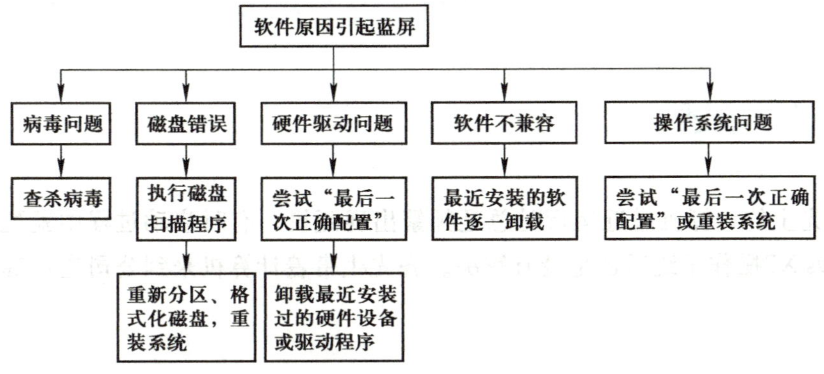

图4-84 排查维修思路8

硬件原因引起蓝屏的排查维修思路如图4-85所示。

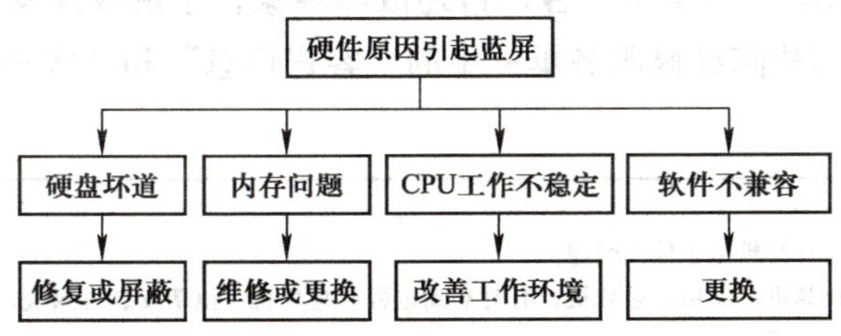

图4-85 排查维修思路9

（2）维修基础

1）维修人员要了解蓝屏代码，根据其中的“停机码”查阅资料，判断故障原因。

2）维修人员要掌握两种以上安装、卸载软件的方法，如软件本身自带的卸载程序，360等第三方卸载功能，有助于故障检测与排除。

（3）延伸方向

查阅资料，学习主板维修相关的知识，即CMOS电路、复位电路。

项目5 排除死机故障

死机是计算机故障中最为常见的一种现象，同时也是最令人头疼的，因为其故障点可大可小，计算机中任何一个硬件、任何一个软件都有可能造成死机。

死机故障给人感觉很“可怕”，但其故障原因永远也脱离不了硬件与软件这两个方面。本项目根据计算机能否启动分2个任务对死机故障进行分析。

1）计算机启动过程中死机故障。

2）计算机开机过程中假死机故障。

任务1　排除计算机启动过程中死机的故障

任务描述

客户齐先生的计算机最近运行时总是频繁出现死机，有时启动过程中就死机，重新安装了Windows XP操作系统后还是没有解决。齐先生带着计算机来到公司进行解决。

任务实施

1）接待客户，如图4-86所示。客户自述故障现象，了解故障发生前后客户使用计算机的详细情况，填写《故障维修服务单》中的“客户信息”和“客户自述故障现象”，如图4-87所示。

对话

实习员工：您好！计算机出了什么问题？

客户：最近我的计算机在使用时总死机，有时启动过程时也死机，重新安装过系统，还是死机，帮忙解决一下。

实习员工：我先看一下。

图4-86　与客户沟通

客户自述故障现象：最近计算机使用时经常死机，有时启动时就死机。

图4-87　《故障维修服务单》客户信息和客户自述故障现象

2）接机观察确认故障现象。开机观察确认故障现象，填写《故障维修服务单》中的“接机检测故障现象”，如图4-88所示。

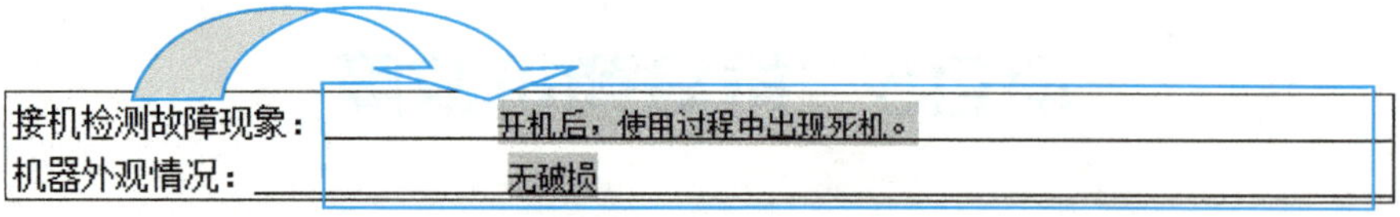

接机检测故障现象：开机后，使用过程中出现死机。

机器外观情况：无破损

图4-88　《故障维修服务单》确认故障现象及机器外观情况

3）判断故障，如图4-89所示。

所谓计算机死机是指，屏幕画面静止，鼠标光标不能移动，键盘操作无效，也即计算机处于停止状态，而且无论如何干预都“活”不过来。一旦死机，用户只能通过断电，重新开机甚至更换硬件才能使计算机恢复正常运行状态。

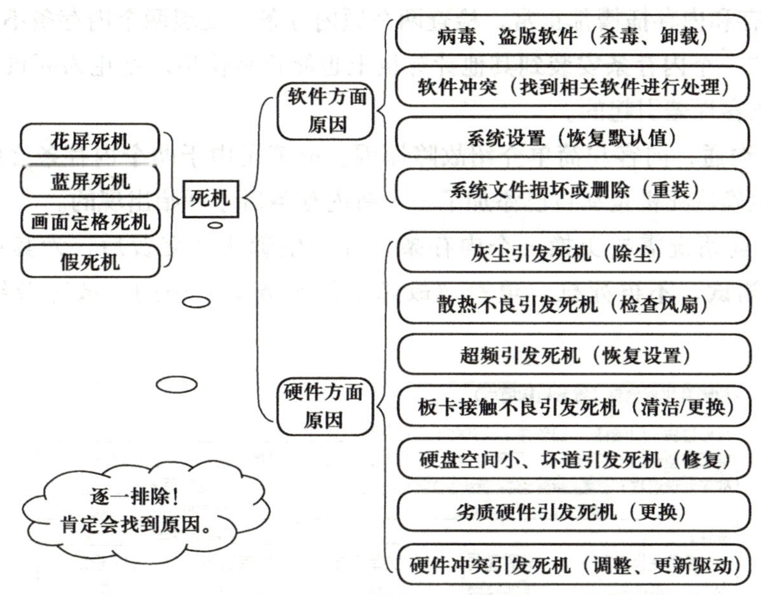

图4-89　判断故障

假死机是指当计算机运行的程序占用了几乎全部的硬件资源时，计算机出现应用程序没有响应的一种与死机（非蓝屏死机）表现几乎相同的现象。与真死机的区别在于，键盘还可以操作，按键盘的<Number Lock>键时“Number Lock”指示灯还有变化（真死机则没有）。通常用户只需等待一定时间，等计算机将先前的应用程序处理完毕，释放出硬件资源后便可以恢复到正常的工作状态。

处理假死机的方法有两种，因为键盘可以操作，所以按组合键<Ctrl+Alt+Del>启动“任务管理器”进行处理。

方法一，在“应用程序”选项卡中选中“未响应”的应用程序名，单击“结束任务”按钮，将其关闭。

方法二，在“进程”选项卡中结束“Explorer.exe”，这时候整个桌面只剩下了一张壁纸，桌面图标和任务栏都不见了，然后在任务管理器中执行“文件”→“新建任务”命令，输入“Explorer.exe”，这样可解决假死机故障。

4）制订维修方案。

① 软件检查。

② 硬件检查。

5）检测故障过程。

① 进入安全模式进行病毒查杀，结果故障未排除，结论为非病毒引起死机。

② 重新安装操作系统，结果故障未排除，结论为非操作系统引起死机。

③ 检查风扇散热情况，结果CPU风扇运转正常，结论为非CPU过热引起死机。

④ 切断电源，对计算机清洁后开机，结果故障未排除，结论为非灰尘堆积引起死机。

⑤ 用替换法分别检测内存、显卡等硬件，结果更换两条内存中的一条内存后，不再死

学习单元4

机，结论为原内存条可能有问题。

⑥ 检查内存和内存插槽都正常，检查两个原内存条，发现两个内存条不是同一品牌。将怀疑有问题的一个内存条安装到其他计算机上也能正常使用。结论为死机是因为两个内存条相互之间兼容性差引起的。

6）与客户沟通，向客户简单介绍故障原因。故障是由于两个内存条之间的兼容性差引起的，齐先生确认死机是从自己添加了一个新内存条后才开始出现的。

7）根据目前情况需要更换一个内存条，齐先生确认并交费后，为其更换了一个内存条。经开机测试，不再死机。填写《故障维修服务单》中的“故障及维修信息”，如图4-90所示。

故障及维修信息（维修机构填写）

维修性质：☐硬件 ☐软件 ☐保内 ☑保外

维修类型：☐主板维修 ☐附件维修 ☐BGA 维修 ☑换件维修 ☐批量维修

故障处理过程：杀毒、重装系统，替换法检查硬件。 开始时间：XX-XX-XX

更换内存后，故障排除。 结束时间：XX-XX-XX

备注： 工程师签字：XXX

	备件更换名称	备件型号	出库单号	出库日期	旧件返回
※	内存条	2GB DDR2 800	XXXX	XX-XX-XX	是
※					
※					

日期：XX-XX-XX 测试开始时间：XX-XX-XX 测试结束时间：XX-XX-XX 检验员：XXX

测试结果：☑已修复 ☐未修复 备注：

收费金额：XXXX 维修站经理签字：XXX 备注：

图4-90 《故障维修服务单》故障维修检测过程及结果

8）将计算机交还客户，填写《故障维修服务单》中的“客户反馈信息”，同时向客户说明为计算机扩充内存不仅要注意内存的速率，还要注意其兼容性，一般选用同品牌同型号的真内存条比较稳妥。

任务拓展

分析故障现象，制订故障检测方案，同时提出今后的使用建议，填写在《故障分析记录》中，见表4-19。

1）一台计算机正常进入Windows XP操作系统启动界面后死机，重启后进入安全模式把显卡驱动程序停用后，才能正常进入操作系统，但是画面质量却很差。

2）一台CPU为AMD64 3000+，光驱为飞利浦康宝光驱的计算机，播放DVD影片时，计算机死机。

表4-19 故障分析记录

故障现象	详细记录
故障分析	结合维修原则进行分析
故障排除	故障检测与排除实施方案
故障总结	给用户的建议

相关知识

造成计算机死机现象的硬件方面原因，如图4-91所示。

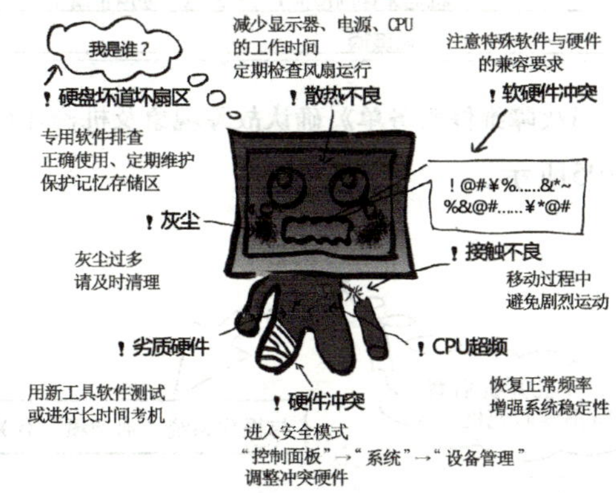

图4-91　造成计算机死机的硬件原因以及故障处理办法

任务2　排除计算机开机过程中假死机的故障

任务描述

客户郑女士的计算机启动后，刚进入Windows 7操作系统界面时，什么都打不开，要等1min左右才能打开，郑女士来店咨询故障原因。

任务实施

1）接待客户，如图4-92所示。客户自述故障现象，了解故障发生前后客户使用计算机的详细情况，填写《故障维修服务单》中的“客户信息”和“客户自述故障现象”，如图4-93所示。

对话

实习员工：您好！计算机出了什么问题？

客户：我的计算机启动后，点什么都没反应，等好久才有反应，是什么原因？

实习员工：开机暂时出现假死机，修改系统启动项试一试。

图4-92　与客户沟通

客户自述故障现象：开机后点什么都没反应，等好久才能用。

图4-93　《故障维修服务单》客户信息和客户自述故障现象

2）接机观察确认故障现象。开机观察确认故障现象，填写《故障维修服务单》中的“接机检测故障现象”，如图4-94所示。

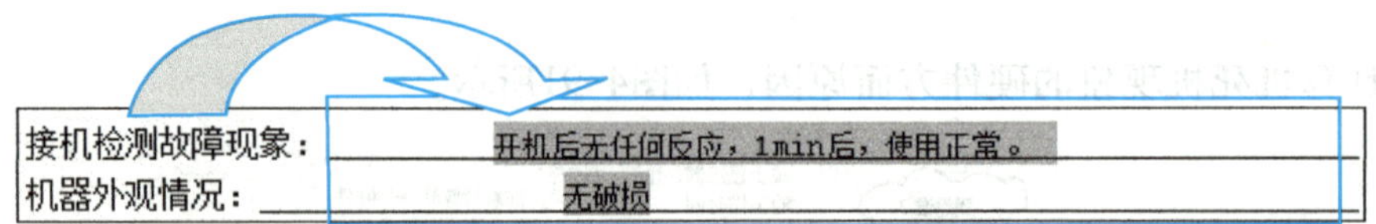

图4-94 《故障维修服务单》确认故障现象及机器外观情况

3）判断故障，如图4-95所示。

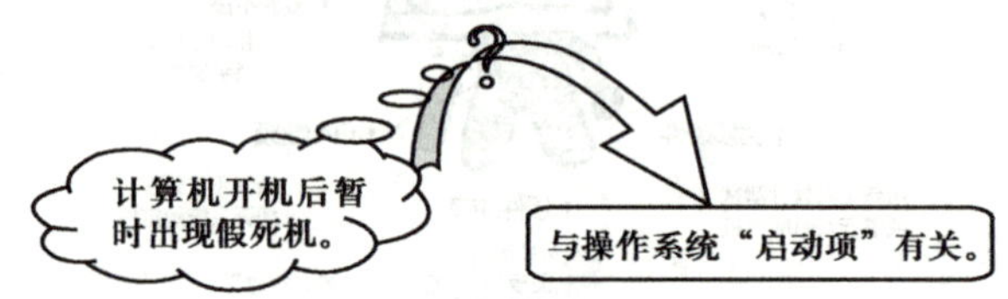

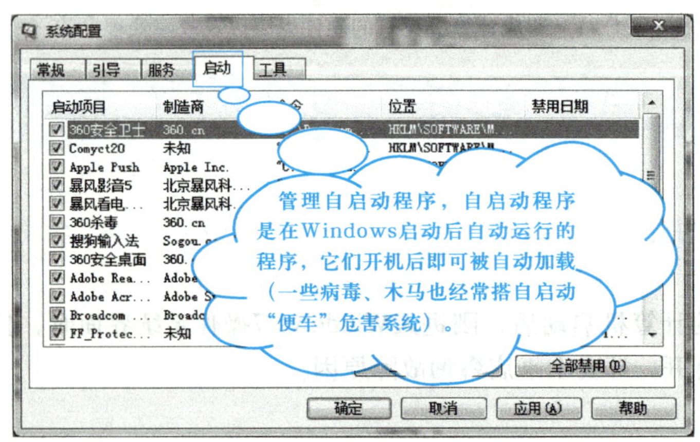

图4-95 判断故障

4）制订维修方案。

① 启动项设置。

② 检查病毒。

③ 重装操作系统。

5）检测故障过程，见表4-20。

表4-20 检测故障过程

看图操作	操作步骤
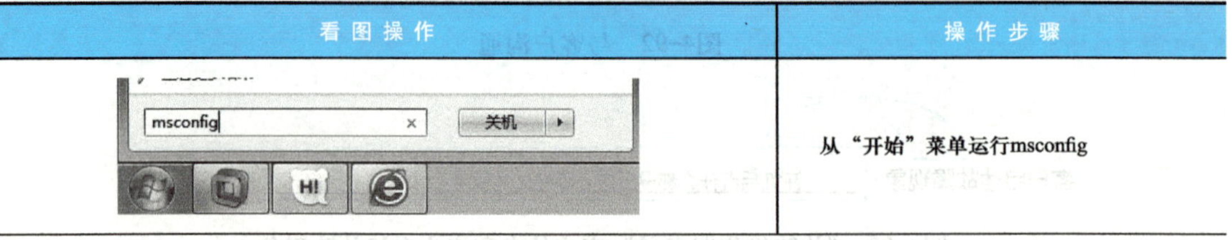	从“开始”菜单运行msconfig

（续）

看图操作	操作步骤
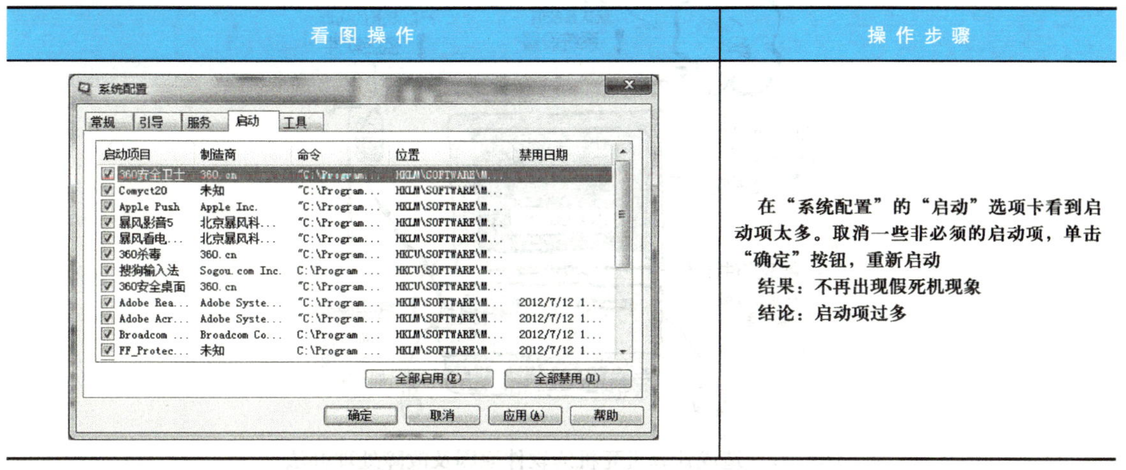	在“系统配置”的“启动”选项卡看到启动项太多。取消一些非必须的启动项，单击“确定”按钮，重新启动 结果：不再出现假死机现象 结论：启动项过多

6）与客户沟通，向客户简单介绍故障原因。安装软件过多，出现启动项过多，引起开机时出现短暂假死机状态。取消一些不必要的启动项或卸载一些不用的软件，就可缓解假死机现象。

7）填写《故障维修服务单》中的“故障及维修信息”，如图4-96所示。

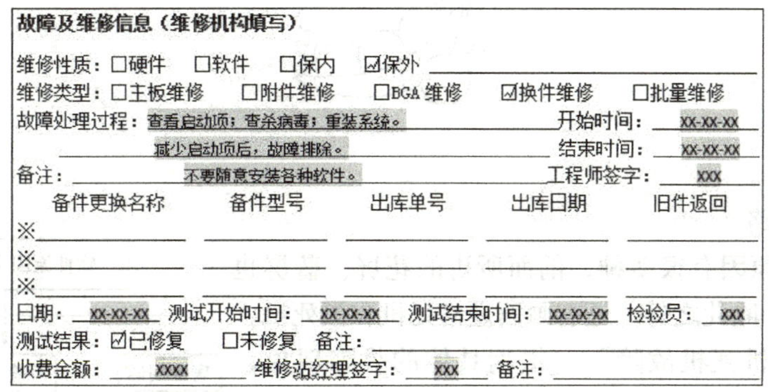

故障及维修信息（维修机构填写）

维修性质：□硬件　□软件　□保内　☑保外

维修类型：□主板维修　□附件维修　□BGA维修　☑换件维修　□批量维修

故障处理过程：查看启动项；查杀病毒；重装系统。　开始时间：xx-xx-xx

减少启动项后，故障排除。　结束时间：xx-xx-xx

备注：不要随意安装各种软件。　工程师签字：xxx

备件更换名称	备件型号	出库单号	出库日期	旧件返回
※				
※				
※				

日期：xx-xx-xx　测试开始时间：xx-xx-xx　测试结束时间：xx-xx-xx　检验员：xxx

测试结果：☑已修复　□未修复　备注：

收费金额：xxxx　维修站经理签字：xxx　备注：

图4-96 《故障维修服务单》故障维修检测过程及结果

8）将计算机交还客户，填写《故障维修服务单》中的“客户反馈信息”，同时向客户说明安装软件也要不断清理，不再使用的软件就卸载掉，这样既可以节约硬盘资源，又可以减少软件故障。

任务拓展

结合对死机故障的学习与实践，说一说在进行死机故障处理的过程中，排查的流程如何安排？采用什么方法？遵循什么原则？

相关知识

造成计算机死机现象的软件方面原因，如图4-97所示。

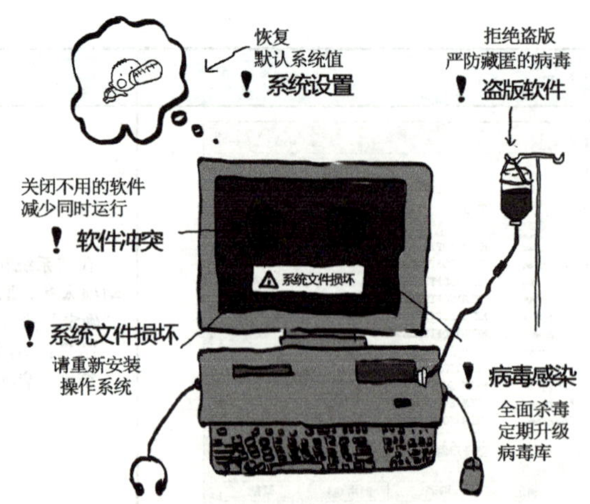

图4-97 造成计算机死机的软件原因及故障处理办法

实习总结

(1) 维修思路

产生死机的原因有很多种，前面所讲的花屏、蓝屏也都是死机的一种，除此之外，还有画面定格死机和假死机。

遇到“计算机死机故障”，根据具体的故障现象，选择相应的处理方案，逐一排除。

软件原因引起死机的排查维修思路如图4-98所示。

硬件原因引起死机的排查维修思路如图4-99所示。

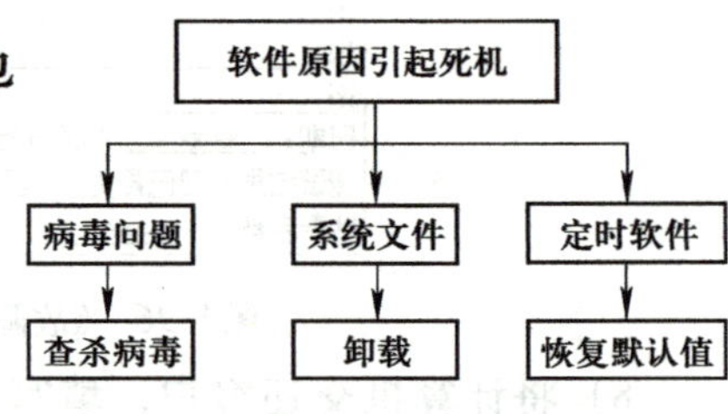

图4-98 排查维修思路10

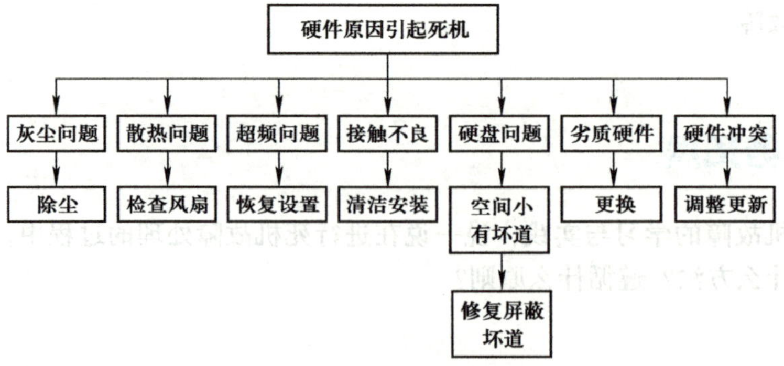

图4-99 排查维修思路11

(2) 维修基础

1) 维修人员要了解引起死机的软硬件原因，有助于故障的判断、检测与排除。

2）维修人员要掌握假死机的判断方法及处理方法。

（3）延伸方向

查阅资料，学习主板维修相关的知识，即CPU供电电路、南北桥供电电路。

项目6　排除自动重启故障

在使用计算机的过程中难免会出现各种问题，有些问题很是让人烦闷，例如，计算机无故自动重启，很多人第一反应就是中毒了。当然中病毒只是引起计算机自动重启的一种情况，还有其他很多种情况可能引起计算机自动重启。

本项目根据计算机能否启动分2个任务对死机故障进行分析。

1）开机后反复重启无法进入系统故障。

2）读完滚动条后自动重启故障。

任务1　排除开机后反复重启动无法进入系统的故障

任务描述

客户赵先生的计算机是Windows 7操作系统，开机之后就反复地自动重启动，无法进入系统。赵先生带着计算机来到公司进行解决。

任务实施

1）接待客户，如图4-100所示。客户自述故障现象，了解故障发生前后客户使用计算机的详细情况，填写《故障维修服务单》中的“客户信息”和“客户自述故障现象”，如图4-101所示。

对话

实习员工：您好！计算机出了什么问题？

客户：我的计算机开机后不断地重启，帮忙解决一下。

实习员工：我先查看一下。

图4-100　与客户沟通

客户自述故障现象：　计算机开机后反复自动重启，无法进入系统。

图4-101　《故障维修服务单》客户信息和客户自述故障现象

2）接机观察确认故障现象。开机观察确认故障现象，填写《故障维修服务单》中的“接机检测故障现象”，如图4-102所示。

接机检测故障现象：	计算机开机后反复自动重启，无法进入系统。
机器外观情况：	无破损

图4-102 《故障维修服务单》确认故障现象及机器外观情况

3）判断故障，如图4-103所示。

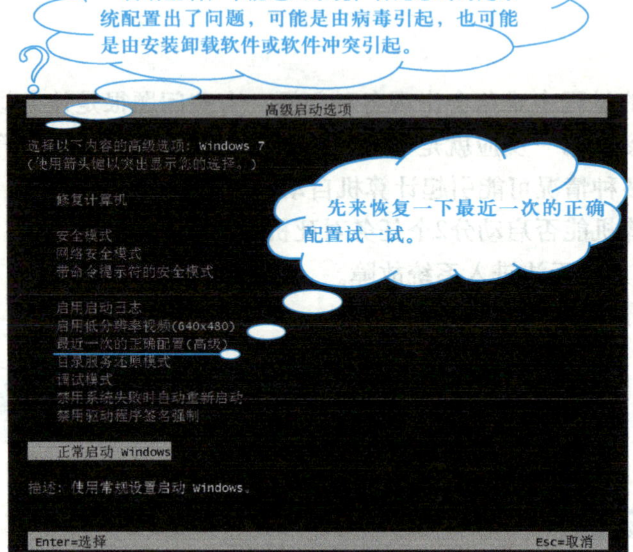

图4-103 判断故障

4）制订维修方案。

① 恢复最近一次的正确配置。

② 查杀病毒。

③ 重新安装操作系统。

5）检测故障过程，见表4-21。

表4-21 检测故障过程

看图操作	操作步骤
	开机后，反复按<F8>键，进入Windows 7高级启动选项

（续）

看图操作	操作步骤
启用启动日志 启用低分辨率视频(640x480) 最近一次的正确配置(高级) 目录服务还原模式 调试模式 禁用系统失败时自动重新启动 禁用驱动程序签名强制	按上下箭头键，选择“最近一次的正确配置（高级）”，按<Enter>键 结果：重启，不能进入操作系统
启用启动日志 启用低分辨率视频(640x480) 最近一次的正确配置(高级) 目录服务还原模式 调试模式 禁用系统失败时自动重新启动 禁用驱动程序签名强制	启动过程中，按<F8>键，进入Windows 7高级启动选项，选择“禁用系统失败时自动重新启动” 结果：不能进入操作系统
修复计算机 安全模式 网络安全模式 带命令提示符的安全模式	启动过程中，按<F8>键，进入Windows 7高级启动选项，选择“安全模式” 结果：不能进入操作系统
正在启动 Windows	重新安装操作系统后，故障排除

6）与客户沟通，向客户简单介绍故障原因。故障可能是病毒破坏了操作系统，也可能因为安装或卸载软件不彻底，造成系统损坏所致。重新安装操作系统后故障排除。

7）确认用户交费后，填写《故障维修服务单》中的“故障及维修信息”，如图4-104所示。

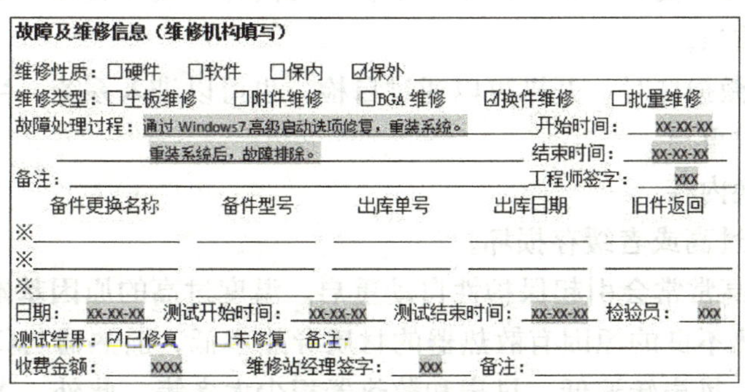

故障及维修信息（维修机构填写）

维修性质：□硬件　□软件　□保内　☑保外

维修类型：□主板维修　□附件维修　□BGA维修　☑换件维修　□批量维修

故障处理过程：通过Windows7高级启动选项修复，重装系统。　开始时间：xx-xx-xx

重装系统后，故障排除。　结束时间：xx-xx-xx

备注：　工程师签字：xxx

备件更换名称	备件型号	出库单号	出库日期	旧件返回
※				
※				
※				

日期：xx-xx-xx　测试开始时间：xx-xx-xx　测试结束时间：xx-xx-xx　检验员：xxx

测试结果：☑已修复　□未修复　备注：

收费金额：xxxx　维修站经理签字：xxx　备注：

图4-104　《故障维修服务单》故障维修检测过程及结果

8）将计算机交还客户，填写《故障维修服务单》中的“客户反馈信息”，同时向客户简单介绍类似的故障处理方法，如果是因为病毒破坏或软件冲突等原因引起系统文件配置上出现故障，不能进入操作系统时，则使用Windows高级启动选项中“最近一次的正确配置”是非常有效、方便的解决方法。如果能够进入系统，则首先要进行病毒的查杀。

任务拓展

计算机自动重启故障多数是由软件导致的，但也有硬件故障会导致自动重启。分析一下，会有哪些硬件故障导致自动重启?

相关知识

引起自动重启故障的硬件方面原因分析与解决。

1）机箱电源功率不足、直流输出不纯、动态反应迟钝。用户在配置计算机时有时会不重视电源，采用价格便宜的电源。

① 电源输出功率不足，当运行大型的3D游戏等占用CPU资源较大的软件时，CPU需要大功率供电时，电源功率不够而超载引起电源保护，停止输出。电源停止输出后，负载减轻，此时电源再次启动。因为保护/恢复的时间很短，所以给人们的感觉就是主机自动重启。

② 电源直流输出不纯，数字电路要求纯直流供电，当电源的直流输出中谐波含量过大，就会导致数字电路工作出错，表现为经常性的死机或重启。

③ CPU的工作负载是动态的，对电流的要求也是动态的，而且要求动态反应速度迅速。有些品质差的电源动态反应时间长，也会导致经常性的死机或重启。

④ 更新设备（更换高端显卡/大硬盘/视频卡等）或增加设备（刻录机/硬盘等）后，功率超出原配电源的额定输出功率就会导致经常性的死机或重启。

解决方法：换高质量合适功率的计算机电源。一般情况下整机部件功率总和占电源输出功率的60%比较合适。

2）内存热稳定性不良、芯片损坏或者设置错误、内存出现问题导致系统重启的几率相对较大。

① 内存热稳定性不良，开机可以正常工作，当内存温度升高到一定温度，就不能正常工作，导致死机或重启。

② 内存芯片轻微损坏时，开机可以通过自检，也可以进入系统，当运行一些吞吐量大的软件时就会死机或重启。

解决办法：更换内存。

3）CPU的温度过高或者缓存损坏。

① CPU温度过高常常会引起保护性自动重启。温度过高的原因基本是由于机箱、CPU散热不良。CPU散热不良的原因有散热器的材质导热率低，散热器与CPU接触面之间有异物（多为质保贴），风扇转速低，风扇和散热器积尘太多等。此外，主板CPU下面的测温探头损坏或CPU内部的测温电路损坏、主板上的BIOS测温不准（偏高）或BIOS中设置的CPU保护温度过低等也会引起保护性重启。

解决办法：保证机箱中CPU的散热效率；检查主板或CPU测温是否准确，如偏高则要注意，可能CPU或主板已有问题，做好更换的准备；将BIOS中CPU保护温度调整适当。

② CPU内部的一、二级缓存损坏是CPU常见的故障。损坏程度轻的，还可以启动进入

系统，当运行一些吞吐量大的软件（媒体播放、游戏、平面3D绘图）时就会重启或死机。

解决办法：在BIOS中屏蔽二级缓存（L2）或一级缓存（L1），或更换CPU。

4）AGP显卡、PCI卡（网卡、猫）引起的自动重启。

① 外接卡做工不标准或品质不良，引发AGP/PCI总线的RESET信号误动作导致系统重启。

② 显卡、网卡松动引起系统重启。

解决办法：更换板卡；若是主板接口问题，更换主板。

5）并口、串口、USB接口接入了有故障或不兼容的外部设备时自动重启。

① 外设有故障或不兼容，比如，打印机的并口损坏，某一脚对地短路，USB设备损坏对地短路，针脚定义、信号电平不兼容等。

② 热插拔外部设备时，抖动过大，引起信号或电源瞬间短路。

解决办法：维修这些有问题的外部设备；插接U盘时动作准确、稳定。

6）光驱内部电路或芯片损坏。

光驱损坏，大部分表现为不能读盘/刻盘。也有因为内部电路或芯片损坏导致主机在工作过程中突然重启。光驱本身的设计不良，FirmWare有Bug，也会在读取光盘时引起重启。

解决办法：维修或更换光驱。

7）机箱前面板RESET开关问题：机箱前面板RESET键，实际是一个常开开关，主板上的RESET信号是+5V电平信号，连接到RESET开关。当开关闭合的瞬间，+5V电平对地导通，信号电平降为0V，触发系统复位重启，RESET开关回到常开位置，此时RESET信号恢复到+5V电平。如果RESET键损坏，开关始终处于闭合位置，则RESET信号一直是0V，系统就无法加电自检。 当RESET开关弹性减弱，按钮按下去不易弹起时，就会出现开关稍有振动就易于闭合。从而导致系统复位重启。

解决办法：更换RESET开关。

8）主板故障。

主板导致自动重启的事例很少见。一般是与RESET相关的电路有故障；插座、插槽有虚焊，接触不良；个别芯片、电容等元器件损坏。

解决办法：维修或更换主板。

任务2　排除读完滚动条后自动重启的故障

任务描述

客户张先生的计算机启动时，进入Windows窗口读完滚动条后又自动重新启动，重装系统也是同样的问题，张先生拿着计算机来到公司进行解决。

任务实施

1）接待客户，如图4-105所示。客户自述故障现象，了解故障发生前后客户使用计算机的详细情况，填写《故障维修服务单》中的“客户信息”和“客户自述故障现象”，如图4-106所示。

对话

实习员工：您好！计算机出了什么问题？

客户：我的计算机启动时，读完滚动条就自动重启，重新安装系统也不可以。

实习员工：重装系统也不可以？请问你用的什么系统盘？

客户：系统盘是前两天我朋友从网上下载的，刻成光盘送我的，说是最新的Windows XP安装盘，按一个键就可快速安装，很方便。不过我没带来。

实习员工：噢！没关系，店里有系统盘。

图4-105　与客户沟通

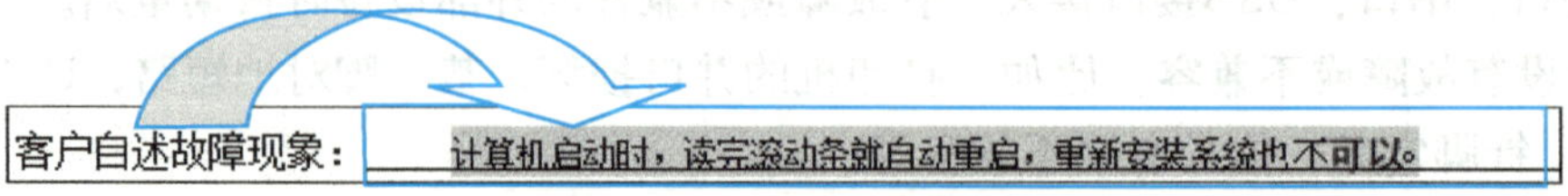

客户自述故障现象：计算机启动时，读完滚动条就自动重启，重新安装系统也不可以。

图4-106　《故障维修服务单》客户信息和客户自述故障现象

2）接机观察确认故障现象。开机观察确认故障现象，填写《故障维修服务单》中的“接机检测故障现象”，如图4-107所示。

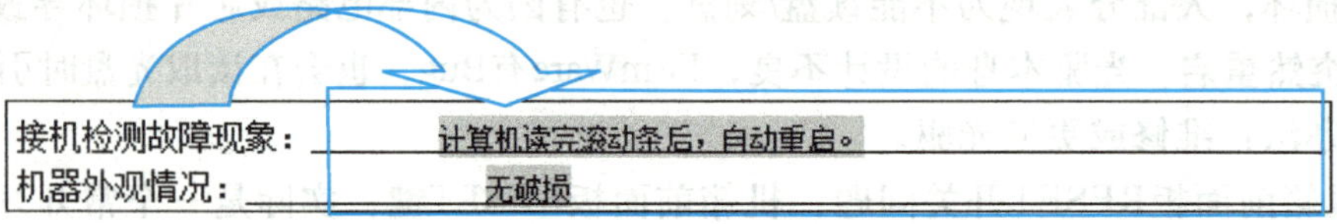

接机检测故障现象：计算机读完滚动条后，自动重启。

机器外观情况：无破损

图4-107　《故障维修服务单》确认故障现象及机器外观情况

3）判断故障，如图4-108所示。

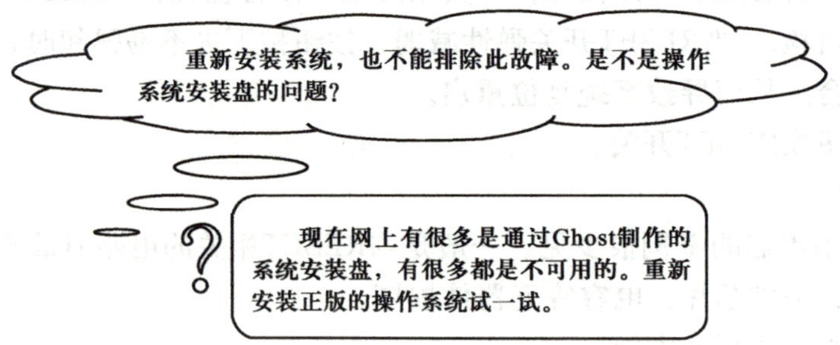

图4-108　判断故障

4）制订维修方案。

① 安装正版Windows XP操作系统。

② 检查硬件。

5）检测故障过程，见表4-22。

表4-22　检测故障过程

看图操作	操作步骤
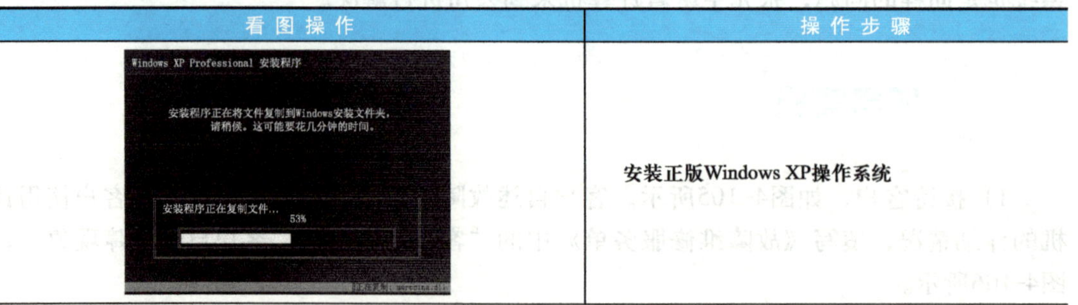	安装正版Windows XP操作系统

（续）

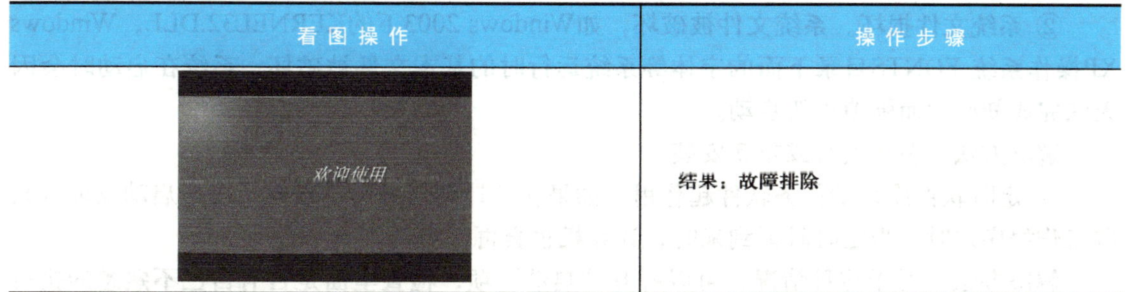

看图操作	操作步骤
欢迎使用	结果：故障排除

6）与客户沟通，向客户简单介绍故障原因。客户使用的Windows XP安装盘有问题，安装后引起开机读完滚动条自动重新启动故障。建议安装正版的操作系统。

7）确认用户交费后，填写《故障维修服务单》中的“故障及维修信息”，如图4-109所示。

故障及维修信息（维修机构填写）

维修性质：☐硬件　☐软件　☐保内　☑保外

维修类型：☐主板维修　☐附件维修　☐BGA 维修　☑换件维修　☐批量维修

故障处理过程：使用正版安装盘重新安装操作系统。　开始时间：XX-XX-XX

结束时间：XX-XX-XX

备注：建议安装正版的操作系统。　工程师签字：XXX

备件更换名称	备件型号	出库单号	出库日期	旧件返回
※				
※				
※				

日期：XX-XX-XX　测试开始时间：XX-XX-XX　测试结束时间：XX-XX-XX　检验员：XXX

测试结果：☑已修复　☐未修复　备注：

收费金额：XXXX　维修站经理签字：XXX　备注：

图4-109　《故障维修服务单》故障维修检测过程及结果

8）将计算机交还客户，填写《故障维修服务单》中的“客户反馈信息”，同时向客户宣传版权知识。

任务拓展

结合对自动重启故障的学习与实践，说一说在进行自动重启故障处理的过程中，排查的流程如何安排？采用什么方法？遵循什么原则？

相关知识

1）引起自动重启故障的软件方面原因分析与解决。

① 病毒。“冲击波”病毒发作时还会提示系统将在60s后自动启动。 木马程序从远程控制计算机的一切活动，包括让计算机重新启动。

温馨提示

安装正版操作系统：重装系统最好安装正版、纯净的系统，不要安装Ghost集成的系统。Ghost系统一般都带有原机的驱动、各种软件或工具，如果驱动与硬件不匹配、软件和系统有冲突等，则会带来许多问题。

解决办法：清除病毒、木马或重装系统。

② 系统文件损坏。系统文件被破坏，如Windows 2003下的KERNEL32.DLL，Windows XP操作系统 FONTS目录下面的字体等系统运行时的基本文件被破坏，系统在启动时会因无法完成初始化而强迫重新启动。

解决方法：覆盖安装或重新安装。

③ 定时软件或计划任务软件起作用。如果在“计划任务”里设置了重新启动或加载某些工作程序定时，当定时时刻到来时，计算机也会再次启动。

解决办法：对于这种情况，可以打开“启动”项，检查里面是否有自己不熟悉的执行文件或其他定时工作程序，将其屏蔽后再开机检查。当然，也可以在“运行”里面直接输入“msconfig”命令选择启动项。

2）引起自动重启故障的其他原因分析与解决。

① 市电电压不稳。

a）计算机的开关电源工作电压范围一般为200～240V，当市电电压低于200V时，计算机就会自动重启或关机。

解决方法：加稳压器（不是UPS）或更换130～260V的宽幅开关电源。

b）计算机和空调、冰箱等大功耗电器共用一个插线板，在这些电器启动的时候，供给计算机的电压就会受到很大的影响，通常就表现为系统重启。

解决办法：计算机的电源使用单独供电线路。

② 强磁干扰：不要小看电磁干扰，许多时候计算机死机和重启也是由干扰造成的，这些干扰既有来自机箱内部CPU风扇、机箱风扇、显卡风扇、显卡、主板、硬盘的干扰，也有来自外部的动力电线、变频空调甚至汽车等大型设备的干扰。如果主机的抗干扰性能差或屏蔽不良，则会出现主机意外重启或频繁死机的现象。

③ 交流供电线路接错：有的用户把供电线的零线直接接地（不走电表的零线），导致自动重启，原因是从地线引入了干扰信号。

④ 电源插座的质量差，接触不良。电源插座在使用一段时间后，簧片的弹性逐渐丧失，导致插头和簧片之间接触不良、电阻不断变化，电流随之起伏，系统自然会很不稳定，一旦电流达不到系统运行的最低要求，计算机就重启了。

解决办法：更换质量好的插座。

⑤ 积尘太多导致主板RESET线路短路引起自动重启。

解决办法：清洁计算机。

学习单元4

实习总结

(1) 维修思路

计算机自动重启的原因很多，如供电问题、散热问题、电路问题、病毒问题等。当遇到计算机自动重启故障，根据具体的故障现象，选择相应的处理方案，逐一排除。

软件原因引起自动重启的排查维修思路如图4-110所示。

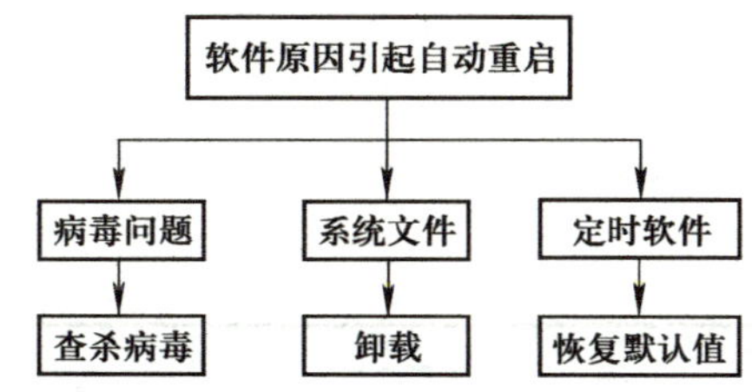

图4-110　排查维修思路12

硬件原因引起自动重启的排查维修思路如图4-111所示。

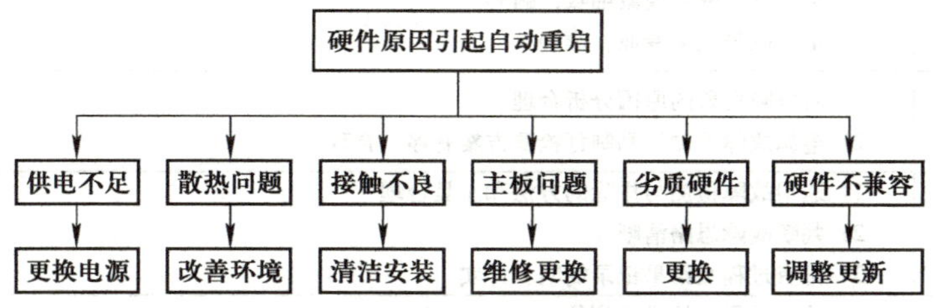

图4-111　排查维修思路13

（2）维修基础

1）维修人员要了解自动重启故障软硬件原因，有助于故障检测与排除。

2）维修人员要掌握自动重启的判断方法及处理方法。

（3）延伸方向

查阅资料，学习主板维修相关的知识，即接口电路、显卡供电电路。

实习员工在门店实习期间，工作努力、认真，用心对待每一位客户，用自己的行动，收获了客户对自己的认可与信任，同时也树立了公司形象。门店实习即将结束，实习员工圆满地完成实习，将以优异成绩转为正式员工。最后实习员工还要对门店实习作一个全面的总结，总结实习期间的得与失、工作中的创新点、对今后工作的设想等。之后，开始新的工作旅程。

实习工作总结

考核评价表

考核内容	评价标准
与客户沟通	1）与客户沟通融洽 2）记录故障客户描述及故障前后使用情况简单、明了
再现故障现象	1）再现确认故障现象细致、耐心 2）记录故障现象专业、准确
制订检测方案	1）对故障现象的原因分析合理 2）遵循故障检测原则制订检测方案有序、合理
故障检测与排除过程	1）选用故障检测与排除的方法和工具合理 2）判断故障思路清晰 3）排查过程及结果记录简明、详实
操作	1）检测过程防护措施到位 2）部件、工具放置有序 3）操作符合行业规范
服务、责任	1）硬件更换时，同时考虑公司与客户的利益，具有成本意识 2）与客户很好地沟通，客户满意
为客户提供使用建议	1）结合计算机出现的故障，为客户提供使用建议，防止故障再次发生 2）虚心征求客户意见和建议，积累经验，总结提高

单元知识总结与提炼

1）引发计算机故障的常见原因一般有以下3种。

① 计算机软、硬件问题。如软件冲突、硬件质量、散热问题、兼容问题、接触不良等。

② 环境因素。市电电压、温度湿度、电磁干扰、灰尘、忽然停电等。

③ 人为因素。计算机病毒、碰撞、误删除、违规操作、使用不当等。

2）计算机故障一般分为软件故障和硬件故障两类。

① 软件故障。与操作系统、驱动程序和应用软件有关的故障，一般不需要对硬件进行更换或操作即能处理的故障。

② 硬件故障。与计算机硬件相关的故障，必须维修或更换硬件方能解决的故障。

据统计，计算机故障中80%以上是软件故障，因此，在检测故障的时候，一般按“先软件，后硬件”的原则制订检测方案。

3）检测、排除计算机故障须准备的工具有3类。

① 计算机拆装、清洁和维护工具。如螺钉旋具、钳子、万用表、电烙铁、主板测试卡等。

② 检测、维护、维修时必备的系统安装、启动、病毒查杀、诊断和检测用的工具软件。

③ 安全、防静电工具、工装。

4）在处理计算机故障时可掌握以下几个要领。

① 认真分析。遇到问题，一定要静下心来，仔细观察故障现象、详细记录故障现象、认真分析、制订可行的检测方案，在检测与排除过程中更要细心，留意每个环节出现的故障表现，有助于解决计算机故障。

② 举一反三。计算机故障多种多样，一个维修人员是不可能遇到所有故障的。因此，要善于总结自己和他人的经验教训，不断积累。目前通过互联网的各类搜索引擎可以方便地找到相似问题的解决方法和思路，要善于举一反三，解决自己遇到的问题。

③ 灵活处理。遵循由易到难的原则，从最方便的点出发，如果对于某故障查硬件问题比查软件问题更方便，那么就可以先查硬件问题，如死机或自动重启，可先查散热问题，即查风扇的运转情况。

④ 不断学习。计算机技术的发展日新月异，硬件、软件都在飞速发展，只有不断学习发展中的软、硬件知识，跟上软、硬件发展的脚步，才能始终把握计算机故障检测与排除的主动权，快速、正确地处理各种各样的计算机故障。

通过学习与实践，你也会总结出自己的维修思路与经验。